湛庐CHEERS

与最聪明的人共同进化

HERE COMES EVERYBODY

CHEERS
湛庐

BUILDING THE NEW ECONOMY

数据资本论

[美]阿莱克斯·彭特兰 ALEX PENTLAND [美]亚历山大·利普顿 ALEXANDER LIPTON
[美]托马斯·哈德乔诺 THOMAS HARDJONO 著　周涛 顾勤 李正 等 译

浙江教育出版社·杭州

你知道如何构建更有弹性的社会系统吗?

扫码加入书架
领取阅读激励

- 以下哪项是经济体系的核心问题?（单选题）

  A. 中心化

  B. 制度化

  C. 稳定性

  D. 公平性

扫码获取全部测试题及答案，
一起了解如何构建新经济

- 数据作为一种新型资产，目前面临的主要问题是：（单选题）

  A. 数据本身具有危害性

  B. 数据的生产手段不成熟

  C. 数据无法像人力和金融资产那样被利用

  D. 数据所有权、交换与使用的制度与规则尚未建立

- 数据尚未在市场上公开交易的主要原因是：（单选题）

  A. 数据本身不可交易

  B. 数据的性质导致交易困难

  C. 所有组织都拒绝交易数据

  D. 数据交易没有市场需求

扫描左侧二维码查看本书更多测试题

关于“数本主义”的宣言

杨学成
北京邮电大学经济管理学院教授、博士生导师

几年前，我看过彭特兰写的《智慧社会》（*Social Physics*）一书，其中“想法流”（Idea Flow）的概念让我记忆犹新，为此我在 2024 年 7 月短暂造访麻省理工学院的时候，还专门去彭特兰创办的人类动力学（Human Dynamics）实验室逛了一圈。借此机会，能对名家新书先睹为快，也算是好事一桩。

整本书读下来，从大的框架上来看，我认为《数据资本论》是《智慧社会》一书中概念的“落地版”。后者以想法流为基础，预测和构建了大数据时代的社会样貌。大致逻辑是，大数据有利于想法流汇总成群体智慧，进而形成智慧组织，再进一

步演化为智慧城市和基于社会感知计算的智慧社会。《智慧社会》一书的英文版出版于 2014 年，显然，在接下来的 10 年间，彭特兰教授并没有停止对未来社会样貌的思考。

《数据资本论》描述的是“智慧社会”的技术实现，不过更加侧重经济层面，可以称之为对“智慧经济”的一种系统设计。彭特兰指出，数据算法和人工智能的发展会引发一种新型的经济参与方式，继而需要一种更加富有弹性的社会系统，最终形成一种基于可信数据和可信人工智能的新生态。具体来讲，彭特兰在书中倡导一种公民组织形式的“数据合作社”，以利于公民间的数据共享并提升数据创新能力。待数据产权和共享机制建立后，数据以及数据基础设施都可以通证化，在交易币系统的支持下，重塑传统的银行和金融体系，支持整个经济系统稳定且有弹性地运行。

这一思想为数据成为资产进而融入社会经济提供了一种解决方案，全书充斥着写作团队的“数本主义”思想。虽然彭特兰团队的理念很超前，彭特兰还自诩是“活在未来的人”，但彭特兰和他的团队显然对中国正在如火如荼推进的“数据要素化”进程不太了解。在此，我补上一点政策背景，希望中国的读者在阅读此书时能有个基本的前置信息。

其一，早在 2019 年，党的十九届四中全会上，就将数据定义为生产要素，与土地、劳动力、技术和资本并列。这是中国有关数据要素的一次重大理论创新。

其二，2020 年，《中共中央　国务院关于构建更加完善的要素市场化配置体制机制的意见》颁布，提出加快培育数据要素市场、推进政府数据开放共享、提升社会数据资源价值、加强数据资源整合和安全防护。

其三，2022 年，《中共中央　国务院关于构建数据基础制度更好发挥数据要素作用的意见》正式颁布，明确了从数据产权、流通交易、收益分配、安全治理四个方面构建数据基础制度。

其四，2023 年，中共中央、国务院颁布《党和国家机构改革方案》，提出组建“国家数据局”，负责协调推进数据基础制度建设，统筹数据资源整合共享和开发利用，统筹推进数字中国、数字经济、数字社会规划和建设。

如今，“东数西算”工程正在如火如荼地推进，国家数据局正在高效推动各项数据制度内容的落地，一幅数据经济的《清明上河图》已经跃然神州大地之上。

希望这本书的读者，能够兼容并蓄，以外望内，正确理解数据的重要性，领会我国在数据治理上的顶层设计思路，以帮助自己在这个数业时代顺利扬帆起航！

推荐序二

试图在丛林中建立法则的勇者

周涛
电子科技大学教授

翻译这本书的记忆在我心中已经是一个极其久远的事情——那个时候中国还处于新冠疫情的肆虐中，ChatGPT 尚未问世。现在我只有一个模糊的印象：翻译这本书是一件非常困难的过程，因为其中涉及大量非常专业的技术，甚至大量前沿理论的具体细节。在翻译的时候，我就担心这本书最终能否顺利出版。在这个快节奏的时代，过了这么久，在我心中，这本书已经“跪了”。突然得知这本书能够顺利出版，我有一种喜出望外的感觉。

之所以有这种担心，是因为这本书所描述的“新经济”，有可能掀翻“旧经济”的桌子，同时带来诱人前景和巨大风险。

本书中的新经济生态，是充满风险和不确定性的丛林，是对原有经济金融体系的直接挑战。书的前半部分，谈到了通过“数据合作社”开展有回报的数据共享和应用，以及若干有代表性的人工智能新应用，这些都是“开胃菜”，很美味。书的后半部分，作者才慢慢揭开潘多拉的魔盒。各位读者应该特别关注作者关于交易币系统、代币化金融生态系统、稳定币和虚拟资产交易网络的相关介绍。上述内容都与数字货币紧密相关，对于上述对象基本原理、功能角色和未来预期的描述，是本书最精粹的部分。

数字货币当然有很多优点，比如交易速度快、手续费低、可以在全球范围内迅速完成转账、匿名性强……与此同时，数字货币因为波动性很强，给使用方带来很大风险，因为它与各种犯罪活动紧密相关而给监管方带来挑战。例如作者详细分析的由 Tether 公司创建的稳定币 USDT（泰达币），已经成为很多非法业务的主要交易媒介。

毫无疑问，如果我们的经济体系主要由数字货币（例如比特币、莱特币、狗狗币、USDT）所支撑，那么这必然是一片充满危险的丛林。举个例子，企业可以通过发行数字货币实现类似 IPO 的效果，经营性资产也可以通过发行数字货币实现类似 REIT（不动产投资信托基金）的效果，这些资产的价值有可能一飞冲天或者让你长期持续获得收益，也有可能一分钟内就完全化为泡影。本书作者彭特兰是全球最顶尖的计算机专家之一，和业界的很多大佬有良好的私人关系和紧密的交流合作，对于数字货币的优点和风险了如指掌。让我敬佩的是，在了解数字货币天然的高风险后，他依然希望为丛林制定规则，通过设计在客户身份识别制度（Know Your Customer，KYC）与匿名性之间取得更好的平衡，来实现“安全可控地使用数字货币和交易虚拟资产”。

遗憾的是，我个人觉得，作者的这种构想短期内很难成为现实，因为数字货币天然是不喜欢被追踪和标记的。对大部分数字货币的使用者而言，如果非要在高效率和匿名性中做一个取舍的话，我猜大部分人都会选择保留匿名性。

就我们目前已有的监管体系和相关法规制度来看，不管是“数据合作社”还是“稳定币”，都无法在短期内落地。如果有一天你会用到本书涉及的知识，那阅读过本书，对你而言，是幸运的。

本书的翻译工作由周涛、顾勤、李正、麻靖旋、唐探宇五位译者共同承担。在翻译过程中，我们深感责任重大，力求将《数据资本论》原著的精髓准确且流畅地传递给读者。面对书中复杂的数据经济理论、新颖的观点以及繁多的专业术语，我们反复研讨、查阅资料，从不同角度斟酌每一处表达，只为让译文既贴合原意，又符合中文读者的阅读习惯，期望能为大家深入理解数据在当今经济体系中的关键地位与变革力量助力。

以为序。

数据驱动的新经济：创造更公平的数字未来

檀林
北大汇丰商学院未来实验室首席未来学家

在《数据资本论》这本书中，来自麻省理工学院连接科学（MIT Connection Science）实验室的阿莱克斯·彭特兰等人以令人耳目一新的视角，为我们展现了一幅全新的数字经济图景。他们以敏锐的视角探讨了如何在数字化背景下重构我们的经济和社会秩序。这不仅仅是一部简单的技术预测作品，更是一幅关于如何重新定义和分配数字时代生产要素的宏大蓝图。

那这本书到底讲了什么呢？简单来说，它描绘了一种通过数据和人工智能实现经济转型的愿景。在当今这个数据无处不在的时代，作者强调创建一个更加富有弹性和更公平的经济体系的重要性。他们提出，数据不再只是简单的信息，而是一种新的生产要素，可以推动经济和社会的发展。就如同我们分享日常生活中的资源——水、电和公共交通一样，未来我们能够共享数据，从而获得更多的社会福利。

数据资本新论：从垄断到共享

当前，所有人都认同数据已经成为与土地、劳动力和金融资本并驾齐驱的核心生产要素。但正如经济学家托马斯·皮凯蒂（Thomas Piketty）所言，真正的问题是数控掌握在少数人手中。数据垄断已经成为数字时代的痼疾，从社交媒体到移动支付，从医疗数据到个人征信，大量宝贵的数据资源被锁在各自的“数据孤岛”中。这种现象不仅阻碍了经济发展，而且制约了社会进步。

本书作者提出了一个振聋发聩的观点：**我们需要重新思考数据的所有权和使用权**。通过建立数据合作社这样的创新机制，让数据真正服务于社区，而不是被少数科技巨头垄断。

弹性系统的崛起：从中心化到分布式

在传统的经济体系中，我们习惯了中心化的管理模式。但是，就像大自然选择了弹性作为生存之道一样，未来的经济系统也需要更强的适应性和恢复力。本书通过大量生动的案例展示了这种转变的可能性，从医疗数据共享网络到城市创新联盟，这些分布式系统正在展现惊人的生命力。

其中**一个核心概念就是数据合作社**。想象一下，有一个由人们自愿组成的社区，每个人都能在保障隐私的前提下共享自己的数据。这样的合作社模式既可以增加数据利用的效率，又能够提升社区内部的决策能力。数据合作社让每个人都成为自己数据真正的主人，共同从数据应用中获益。这一理念特别契合中国在推动数据治理和数据要素市场化配置改革方面的战略目标。

数字货币的未来图景

去中心化的数据合作社概念自然也影响到金融领域，作者在此提出了一个令人兴奋的设想：基于数据和算法的分布式新型数字货币体系。从传统的现金支付到数字支付，人类的交易方式正在经历一场革命性的改变。通过创新的数字货币架构，我们可以建立一个更加透明、高效的金融体系，让金融服务真正惠及每一个人。数字货币能够提供更便捷和透明的交易环境，并会彻底改变我们现有的交易方式。借助区块链技术，这种货币不仅能够提高交易效率，还能降低交易成本，为国际贸易和日常经济活动带来新的可能性。这对全球经济，特别是对正在去美元中心化、建立更公平的全球金融秩序的中国而言，数字人民币将是新经济的基础设施，拥有广阔的前景。

AI 治理的人文思考

本书也探讨了 AI 算法在新经济中的角色。随着技术的发展，算法已经成为许多决策过程中的核心工具。

当我们为 AI 带来的便利欢欣鼓舞时，作者也提醒我们注意 AI 治理中的伦理问题。就像一位睿智的观察者所言，数据和 AI 系统不应该掌握在少数人手中。我们需要建立透明、负责任的算法系统，确保 AI 发展始终以人为本。算法的设计必须具备公平性和透明性，以避免可能的偏见和不公正。这对逐步规范数据使用和注重保护隐私的中国社会来说尤为重要，也与中国的长期政策目标——建立一个负责任、可持续的数字经济生态系统不谋而合。

迈向数字时代的新纪元

如果说工业革命让我们进入了机器时代，那么数字革命则将带我们进入一个全新的数字时代。在这个时代，如何平衡效率与公平，如何在保护隐私的同时释放数据价值，如何让数字红利真正惠及每一个人，这些都是我们必须面对和思考的问题。《数据资本论》不仅为我们提供了一种答案，更为我们打开了一扇通向未来的大门。

在未来，数据不再是少数人的专利，而是所有人共同的财富。每个人都可以成为数据的主人，而不仅仅是被动的使用者。这不仅是一部关于经济转型的著作，更是一份关于数字时代社会正义的深刻思考。

这本书以其独特的视角和前瞻性的见解，展示了未来经济的可能图景。它帮助我们思考如何在数字经济时代抓住机遇，成为数据的创造者和受益者。这不仅是一段对未来的展望，也是一份促使我们重新思考当前经济实践的重要指南。因此，强烈推荐大家阅读本书。无论你是对新兴技术充满好奇，还是希望了解更多未来经济走势，这本书都会为你带来新的视角和灵感。

目 录

BUILDING THE NEW ECONOMY

引　言

打造数据资本的新经济时代

不管是因为战争、流行病还是颠覆性的新技术，每当世界发展到了紧要关头，人们都会有一种迫切的需要去重塑个人、企业和政府之间的关系。在第一次世界大战之前的几年里，大规模制造业的兴起就导致了这种情况的出现。人们因此见证了有关工作条件和工资的管理条例、针对大宗生产食品的健康保护条例和反垄断条例的诞生。第二次世界大战后，人们又见证了欧洲殖民历史的终结、高等教育的普及、妇女权利和种族平等方面的发展。大约在同一时期，初露峥嵘的生物技术战胜了肺结核和脊髓灰质炎，严格的医学新标准也随之问世。

21 世纪 20 年代初，人们同时面临可能扰乱世界的两大问题：肆虐的病毒对经济和卫生系统的冲击，以及大数据（全面数字化）、加密系统和人工智能的兴起。这些新的数字化系统正被用于抗击当前的全球流行病，视频会议和人工智能应用技术（如流行病建模）也势头正劲。与此同时，社交媒体等数字技术制造了虚假信息，加剧了混乱，而用于追踪感染者数据的智能手机应用程序则对个人隐私权产生了威胁。

这些问题告诉我们，**在社会的各类系统中，我们都有必要重新思考如何正确地使用数据与人工智能技术**。这既是为了确保更好地应对未来的流行病传播，也是为了重振经济，同时还能使民众普遍获得更多经济利益。目前，数据已经是经济、政府与卫生系统的核心，可是数据和用以分析数据的人工智能系统只掌握在极少数人手中。那些没有数据来源和数据分析工具的人未来只能被拥有这些资源的人摆布！

例如，为什么没有更好的基础设施来支持共享医疗数据？目前，全球范围内由医生组成的非正式网络通过共享艾滋病和婴儿护理的数据，已经极大地改善了贫困地区的医疗状况。在传染病防控中，在不同医院，感染者的存活率可以产生两倍的差异，并且最贫困社区的死亡率最高。为什么我们不能在医院之间进行有效的数据共享，从而了解现阶段存在于正式的药物实验之外的各种治疗方法以及它们的功效？与之类似，现阶段药物研发的一个主要障碍也是数据共享不足——尽管我们实际上有办法在不危及患者个人隐私信息或公司专有数据权利的情况下实现数据共享。

这种批判的观点同样适用于我们如何提供社会福利、支持小微企业发展与征收税款。我们的系统是阻止数据共享的、孤立的“烟囱群”，每个组成部分都各行其是，缺乏透明度，且无法进行审计。难怪这些系统的运行水平如此参差不齐，应急响应能力如此糟糕！

当前，数据是一种成熟的生产手段，人们需要将其视为与人力和金融类似的新型资产。很可惜，人们尚未建立关于数据所有权、交换与使用的制度与规则。如今，人们时常会害怕这种新型数据资产的力量，但是真正的问题并不是数据本身——正如法国经济学家托马斯·皮凯蒂在谈到金融资本时所说的那样，真正的问题是数据掌握在少数人手中。**本书要介绍的，正是如何通过数据赋能单个社区权力，构建更强大、更有弹性、更值得信赖的社会系统，从而让数据服务于所有社区。**

引言作者：阿莱克斯·彭特兰

构建更有弹性的社会系统

要想实现新的数字生产方式，并重新平衡经济系统中所有利益相关方的关系，我们需要彻底改变我们对“社会是如何组织起来的”这一问题的看法。**这一问题的核心是构建新经济——这不仅可以使社会恢复生机并传播财富，而且能够提供新的解决方案，以建立更有弹性、更高效的公民与政府系统，提升数字化隐私与网络安全能力，提供更灵活、包容与透明的社会响应机制，为新经济所需的基础设施提供资金支持。**

在麻省理工学院连接科学实验室，我们和来自其他国家的伙伴发现，导致社会动荡的技术也可以用来创建更灵活、更强健的系统。在这样的系统中，权力掌握在利益相关方手中，而非集中在一小撮人手中，决策也由利益相关方共同做出。更重要的是，只要能够得到合理的应用，这种分布式系统就不仅具有更强的适应性与灵活性，还在应对灾难，如疾病大流行或政治动荡时也更有弹性，不太会导致意想不到的后果。

弹性是大多数生物系统自身选择的结果，它是通过多样性的系统设计实现的。弹性的社会系统对结果进行持续监测，从而可以进行跨系统的快速学习与自适应。进化本身就是此类学习系统的一个经典示例。要构建弹性的社会系统，重点并非创建一个新的全国性机构、颁布一项法律或成立一个新的国际管理机构，而是要从地方机构开始，建立一个自治社区的多样化联盟，让联盟的成员互相学习，不断适应。

这些弹性创新网络发挥作用的例子前面已经提到过，在过去几十年里，由医生们组成的非正式网络通过共享艾滋病和婴儿护理的数据，极大地改善了贫困地区的医疗状况，将死亡率降低了一个数量级。尽管世界卫生组织或美国国立卫生研究院为这些贫困地区的医学实验与医疗实践的改进提供了关键的支撑，但创造了这个奇迹的并不是它们。这个奇迹由当地的社区卫生工作者创造，他们致力于将新的想法付诸实施并相互学习。

与这个例子类似，我们还见证了由科学家组成的非正式网络，在设计和测试新型冠状病毒所引发的疾病的新疗法方面正取得巨大进展。再次强调，并非世界卫生组织或美国国立卫生研究院推动了此次创新浪潮。相反，它们所贡献的是科学基础设施与某些信息共享渠道，这些渠道使得各个分散的实验室拥有完成实验的工具并可以相互学习交流。这种自底而上的创新精神也开始渗透商业与投资领域。水电等大型基础设施项目的众包就是一个很好的例子，居民与企业通过购买数字代币获得未来电力的使用权，并从当地水电项目中获益。汇聚的数亿资金用来建造大坝与水电设施，拥有这些新基础设施并为此买单的不是政府，而是这些项目的直接受益人。

人们也在通过众包创新。零工经济从业者[①]为了获得更好的薪酬待遇与更安全的工作环境，正在收集与其工作环境有关的数据，并与其他城市的同行分享信息。同样，音乐家、作家等创意工作者也不再局限于使用传统的媒体平台，而是通过新的方式直接向受众推介产品。

美国政府也开始具有弹性，以避免国家与州政府因为意见相左而陷入僵局。若干城市政府共同组建了创新网络，地方政府在其中开展不同项目与政策的试验。这样一来，不需要建立全美范围的规章制度，仅通过分享试验结果数据，就能将最佳解决方案迅速传播到其他地区。

---

① 零工经济从业者包括兼职者，还包括自由职业者、独立承包商、项目工人等。——译者注

因此，就像在此前的危机中所做的那样，通过在地区的社区网络中分享想法与成果，可以提供社会生存与壮大所需要的弹性创新。现在是时候创建更加富有弹性的系统了！方法就是避免中央集权，拥抱基于多样化创新与实验的学习系统。

可信且积极乐观的新经济愿景

人们推动网络从中心化系统向包含更多本土化系统转变，不仅是因为他们认识到了中心化系统是脆弱和迟钝的，更因为他们本来就关注包容性、透明度、成本与安全性。如今，尽管大多数国家使用分布式网络（如互联网），但大多数商业交易仍然是通过中心化和传统的企业管理软件完成的，而会计与审计系统往往也有大量人工参与。这些中心化的元素与需求是导致当今系统中存在诸多问题的根本原因。

因此，正如在互联网与万维网的发展过程中所发生过的那样，人们对当今系统功能不足的担忧，正将其专有的、私有的和法定的功能变得边缘化，从而使核心交易网络更加去中心化与全面数字化。这些新的分布式、全面数字化的系统通常被称为分布式账本或区块链，如瑞士的信托链（由我们协助开发），中国的“智慧城市”、新加坡的 Ubin 项目所涉及的贸易与物流基础设施等。此外，新加坡正在研发法定数字货币，还有很多国家在使用臭名昭著的比特币（Bitcoin）。这些新系统为政策制定者和监管者们提供了新的机遇与挑战。

建设新经济需要解决有争议的社会问题，如数据所有权和生产方式控制权。**为了成功建设新经济，我们必须对未来提出一个可信且积极乐观的愿景，它能够解释数据和人工智能如何使资本、劳动力和财产系统更好地运行。**

这一愿景要求人们必须就数据的权利和用途展开新的谈判，其目的是创造以下内容：

- 以用户为中心的数据所有权与管理体系；
- 能够确保安全与隐私的机器学习算法；
- 透明与可解释的算法；
- 为克服偏见与歧视而引入的机器学习公平原则和方法。

在我看来，个人和社区应该成为讨论的焦点，因为人类最终既是参与者，也是通过算法等手段做出决策的主体。如果能确保满足这些要求，人们应该发挥人工智能在决策支持方面的潜力，同时最大限度地降低风险，并避免可能产生的对个人和整个社会都将带来负面影响的意外后果。

为了讨论如何实现这一愿景，本书将分为三个部分：

- 人类视角：不同类型的互动；
- 弹性系统：让社会更好地运转；
- 数据和人工智能：运用多种方法解决社会问题。

在这三个部分之后，有一个关于合法的算法的总结部分，讨论如何部署和管理这些新的社会系统。

人类视角：不同类型的互动

机器人霸主来了！每个人都在担心人工智能对工作和社会将产生哪些影响，其核心是谁控制数据，以及人工智能如何使用数据。特别令人担忧的是，少数人持有的数据量和由此产生的影响。在过去的 200 多年里，每当经济向一种新范式转变时，关于权力集中的问题就会出现：工业发展创造的工作岗位取代了农业社会的工作岗位，消费金融取代了财物交易和物物交易，现代超高效的数字化企业正在取代传统的实体企业和公民系统。

工业化以及后来的消费金融推动着经济变革。为了平衡这些新兴的强大力量，公民联合起来，组成了交易联盟和协作的银行机构。最终，规范劳动力市场和银行业的法律出台，而公民组织在平衡金融和社会力量方面发挥了核心作用。

本书第一部分从第 1 章开始论述公民组织如何将数据和人工智能的控制与使用权转移到更广泛的利益相关者手上。这一章不仅论证了这种数据合作社使经济体能更快响应公民的需求，还展示了它们如何提高社区的弹性，开拓社区的经济前景。第 2 章和第 3 章则提出了实现这一愿景所需的流程和数字基础设施的蓝图，并概述了这些流程如何应对监管挑战。

第 2 章论述了在保护个人隐私、商业秘密与传统网络安全的同时，如何通过使用在世界各地涌现的数据交换技术来发展高效的数据经济。

第 3 章通过具体示例，说明了数字市场与合作社如何将零工经济转变为一个稳定的生态系统，这个系统可以让艺术创作和个人数字创作成为一种安全的职业选择。本章还介绍了如何以较低的成本实现对数字资产细粒度的审计，从而使付费使用这些数字资产成为可能。这些新功能可以改变我们每个人的工作方式，从而扩大社会所支持的创造性工作范围。

第 4 章是第一部分的最后一章，描述了水电、铁路、港口等大规模基础设施投资是如何借助广泛分布的通证化融资机制开展的。这些基础设施由当地的公民投资者联盟资助，城市的发展又使他们直接受益。这种以公民为中心的金融和管理系统的兴起似乎昭示了一种新的趋势，即创建更广泛的分布式基础设施，并从社区利益相关者那里获得更强大、更本土化的支持。

弹性系统：让社会更好地运转

当今世界似乎充满了恐慌、崩溃与困惑。人类能否让金融体系更强健、更透明、更少出现“胜者为王”的情况？人类能否使卫生系统更加敏捷和主动？人类能让更多人享受到经济和健康的福祉吗？这种新的分布式技术可能会驱动组织走向更美好的未来。此外，它在以下几个地方更有吸引力，如不发达国家、现有机构比较薄弱或运作不佳的地方，以及富裕国家的贫穷社区。

第二部分从第 5 章开始，描述了一种基于数百万潜在利益相关者的资产来构建货币体系的安全的分布式方法。交易币（TradeCoin）架构使大型投资基金在很大程度上可以绕开原有的运作模式。这种架构还支持以新的方式汇集资产，挑战现有法定货币和国际货币基金组织等多边机构。从中国和新加坡的数字货币到Facebook公司[①]提出的Libra，交易币型架构已被纳入最近的几项数字货币提案。

第6章描述了数据对于健康和生命科学的重要性，在传染病防控过程中，“如何处理公民数据”这一迫切需求让解决当今系统的局限性成为迫在眉睫的任务。本章介绍了一个框架，用于部署新的、具有高度互操作性[②]的医疗健康领域IT基础设施，该框架基于现有的医疗、健康和隐私标准来处理与健康相关的各项数据，以便让利益相关方一目了然。

第7章阐述了如何重塑银行业，使其变得更加稳定，并利用交易币型数字代币基础设施，让自由企业和消费者摆脱现有国家货币和汇率的噩梦。

第8章是第二部分的最后一章，这一章展示了一个现有的基于代币的生态系统是如何自我稳定的，尽管它是全球性的，并且通常不受监管。这一章提出了如何应用各种至关重要的新工具和衡量方法规避金融灾难，并提出了一种适用于所有金融网络的反垄断方法。

数据和人工智能：运用多种方法解决社会问题

什么样的基础设施可以支持一个拥有数十亿数据所有者、生产者和消费者的系统正常运行？如果我们要在实现社会目标的同时保持创新，就必须避免统一的中心化系统，而要支持公民、企业和政府运用多种方法解决问题。为了实现全球化，这些不同的方法必须是可以互操作的，以便知识、贸易和交互可以无障碍跨越任何边界。

---

① Facebook现已更名为Meta。——编者注

② 互操作性又被称为互用性，是指不同的计算机系统、网络、操作系统和应用程序一起工作并共享信息的能力。——译者注

第三部分的 4 章将讨论支持这种互操作性的技术问题。第 9 章论述了人类在经济和社会转变时遇到的问题——经济与社会正从一个以物理媒介（如纸质文件）为基础的世界走向将要被数据和人工智能统治的世界。为了管理这种转变，人们必须创造一个由可信数据和可信人工智能组成的生态系统，并基于此系统提供安全稳定和以人为本的服务，从而为社会带来巨大的利益，包括让人们更加健康，让金融系统更加包容，提升公民在社会治理中的参与度等。

第 10 章描述了交易媒介的发展史：从历史上关于货币的理念到更强大的关于数字货币的理念。如今，具有内在稳定价值的稳定币已经进入越来越多首席执行官的议事日程，其中包括摩根大通的贾明·戴蒙（Jamin Dimon）和马克·扎克伯格。这一章还讨论了如何创建一种具有内在稳定价值的数字货币，并调查在不同场景中的人们是如何使用稳定币的，以及人们创造稳定币的经济动机。这一章的结尾处简要介绍了限制稳定币的监管考量，并总结了推动其快速发展的关键因素。

第 11 章先介绍了分布式系统的互操作性、生存性和可管理性概念，并从互联网数十年的发展史中吸取了经验和教训。在此之后，本章给出了一个支持互操作的分布式系统的设计框架，并确定了可以提升互操作性的特定设计原则。

第 12 章是第三部分的最后一章，以互操作性的基本功能为基础，探讨如何允许交易发生，如何对交易进行审计。虚拟资产服务提供商（Virtual Asset Service Provider，VASP）面临的数据问题是：为了满足监管要求，他们需要获得有关虚拟资产转让发起人、受益人和其他交易所的真实信息，然而获取涉及资产转移的个人和机构数据（或信息）意味着，他们必须解决数据隐私的相关挑战。本章列出了解决这些问题的原则和方法。

数字资本化，让人们真正获益

除了第 10 章到第 12 章描述的技术挑战外，我们还需要解决一些问题。例如，新系统可能会对社会产生破坏和意想不到的负面影响，那么应该如何确保这些复杂的虚拟系统是安全的呢？如何确保我们所期望的社会目标（公平、包容、稳定）能够实现并保持高创新率呢？

平衡刚才提到的问题以及新经济中的其他要素，从原则上来说是法律的职责。可惜，目前的法律实践远远无法应付这个飞速发展的世界。为了跟上这种快速变化的步伐，填写表格、计算税收和呈现证据等法律实践正逐步用计算机来完成。

然而，将现在的“合法的算法”（Legal Algorithm）[①] 整体搬迁到计算机平台上，有可能会取代人类的判断和情感。因此，人类必须审慎思考算法应如何与法律法规相互作用。如何应对和管理法律的计算机化也是人类需要反思的，这也是“计算法律”（Computational Law）研究的重中之重。

本书最后的结语介绍了正在进行的、可以管理多样化虚拟资产的法律和计算系统的创造过程，也描述了如何利用计算工具来发展更加透明、负责和包容的法令、民事和政府程序。正是基于这种数字化转型，世界各地的人们都将通过真正的利益相关者而获益。这种新兴的资本主义制度建立在重新焕发活力的社会契约的基础之上，同时服务于当今的少数群体。

结语部分还介绍了麻省理工学院的“计算法律计划”，该计划由法学院和法律学者发起，由麻省理工学院连接科学实验室主持，目前正在制作全球首个与计算法律相关的报告。

本书旨在介绍如何构建这些系统的“高见”和系统的蓝图。尽管本书部分内容涉及隐私、安全和透明度，但并未深入研究监管问题，因为不同国家有不同的监管方式。

① “合法的算法”这一说法来源于阿莱克斯·彭特兰教授于 2019 年 12 月发表的一篇短文《对合法算法的看法》（*A Perspective on Legal Algorithms*）。他认为可以将算法看作为执行算法的系统设定的一种法律。同样，法律也可以被看作一种算法，只不过历史上是由人类来执行的罢了。现在的人们面对的问题是，越来越多的法律被放入信息系统，由计算机自动执行。——译者注

因为本书同时介绍了数据、蓝图和模型，很多章的后半部分对许多读者来说可能显得技术性过强了。所以，读者可以先阅读每一章的前半部分，然后跳到章末总结部分。事实上，即便读者想要了解更多细节，我也建议大家先阅读各章的导语部分，再决定要不要深入研究相关细节。这种方法可以帮助读者更好地理解系统设计和分析背景。另外，本书中所有的想法都是相互协作和支持的，并非完全独立。

BUILDING THE NEW ECONOMY

第一部分

人类视角：不同类型的互动

BUILDING
THE
NEW
ECONOMY

第1章

数据合作，建设更有活力、经济更繁荣的社区

在过去 10 年里，社会各阶层愈加担忧的是少数玩家持有的数据量和由此产生的影响。[1]这些记录了公民行为的数据被有些人称为“新石油”。[2]那么，这种强大的新资源的控制权为何会集中到少数人手中？在过去 150 多年里，每当经济向新范式转变时，就会出现权力集中的问题。

工业化以及后来的消费金融推动了经济变革，民众被强大的新公司压迫和剥削。为了抗衡这些新势力，人们联合起来，成立了交易联盟和协作的银行机构。最终，这场斗争达到了这样一个地步：民众认为像标准石油、摩根大通等少数公司已经威胁到了自由本身，美国联邦政府因此制定了反垄断法，有关劳工权利与银行改革的法律亦随之出台。由此可见，公民组织在帮助平衡金融与社会力量方面发挥了核心作用。

如今，同类公民组织可以帮助人们转变提供数据的模式。例如，从个人向大型组织提供数据转变为个人向基于集体权利和问责制的系统提供数据，由新的代表阶层来维护法律标准，并充当其他成员的受托人。许多社区组织使用社区数据来管理投资，从而造福社区。例如，自 1943 年以来，美国国家乡村电力合作协会已经为覆盖美国土地面积一半以上的社区供电。又如，有 1100 多家社区发展金融机构（主要是小银行和信用社）在社区项目中累计投资超过 2 200 亿美元，其中有 300 多个项目重点关注经济、社会和政治正义。目前，美国有大约 1 亿人是信用社的成员，社区组织利用社区获取数据的机会巨大。

事实上，利用先进的计算技术自动记录和组织民众有意或无意提供给公司和政府的数据，并将这些数据存储在社区组织中，这一做法是切实可行的。此外，几乎所有社区组织都已通过区域协会来管理其账户。区域协会通常使用通用软件来管理，因此通过区域协会可以快速、便捷地广泛布局数据合作社。

本章作者：阿莱克斯·彭特兰
托马斯·哈德乔诺

数据合作，创造服务于大多数人的可持续数字经济

数据合作是指人们自愿共享其个人数据，以造福团体和社区的成员。人们之所以愿意共享这些数据，是因为有很多见解是建立在数据融合的基础上的。如果数据都是各自孤立且无法访问的，那么就不会形成这些有价值的见解。**与其他的一般性合作方式相比，共享数据这种方式能够使合作社的成员形成一个有洞察力的整体，从而更透彻地了解当前经济和社会的健康状况。**

让第三方（如数据合作社）持有其成员数据的副本，以帮助其成员维护他们的权利，代表其成员谈判如何使用他们的数据，提醒其成员注意他们是如何被监视的，并对使用其成员数据的大公司和政府机构进行审计，这在技术上是容易实现的。本书的第 3 章和第 9 章提出了完成这些任务需要的流程和软件的蓝图。

创建数据合作社不需要新的法律——很多社区组织已经被授权管理其成员的个人信息。然而，它确实需要新的监管措施，这类似于政府对金融机构的监管。本书的第 2 章和结语详细地讨论了如何实现这一目标。

值得注意的是，管理其成员数据的社区组织必须承担受托责任，以保护其持有的成员敏感信息，因为这是将数据权利赋予成员的核心要素。这样能够提

高数据在使用过程中的隐私性和透明程度，使成员有能力指导数据的使用过程，并因此受益。

谁将领导这一历史性的、必然的变革？答案很可能是当今的信用社。有许多信用社与大学、政府、交易联盟等直接相关，它们已经得到在金融交易中代表其成员，以及持有其成员数据的授权。

平衡世界数据经济的能力取决于创造利益相关者间的平衡。如今，公民或工人在谈判桌上没有直接的代表，他们因此丧失了机会。利用协作的工人或公民组织，他们可以改变这种状况。**人们可以创造一个可持续的数字经济，使其服务于大多数人，而不是仅服务于少数人。**控制其数据的一亿美国消费者，是所有使用民众数据的组织不可忽视的力量，也是追究这些组织责任的决定性力量。世界上大多数国家都存在类似的社区组织，因此这些国家具有相同的潜力帮助公民从数据"独裁者"手中争取正当权利。

如果社区有能力分析它们所持有的数据，又能创造哪些新的优势呢？人们可能会想到通过个人数据赚钱，但现实情况是，尽管出于特定目的而收集的数据的确有很大的价值，但由于目前缺少数据交换的市场机制，以至于个人数据并没有太大的价值。只有当基于隐私保护的数据交换成为金融和经济蓝图中的主要部分时，个人数据和社区数据才会成为重要的收入来源。这一点将在第 2 章中详细讨论。

然而，在当今经济环境下，利用数据赚钱只是社区数据价值中微不足道的部分，其更大的价值在于改善社区成员的生活条件，以及保证未来一代代人的成功。例如，通过传染病防控，我们看到了不同社区在公共卫生方面的巨大差距，而社区的公共卫生数据有助于缩小这些差距。但是，除了一些笼统的数据，如今的社区无法获得那些真正需要的数据。本书第 6 章对此问题进行详细阐述。

社区设施与服务的吸引力是加快经济增长的决定因素

社区需要使用与经济健康状况相关的数据来规划未来，但它们无法获得规划需要的数据。一般来说，它们只能获取经济学家使用的生产和工资分配的宏观统计数据。随着社区数据合作社的发展，这种情况有望得到改善。

例如，有些人[3]提出了一种衡量社区吸引力的方法，那就是利用社区内设施的多样性来预测进入该社区的人的流量和多样性，进而预测整个社区的经济生产力和经济增长率。

图 1-1 显示，一年中一个社区内独特商店类别数量（以标准化的商家类别代码定义）与进入该社区的总人流量之间的相关性约为 0.826。这一结果表明，我们可以通过商店和公共空间的多样性来衡量社区的吸引力，用这种方法可以很好地预测未来的人流量。这组数据来自土耳其伊斯坦布尔，来自欧盟、美国和澳大利亚的数据也证明了类似的关系。

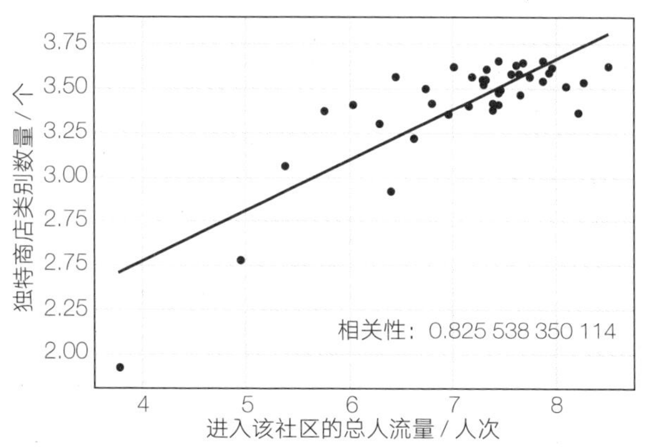

图 1-1　独特商店类别数量与社区总人流量相关性散点图

注：土耳其伊斯坦布尔一年中一个社区内独特商店类别数量与进入该社区的总人流量的相关性，其中每一个节点代表一个社区。

一个社区的吸引力与其经济增长之间存在着动态关系，各种公共设施，如公园与其他公共空间，会吸引其他社区的人进入。这种人口流入创造了机会，促进了投资，并增加了更多公共设施的可用性。

前面提到的衡量社区吸引力的方法[4]允许社区使用私有数据（特别是店内购物情况），来预测哪些新的商店类型与公共设施将提升社区的经济生产力。此外，当一个社区因新增设施与日益增多的访客而变得更具吸引力时，企业家们会通过提供越来越多样化的设施的方式来保持这一吸引力，以满足访问该社区的新居民的品位和偏好。因此，同类型的社区数据可以用来预测社区未来的经济增长。北京市区消费多样性与经济同比增长之间的关系，在另外两个地方也得到了验证。在这三种情况下，消费多样性可能是导致经济增长的一个强有力的因素，其与下一年度经济增长的相关性分别为 0.71（土耳其伊斯坦布尔）、0.54（中国北京）和 0.52（美国）。

然而，经济增长是复杂的，它受诸多因素影响。即使在控制了人口密度、房价指数和地理中心位置等因素的影响后，社区多样性数据预测经济增长的能力依然很强，相关性分别为 0.41（中国北京）、0.72（土耳其伊斯坦布尔，见图 1-2）、0.57（美国），该组数据证明了当地设施与服务的吸引力是加快社区经济增长的决定性因素。

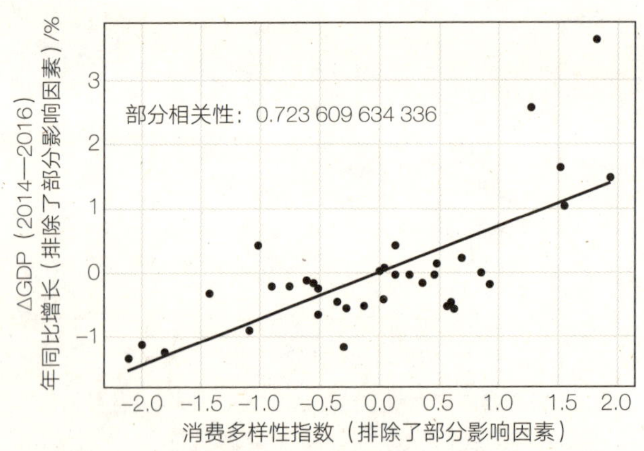

图 1-2 年同比增长与消费多样性指数相关性散点图

注：在控制了人口密度、房价指数和地理中心位置等因素的影响之后，土耳其伊斯坦布尔的消费多样性指数与 GDP 年同比增长的关系。

资料来源：S. K. Chong, M. Bahrami, H. Chen, S. Balcisoy, B. Bozkaya, and A. Pentland, “Economic Outcomes Predicted by Diversity in Cities”, *EPJ Data Science*, 9 no.1(2020)。

消费的多样性（或访客的多样性）可以解释中国北京以及美国和欧盟城市经济同比增长中高达 50% 的波动。[5]

利用社区数据评估投资，促进经济发展

通过利用社区数据，人们可以建设更有活力、经济更繁荣的社区。例如，为了促进某个特定社区的发展，人们可以通过改变交通网络，使该社区能够接触更加多样化的人群、投资更加多样化的商店和设施，从而吸引更多不同的人口流入。

更重要的是，人们可以使用社区数据来评估如何分配投资，从而最大限度地改善对目标社区经济的预期影响。社区不需要依赖传统经济指标的年化值来进行规划，而需要能够对哪类商店将会成功进行可靠的估计，并确定它们将来是否会为社区的整体繁荣做出贡献。例如，C. 弗雷塔斯（C. Freitas）等人的研究[6]表明，将描述人们如何在城市中移动的通用模型（称为“引力模型”）与描述社区内设施的集中度与多样性的社区数据相结合，就可以准确地预测拟建商店的销售额与公共设施的人流量。

这种方法远远优于现有的方法，并且足够灵活和强大，可以预测其他关键的市场变量，如预期市场份额、销售单位等。因此，社区规划者可以用它来估算税收，或了解哪些类型的新商店和社区资源（如公园）可以刺激人口流向不同的社区，并规划城市动态性和商业增长率，从而刺激人口流入不同的地区，以促进当地经济。

创造就业机会，抵御经济衰退

社区还需要推广能提高劳动者收入、创造就业机会并增强经济抵御衰退能力的工作和技能。E. 莫罗（E. Moro）等人提出了一个衡量技能连通性的指标[7]，那

就是利用社区数据来预测哪些技能将对社区的劳动力市场弹性产生最大影响。这种方法是一种受生态学启发的就业匹配过程，它是由每个职业对技能要求的相似性构建而成的。[8]

通过观察美国的城市，莫罗等人发现，技能连通性指标可以预测城市面对衰退时的经济恢复能力。技能连通性如此重要的原因很简单：由于两种工作需要相似的技能，如果工人可以很容易地从一种工作转做另一种工作，那他们就不太可能长期失业。

在 2008 年金融危机期间，技能连通性较强的城市失业率较低，工资仍不断上涨。在城市就业网络中，那些技能连通性较高的工人，能够比其他同龄人拿到更高的工资。工作之间更多的技能联系提高了就业弹性，如图 1-3 所示。在 2008 年金融危机期间，技能连通性和就业多样性对降低失业率做出了巨大贡献。

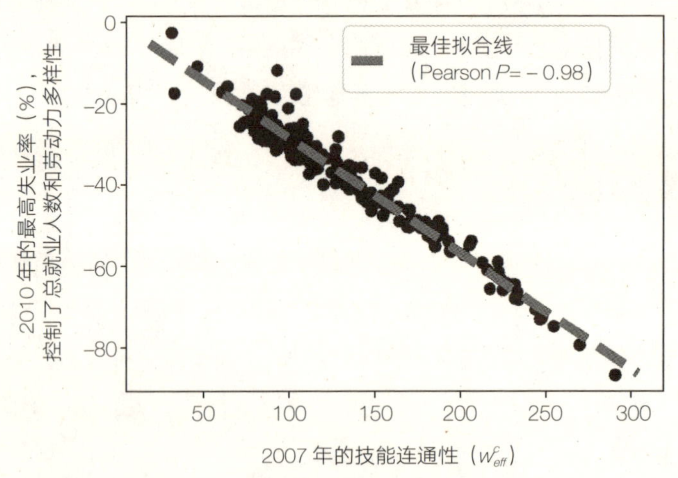

图 1-3　技能连通性与失业率之间的关系

资料来源：E. Moro, M. R. Frank, A. Pentland, A. Rutherford, M. Cebrian, and I. Rahwan, "Universal Resilience Patterns in Labor Markets". *Nature Communications*, 12 (2021), 1972。

因此，提高社区内各职业之间技能连通性的就业培训和经济发展计划，可能会发展当地的劳动力市场，并提高总体经济的弹性。这种技能连通性在应对技术驱动的劳动力挑战——如人工智能、机器人自动化等方面的挑战时可能也很重要。

利用社区合作项目，促进交流与认同

社区内的信任和社会资本是社区的核心。如今，人们对社区内的其他成员普遍缺乏信任，这是包括犯罪、贫困和儿童不良发展等在内的许多问题的根源。许多研究表明，创造社区信任和社会资本最可靠的渠道之一是社区合作项目，特别是那些社区所有的项目（见第 4 章）。究其原因，不仅因为这些项目促进了社区内更多的交流和合作，还因为它们帮助社区的成员获得了“共同命运”和“共同身份”的认同感。

通过用一种能够保护隐私的方法观察社区内的电话、信息和共同访问①的频率和多样性[9]，人们可以从社区数据中得出衡量社区信任和社会资本的指标。例如，使用这一方法可以非常准确地预测人们在他人生病时是否愿意提供帮助、人们是否愿意贷款，以及人们是否愿意帮助他人照看孩子。[10]

从长远来看，共创型社区是有活力的社区，这一方向也将取得成功。了解一个社区中的信任程度，可以让社区领导优先考虑加强信任和社会资本建设。获取社区层面的数据将使之成为可能。

① 共同访问是指在相同的时间参加相同的会议或去相同的商店、公园等地方。——译者注

BUILDING THE
NEW ECONOMY

章末总结

数据合作社，个人数据权利的集体代表

如今，个人的数据资产（个人数据）已经被社会广泛使用，但并没有足够的价值返还给他们。这类似于 19 世纪末至 20 世纪初的情况，那时的斗争促成了信用社和工会等集体机构的建立，因此创建代表个人数据权利的集体机构的时机似乎已经成熟。

人们认为，对成员有信托义务的数据合作社，为通过集体使用个人数据来赋予个人权利奠定了基础。**数据合作社不仅可以给个人提供专家级的建议，告诉他们如何管理、策划和保护对其个人数据的访问，而且可以进行内部分析，使合作社的成员受益。**这样的集体洞察力是一个强大的工具，能够帮助合作社成员通过谈判获得更好的服务，享受更大的优惠，并通过指导投资来改善社区和成员的经济、健康和社会状况。

BUILDING
THE
NEW
ECONOMY

第 2 章

共享数据，新知识经济的支柱

人们普遍认为数据有助于创造价值。[1]人们把数据称为“新石油”，而“大数据”的概念也得到广泛传播。这一理念适用于现代生活的诸多领域，在金融领域尤为突出。因为在这一领域，基于数据的洞察力对于做出正确的决策和充分驾驭不确定性至关重要。在金融领域，交易员通过分析数据来培养洞察力，获得知识，并最终做出更好的投资决策。研究人员通过分析金融和消费者相关数据，获得关于经济和社会的知识。公司通过分析数据来预测其行业的发展，预测市场对新产品的需求，从而能够在冲击到来前采取行动。**这些应用将数据转化为一种生产要素，一旦对数据进行分析，就会产生知识和价值。**

然而，数据既没有被完全当作一种生产要素，又没有被充分利用。数据尚未被完全当作生产要素的核心原因是，它与资本、劳动力和石油等其他传统生产要素截然不同。数据没有被充分利用的原因是，数据的特性使其本身很难在数据市场上进行交易，当然也不是完全不可能进行交易。尽管数据具有数字化特性，但它被限制在封闭的孤岛中，这就阻止了组织最大限度地发挥数据的潜在价值。

区块链和人工智能等新技术，以及数据如何发挥作用（更重要的是数据能发挥什么作用）等新概念正在改变这一局面，人们正从大数据向共享数据过渡。在这种情况下，从数据中提炼的知识开始在社会中安全地流动。所有这些都要归功于数据交易机制的设计与实现。数据交易所是从许多不同的来源收集数据并允许第三方在这些数据的基础上执行算法的平台，这些第三方可以利用数据产生洞察力（知识）。因此，可以说是数据交易催生了共享数据的概念，这也是大数据未来的发展方向。

数据交易将深刻地改变知识产生的方式，它将打开“基于数据产生价值”的深层视野。具体来说，它将激励公民和组织记录和分享新的数据，这些数据将在不侵犯任何公民和组织隐私的情况下产生价值，组织能够通过分析这些新的数据源来产生新的知识。这种转变的创新之处在于，任何组织或个人的敏感数据都不会越过当前已经限定的安全边界。新一轮价值浪潮即将到来。

本章将引导读者理解数据作为生产要素的特别之处，并思考数据交易将如何改变知识的产生方式。此外，我们还将针对“数据交易如何提高美国联邦储备委员会消费者财务调查对企业、政策制定者和研究人员的价值”提出建议。

本章作者：何塞·帕拉-莫亚诺（José Parra-Moyano）
卡尔·施梅德斯（Karl Schmedders）
阿莱克斯·彭特兰

数据，不可替代的生产要素

作为一种不可替代的生产要素，数据的概念非常宽泛：1 个单位（如 1MB）的数据可以包含几乎所有可记录的数据。其中的某些数据可能对组织有用，而另一些数据则可能无用。让我们举例说明：某个投资基金在某个晚上收到 1 个单位（如 1 美元）的投资，对该基金来说，这一投资来自正在流通的大量货币中的哪 1 美元并不重要，重要的是当一天结束时，有人投资了 1 美元，并希望在一段时间后获得回报。这使资本成为一个可替代的生产要素，因为某张 1 美元的钞票可以被任何一张其他 1 美元钞票所替代，而这种替代并不会影响基金的业绩。

然而，如果同一个基金接收 1 个单位（如 1MB）的数据用于研发一种新的交易算法，那么并不是所有数据都会平等地为这一目的服务。数据可分为健康数据、财务数据、地理位置数据、天气数据、公共数据、私有数据、精选数据、噪声数据等，其中一些数据将服务于该基金以训练其算法，而另一些数据则不会。这使数据成为一种不可替代的生产要素。

只要数据量足够庞大，就会创造价值。虽然少量数据在非常特殊的环境中也可能很有价值，但它们对于业务分析、算法训练或趋势识别毫无用处。因此，在大多数情况下，只有先将数据聚集起来，形成大量数据，它们才会产生价值。

此外，与资本和劳动力不同，数据的使用具有非排他性，这意味着同样的数据可以同时被多人使用。例如，许多基金可以同时使用同样的数据[2]。这与资本和劳动力的情况不同，因为一美元一次只能投资一只股票，而一名工人也不可能在同一时间出现在多家公司。随着时间的推移，数据会发生变化。每天，甚至每小时，数据都在发生变化，这意味着数据会过时，因此数据越新越有价值。举个例子，想想股票的价格，预先知道一只股票的价格是非常有价值的，而知道已经完成的交易价格则没什么价值。

与主体有关的数据属于该主体本身，与一个组织有关的数据属于该组织本身。这意味着，未经数据所有者知情并同意，出售、共享、交换私有数据是不恰当的，甚至可能是非法的。

在许多情况下，数据并非由某一方单独创建，而是由双方或多方交互创建的。还是以股票交易为例，股票的交易价格由买家和卖家共同决定，只有买家和卖家之间的互动才能产生交易及相关数据。

无法公开交易的数据

与资本和劳动力不同，数据目前并未在市场上公开交易。因此，如公司、基金、协会、投资者、银行、交易员、政策制定者、研究人员等各个组织往往只使用公开的数据或组织内部生成的数据[3]。

目前还未出现用于个人数据交易（个人将其数据单独出售给第三方）的透明数据市场，这是由数据的性质决定的。首先，数据是不可伪造的。因此，个人、公司或组织无法将其数据直接出售给第三方，原因很简单：潜在的购买组织需要在购买数据之前对数据（可能是非结构化数据）进行审计，以评估将要购买的数据是否合格。这样做尽管在技术上是可行的，但实现过程十分烦琐，而且成本很高。其次，为了训练算法，组织只对大量数据感兴趣，因为在大多数情况下，只有大量数据才能产生价值。再次，在未事先告知特定个体并征得对方同意的情况下，向第三方提供能识别个体身份的特定数据是非法的。最后，某些组织的数据可能非常敏感，组织可能不想让第三方直接访问这些数据。

“数据无法安全透明地进行交易”这一事实代表了市场摩擦，因为资本、劳动力和石油可以在公开市场上自由流动到那些回报率高的公司（资本和石油是以利息的形式计算回报率，劳动力则是以工资的形式计算），而数据却不行。如果只有不透明的交易发生，那么组织参与数据市场中的活动的行为就会受阻。因此，不是所有组织都能进入数据市场。购买数据方面也没有标准，从而无法促进各种组织资源的有效分配。

数据交易所，透明、高效和安全的数据共享

作为上述问题的一种解决方案，为实现合规、高效、安全的数据共享和交易，数据交易所应运而生。**数据交易所是一类平台，它有权从公司、大学、基金、银行、个人等许多不同来源收集、整理和汇总数据，从而使第三方能够从这些数据中获得价值（知识）。**数据交易所是拥有数据的个人或组织与第三方之间的平台。考虑到数据作为生产要素的特殊性，数据交易使结构化、安全和合法生成基于聚合数据的见解成为可能，从而得以创造价值。此外，考虑到数据交易所汇集了许多代理人的数据，这些人也被告知数据具有的价值，他们因此能以适当的价格出售基于数据的见解，并能在对这些见解有贡献的个体之间分配获得的收益。

具体来说，数据交易所允许第三方在交易所的平台上运行经过隐私审查的计算机代码，以分析属于个人的数据。这样一来，数据交易所减轻了数据不可替代的问题，因为它们可以将代码应用于每个与第三方相关的具体数据。

此外，由于数据交易所聚集了许多来源不同的数据，因此可以提供算法所需的数据量以产生价值。此外，由于数据交易所汇总了许多数据所有者的利益，因此在进行价格评估和谈判时处于更有利的地位。使用数据交易所提供的见解

无法追溯到任何单个的公司、主体或组织，这解决了隐私和许可的问题。**数据交易所的终极目标是在所有组织都能平等访问的聚合数据所产生的见解基础上实现透明、高效和持续的交易。**

关于如何建立数据交易所的建议可能众说纷纭，但这些建议有一些共同的特点。首先，它们直接或间接地假设数据是不可替代的，因此有必要对数据进行定制化分析。其次，它们假设平台用户和公司用户有权拥有数据的数字化副本，并且副本可以由第三方（数据交易所）托管。

麻省理工学院媒体实验室、英国帝国理工学院、Orange①、世界经济论坛和大数据-人本联盟②共同发起了“OPAL 倡议”[4]，来约定数据交易的标准。“OPAL 倡议”的目标是以不侵犯个人数据隐私的方式，提供大量数据以供分析。该倡议通过使用三个概念来实现这一目标：第一，算法进入数据所在的环境，其目的是使数据在其原始存储库中始终保持安全，数据库所有者能够控制数据库的访问权；第二，只返回综合答案或“安全答案”，执行的算法是公开的，所以它们可以被专家研究并审定为“安全的”；第三，数据始终处于加密状态。

当要分析的数据因其敏感性而需要保密时，加密就特别有用。在使用数据创造价值的同时，隐私可以受到保护，同时又能为在其上执行的算法生成答案。

社会将拥有一种新的、开放的数据来源，用于执行算法以产生知识，这是建立数据交易所的经济后果。各组织将能够利用它们没有的数据来获得自己需要的结果。这使数据突破了产生数据的组织界限，成为医院、大学、基金、投资者、交易员、银行和所有组织的生产力。这意味着数据将摆脱存储的孤岛，并能够产生可以在经济中自由流动的价值。这将解决前面提到的市场摩擦，进

① Orange 是一家总部位于法国的电信运营商，在欧洲占有较大的市场份额。——译者注

② 大数据-人本联盟（Data-Pop Alliance）是 2013 年成立的一个非营利性组织，其宗旨是利用数据发现人们身边的问题，找到大数据、人工智能技术和社会融合的更好方式，最终改变构筑人类社会的基础，以匹配目前的技术进步。该组织的口号是“用数据改变世界”。——译者注

而带来更快速的经济增长。

参考其他生产要素，实施数据交易对经济的积极作用不亚于拥有一支受过良好教育的劳动力队伍，或发现新的石油或黄金储备。（它们的不同之处在于，劳动力、石油和黄金一次只能被一家公司使用，而数据可以在许多公司之间共享。）这将解决市场摩擦问题。被视为生成要素的数据可以同时被许多公司使用，这将使这些公司产生的基于数据的知识成倍增加。

建立数据交易所的一个结果是金融部门的现有组织，如信用社、银行和基金，可以通过将自己纳入数据交易所来转变业务战略，并将这些数据货币化。虽然数据所有者尚不清楚通过出售数据可能产生的具体收入，但这可能是对当前收入的重要补充。这些组织可以继续将产生的价值传递给供应链的较低部分，即传递给对产生这些数据有贡献的个人。

建立数据交易所的另一个结果是，现有企业将不得不面对新的竞争对手。如今，一支拥有聪明的想法、训练有素的团队（劳动力）和一家有大笔投资（资本）的小公司可能很难与成熟的行业巨头竞争，因为数据的缺乏将阻止小公司竞争和开发有用的算法，或者无法对用户有足够的了解。随着数据交易所的建立，规模较小的公司也可以在数据交易所存储的数据上执行它们的算法，它们因此可以获得与现有企业相同的生产要素（数据）。

从美国联邦储备委员会三年一度的消费者财务调查中，就可以看出数据交易所对知识生成可能产生的影响。该调查收集了关于家庭收入、净资产、资产负债表组成、信贷使用和其他财务结果的信息[5]，它是美国经济中确定家庭金融福利的重要数据来源。

研究人员利用调查提供的数据进行分析，并进一步提出经济政策建议，这使得消费者的财务调查数据非常有价值。然而，由于收集和构建数据的难度很大（该调查涉及接近 7 000 个家庭），该调查每三年才进行一次。更频繁地收集来自更多家庭的数据可能会对投资者、私营公司、政策制定者和研究人员非常有帮助，通过家庭财务数据交易来升级该调查将是一种更高频地获得更广泛数据的方式。由于使用这种稀缺而有价值的数据的组织可能有兴趣为升级后的数据付费，因此公众将有动力经常更新他们的数据。这将建立起一个更广泛的数据基础设施，所有组织都可以使用它来产生新的知识，而向这些数据基础设施提供个人数据的公民有望从中获得切实的经济回报。

BUILDING THE
NEW ECONOMY

章末总结

数据要素化，超越“数据即新石油”的洞见

人们理解了数据作为生产要素所具有的特性（超越了“数据是新石油”这一肤浅的想法）以后，才能够理解数据究竟是如何运作的，以及应该如何与数据交易所进行恰如其分的交互[①]。理解“数据是不可替代的、非排他性的生产要素”对此至关重要。认识到数据的特点，以及如何通过分析数据产生知识和价值，人们（作为个人或组织）就能够自发形成有效的组织，与数据交易所进行数据交互，以实现他们的最佳利益。对那些向数据交易所提供数据的人来说，这将为他们提供一种新的收入来源。对那些在数据上执行算法的人来说，这意味着更多的知识，最终也会带来更多价值。

建立数据交易所将为个人和组织创造新的机遇。正确理解数据是一种生产要素，可以帮助整个社会更好地抓住“数据要素化”所带来的机会。

① 这里的“交互”包括提供数据、在数据上运行算法等。——译者注

BUILDING
THE
NEW
ECONOMY

第3章

建立数据合作社，提升创新能力

受新的交付机制（如数字音乐流媒体）的出现、年轻一代听音乐习惯的改变、消费者对音乐所有权观念的转变，以及与音乐版权相关的复杂法律等多重因素影响，代表复杂商业生态系统的美国音乐产业，目前正面临着重重挑战，并进而影响音乐供应链中的所有参与者[1]。

如今，艺术家和音乐家已成为零工经济的重要组成部分，其处境也和零工工作者越来越相似[2]，即作为纯粹的艺术创作者，他们想要维持基本的生活已经愈发困难。有些人将此归因于他们无法及时了解自己作品的许可证发放情况，因而无法对未来的收入情况进行合理的预判。事实上，一方面，对许多的作词者和音乐家而言，他们通常要等上好几个月才能拿到版权费；另一方面，在许多情况下，特定音乐作品的实际作词者或艺术家的身份无法确定，这导致世界各地的托管账户中存在很多应付款项到期仍无人认领的情况[3]。

在过去20年里，音乐行业因为自身在技术进步方面（如数字交付、云服务、数字身份）的投资不足，所以错过了多个与数字音乐相关的发展机遇（如20世纪90年代末的Napster案[4]）①。如今的音乐生态系统仍在使用过时的会计核算体系（如交换Excel电子表格），这也导致了行业总体效率低下、版税报表混乱、延迟支付，以及由于音乐标签错误而引发的错误支付等诸多问题[5]。

本章将把艺术家和音乐家作为零工工作者来看待，并在此背景下探讨数据合作社的概念，以及研究如何在共享平台上进行有关音乐的权利与许可管理，以降低运营成本和操作复杂性。我们还将以麻省理工学院和伯克利音乐学院的RAIDAR项目[6]为例，讨论未来该如何在强化音乐版权问题的原则下，进行IT

---

① Napster公司开发了一款名为MusicShare的点对点软件，大量用户使用该软件传播盗版音乐。Napster公司在收到大量版权人的权利通知后，并没有采取任何措施制止这一侵权行为，因此法院判决该公司承担侵权责任。作者的意图可能是，如果Napster公司能够在当时采取有效措施制止侵权行为，或许就抓住了一次音乐数字化的发展机会。——译者注

基础架构的设计与开发。

本章作者：托马斯·哈德乔诺
阿莱克斯·彭特兰

什么是数据合作社

过去 10 年，在个人数据的处理与合理使用方面，人们的信任度持续下降[7]。随着大数据与高级分析、人工智能相结合的力量日益为公众所接受，现在的人们已经越来越深刻地意识到社交媒体平台对他们日常生活的巨大影响，包括影响他们在网站和其他媒体上看到的广告，以及他们在网上购买的商品和享受的服务类型等诸多方面。皮尤研究中心的报告显示：91% 的美国人认同或高度认同消费者已经无法阻止个人数据的被收集和被使用；80% 的社交网站用户表示他们对第三方获取自己的共享数据深感担忧[8]。

世界经济论坛在其 2014 年关于个人数据的报告[9]中指出了个人数据管理和使用信任度下降的问题，并提出了改善建议。这些建议包括以下三个方面：一是通过提升个人洞察力及为他们提供有意义的控制手段来提高透明度；二是明确个人在整个价值链上（从前端到后端）的定位并更公平地分摊风险，以改善问责制度；三是赋予个人对其数据如何使用的决定权，并赋予他们能将数据用于个人目的的权利。

在对管理和合理使用个人数据的信任度持续下降的大背景下，零工经济的出现，以其非传统、独立、短期工作关系等典型特征，让许多人的就业模式悄然改变。在某种程度上，一方面，新的技术平台为以前无法施行的零工就业铺平了道路，并使得新的零工就业形式得以崭露头角，如拼车服务；另一方面，技术的进步也使得零工就业者成为不得不依托于零工平台而生存的“俘虏”。

基于 2014 年世界经济论坛报告的相关建议，本书提出了“数据合作社”的概念。在第 1 章中，我们将数据合作社定义为一个归其成员所有的组织，该组织对其成员个人数据的访问、管理和使用负有法律信托责任[10]。简而言之，**数据合作社是一个由一群有着共同目标的人自发聚集在一起形成的组织，该组织成员间可以共享其个人数据、数字资产和其他权利。**

图 3-1 展示了一个基于麻省理工学院开放算法原理建立的数据合作社模型。

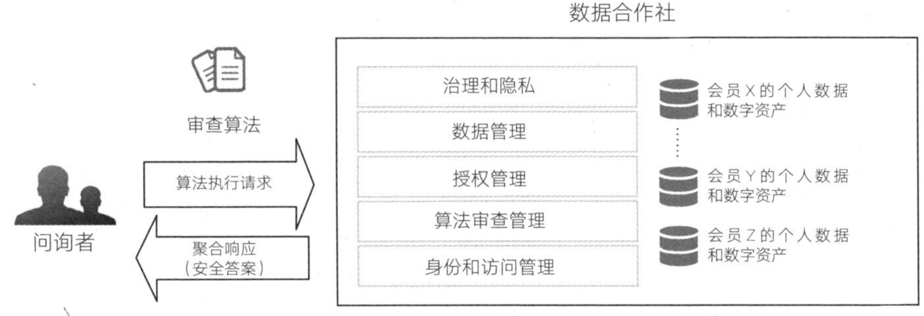

图 3-1　基于麻省理工学院开放算法原理建立的数据合作社模型

数据合作社成员间可以共享的内容繁多，这些内容被统称为“个人数据”。个人数据不仅包括个人使用各类电子设备生成的数据（如位置数据）、使用第三方服务产生的数据（如通话记录数据）、个人独有的生物医学数据（如 DNA 序列），而且包括某些特定类型的工作所形成的结果（如医院护士的工作时间表），或因履行本职工作所产生的数据（如作曲家的作品在社交媒体上的播放次数）。至于具体共享哪些数据，取决于合作社的性质和目的，而且必须由合作社的成员决定。此外，合作社还可能为其成员提供数字身份管理服务[11]。

合作社成员可以将其个人数据和数字资产存储在数据合作社中（如存储在其云基础设施中），也可以将其存储在其他地方（如个人数据存储库中），并允许合作社其他成员远程访问其副本[12]。数据合作社是一个为成员所有的自发性组织，因此成员可以随时离开，也可以随时删除其个人数据和其他资产，并始终享有其个人数据和数字资产的合法所有权。

艺术家和音乐家的数据合作社

对音乐产业的全面讨论超出了本书的研究范围，且相关论述也已存在[13, 14]。为便于讨论，本书对音乐许可供应链中常见参与者的角色和任务进行了高度提炼，数字音乐授权供应链示意图如图 3-2 所示。当创作者（作曲家或作词者）进行音乐创作（如音乐作品或乐谱）时，作品一旦完成（如记录在一张纸上），他们就拥有该作品的版权。为便于进行版权交易，创作者通常会委托音乐出版公司代表自己进行业务关系的管理（如管理合同）。当唱片公司想要找一位录音艺术家录制一首歌时，它必须从音乐出版公司（或直接从创作者）那里获得机械许可（Mechanical License）。这里的“机械”一词源于使用物理设备（如磁带卷）或物理媒体（如黑胶唱片或光碟）获得声音记录的时代。

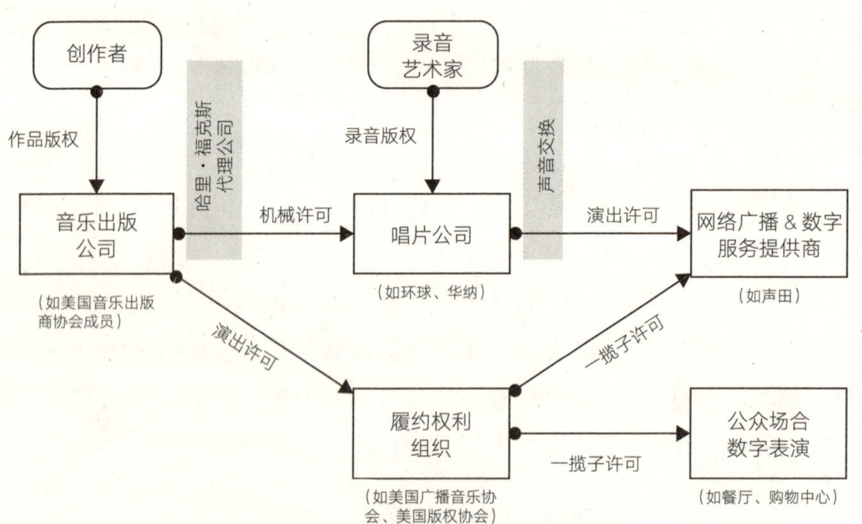

图 3-2　数字音乐授权供应链示意图

类似地，当声田、潘多拉等音乐流媒体服务商（它们通常被更正式地称为数字服务提供商）在向消费者提供流媒体服务时，它们必须首先从拥有合法录音版权的唱片公司那里获得相应的演出许可。为了收取和支付数字表演（如流媒体）产生的版税，美国国会在 2003 年成立了一个名为 SoundExchange 的非营利性集体版权管理组织。SoundExchange 的主要作用之一就是为数字表演设定版税率。在音乐出版方面，成立于 1927 年的哈里·福克斯代理公司负责代表美国的音乐出版公司管理、收取和支付机械许可的费用。

移动设备的崛起，给消费者的听歌习惯带来了革命性的改变。越来越多的消费者希望，即使在无法连接互联网的情况下，他们的移动设备也能够提供音乐点播服务。同时，随着互联网接入服务提供商服务质量的提高，音乐发行机制也发生了巨大的变化。消费者不再需要通过广播或电视等传统媒体收听音乐，他们可以直接通过互联网获得数字（或数字化后的）音乐。因此，许多数字服务提供商（如声田）已经放弃了传统唱片公司用于实体发行（如黑胶唱片或光碟）的许可模式。这些颠覆性的改变直接导致唱片艺术家和音乐家的收入减少，这一点我们从大量由艺术家发起的针对声田的诉讼中可见一斑。**由于大多数艺术家和音乐家从现场表演（演唱会）中获得的收入已经超过从数字流媒体中获得的收入，因此他们正日益成为真正意义上的零工工作者。**

伯克利音乐学院和麻省理工学院牵头开展了一项名为“开放音乐”的活动，并希望通过探索新的技术手段和激励机制，促进开放音乐新生态的发展。在各方的共同努力下，2017 年，各成员达成了开放音乐倡议[15]，并通过论坛的形式就全球未来音乐产业的技术、商业和就业模式等各个方面进行了深入探讨。

我们相信，作为零工工作者的艺术家和音乐家，将基于数据合作的理念，成功地构建数据合作的组织，后文也将就数据合作社的某些方面进行讨论。

个人数据的共享存储库

目前，音乐供应链存在的一个重要问题是，特定音乐作品（如单个作品或录音带）的创作过程缺乏一致、完整、权威的信息或元数据。音乐供应链中的许多实体往往通过手动重复输入相同信息，或通过从其他站点抓取数据的方式，来创建音乐作品不同版本的元数据[16]。在这种情况下，同步或纠正信息的工作就变得非常费力，且容易出错①。此外，关于音乐作品合法所有权的机密信息通常混杂在同一元数据中，这样会使整个数据库因成为专有数据库而被拒绝访问。目前，音乐行业已经创建了元数据文件格式的标准（如基于 XML 格式的 DDEX 格式），但还没有全行业普遍采用的标准用来定义收集、显示和验证创作元数据②的工作流程。然而，正如 G. 霍华德（G. Howard）[17] 和 N. 梅西特（N. Messite）[18] 所说，元数据工作流程标准的缺失仅仅是困扰整个行业的众多问题之一。

我们认为，音乐行业需要参照图书出版、图书馆系统和汽车零部件供应链等行业的开放访问范式，构建一种可选择的针对创作元数据的模型。创作元数据需要独立于所有权元数据，也要独立于许可元数据。同时，创作元数据不得包含实际的音乐作品本身（如录音 MP3 文件），也不能携带音乐作品的合法所有权或版权信息。

在帮助艺术家和音乐家管理其音乐作品方面，数据合作社展现了极大的吸引力。因为数据合作社不仅可以帮助艺术家和音乐家在共享 IT 基础设施的前提下创建权威的元数据，还可以让他们在掌握元数据文件和音乐作品（如 MP3 主文件和歌曲合成文件）控制权的前提下，实现对这些宝贵资源的低成本管理。数据合作社通过分布式账本进行元数据管理的流程如图 3-3 所示。

音乐元数据注册表分类账

在过去几年里，作为一种潜在的新范式，分布式账本和区块链系统[19] 已经赢得了艺术家和音乐家的广泛关注。基于这种新范式，当艺术家和音乐家的作

① 当发现某一项数据出现错误（如作曲家姓名拼写错误）时，系统无法自动纠正所有因使用或引用该数据而出现的错误。——译者注

② 此处的创作元数据（Creation Metadata）是指与创作行为（如音乐创作）相关的各种数据，但不包含创作的作品（如数字音乐）本身。——译者注

品被消费者采用时，他们可以及时获取作品被采用情况的准确信息，并可以通过更直接的交易行为和付款方式，维持一种可持续的谋生方式[20]。

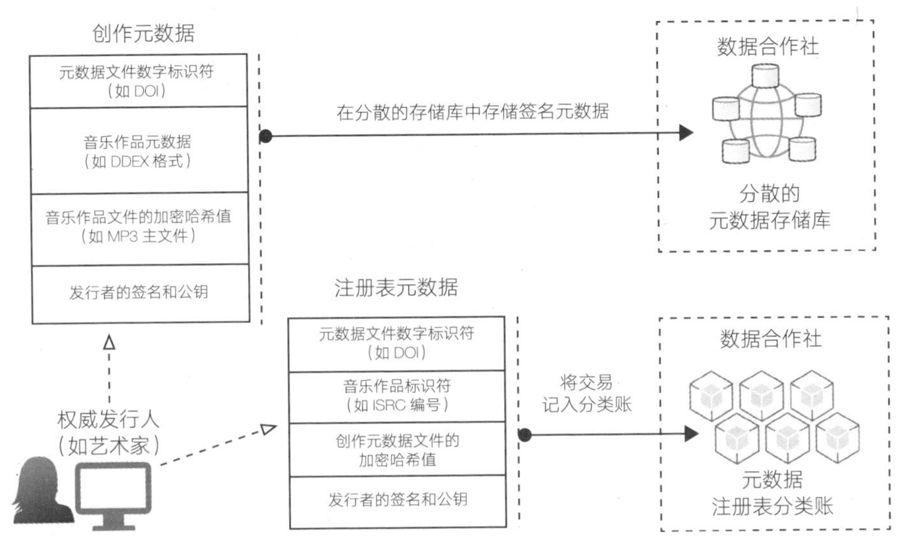

图 3-3 数据合作社管理元数据的流程示意图

数据合作社通过为艺术家和音乐家提供分布式账本，来强化与音乐版权和许可相关的任务或功能，并使得这些任务和功能得以自动完成。例如，合作社可以建立元数据注册表分类账①，合作社成员将其创作元数据记录在该账本上。分类账的条目中包括一个全球唯一的可解析标识符，通过它，互联网上的任何人都可以访问完整的创作元数据文件副本。

这种方式的好处非常明显。首先，将音乐作品的带签名的注册表元数据文件“发布”到注册表分类账中，可以为创作者的版权主张提供法律支持。分布式账本整体上起着“公证”服务的作用，只有合作社的成员才有向账本中添加新条目的权限，而其他人只可以读取元数据和通过分类账交易条目验证数字签名。这种基于分布式账本的公证，为音乐作品提供了不可篡改、不可否认且带

① 分类账是用于登记各类经济业务变动及其余额的账簿。——译者注

有时间戳的公共证据。其次，元数据注册表分类账与元数据存储库一起，为特定音乐作品提供了出处信息的权威证明。作为音乐作品元数据可开放读取的注册表，注册表分类账已成为元数据的可信来源，并可被其他类型的基于分类账的交易以链接的形式引用，如处理许可证发放和权属交换的智能合约。因此，即使现有系统是老旧数据库，也可以实现对注册表分类账中相关条目（如交易ID）的引用。

共享智能合约

艺术家和音乐家认为，作为一种更直接的交易参与模式，分布式账本和智能合约的发展前景极为广阔。作为点对点（Peer-To-Peer，P2P）网络节点上可用的存储过程或函数（代码），智能合约为提高业务流的工作效率提供了诸多颇具前景的功能。在音乐合约供应链管理的背景下，在实现与合约供应链不同阶段相关的不同业务逻辑方面，智能合约有着多个潜在的应用领域。例如，对于受版权保护的音乐作品，智能合约可用于实现其许可逻辑（如表演许可和机械许可）、追踪授权支付情况、向正确的权利人支付特许权使用费，以及撤销已授予许可证或自动过期的授权等多种用途。

数据合作社可以帮助艺术家和音乐家拟定基于特定分类账系统的智能合约，通过将与许可证相关的法律条款进行标准化[①]，让艺术家和音乐家只需要考虑作品的定价问题。这种共享智能合约通用模板的方式，有效地为艺术家和音乐家节省了法律费用。此外，数据合作社还可以为其成员，甚至可以为其他数据合作社建立分布式账本，从而使世界各地不同的数据合作社可以共同分担分类账的运营成本。

数据合作社版权许可管理分类账和智能合约流程示意图如图 3-4 所示。在这种模式下，作曲家或作词者通过智能合约，将其音乐作品的使用许可授予其他参与者，比如音乐出版商和其他艺术家。为便于智能合约可以准确地引用

① 只有经过标准化的条款才可以通过智能合约自动执行。——译者注

（指向）被许可的音乐作品，作曲家或作词者必须提前将元数据记录到元数据注册表分类账上。当音乐作品存在多个版本，比如不同长度的录音版本时，这种做法将有效提升授权许可的精准性（见图 3-4 的步骤①到步骤③）。在最简单的情形下，智能合约代码可以包含许可协议的法律条款，这种智能合约被称为李嘉图智能合约（Ricardian Smart Contracts）[21]，且代码仅需调用被许可方（如音乐出版商）的数字签名。

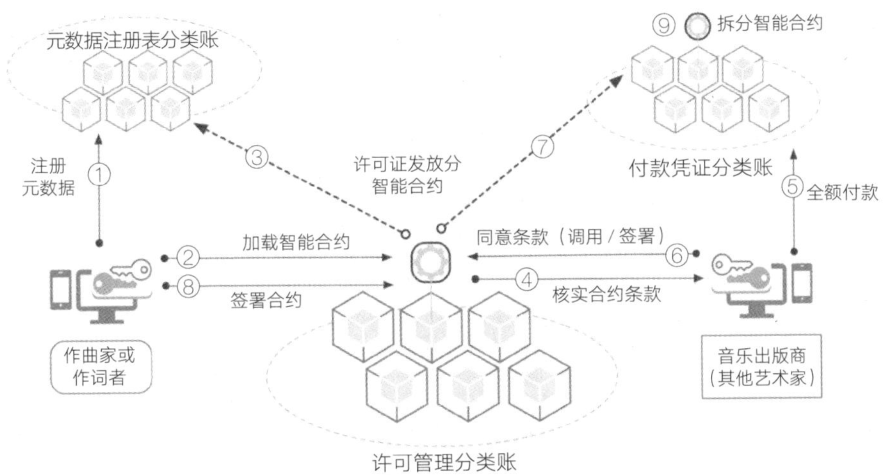

图 3-4　数据合作社版权许可管理分类账和智能合约流程示意图

当被许可方寻求获得某项作品的版权许可时，被许可人需要在许可管理分类账上选择正确的智能合约。根据智能合约的具体执行要求，被许可方可能需要提前付款（如使用单独的付款机制），并向智能合约提供付款凭证（见图 3-4 中的步骤④到步骤⑦）。如果使用了付款凭证分类账，则可能需要“拆分”智能合约（见图 3-4 中的步骤⑨），即在版权由多人共同持有的情况下，比如由多个作词者共同创作的作品，自动将费用按正确的比例支付给所有相关的权利人。

创作元数据文件

目前，音乐供应链存在的一个重要问题是，对于特定音乐作品的创作过程，缺乏一致、完整和权威的元数据。类似于其他供应链（如运输中的集装箱货物），音乐供应链也需要关于项目的准确信息，以便于跨供应链的参与者可以同步其业务流程。为此，麻省理工学院连接科学实验室和伯克利音乐学院正在牵头开发技术解决方案，从而将开放访问音乐元数据层的各种架构标准化[22]。该项目意在探索与创建互联互通元数据存储库相关的技术问题，以及弄清楚在基于分布式账本或区块链系统下，新的开放访问音乐元数据层如何才能成为未来音乐相关交易的基础。本书使用“创作元数据”或“元数据”表示给定音乐作品（如作曲、录音）的事实信息，而不包括音乐作品本身（如录音文件）。

目前，音乐行业已经创建了元数据文件格式的标准（如基于 XML 格式的 DDEX 格式），但还没有全行业普遍采用的标准用来定义收集、显示和验证创作元数据的工作流程。元数据的不同部分或“片段”，通常由音乐供应链上的不同参与者保存在不同的位置[23]。基于先进的分布式数据库和紧密同步交易系统（如纳斯达克、纽约证券交易所和其他证券交易所），其他行业（如金融业）的数据准确性问题已基本得到解决。我们相信，音乐元数据问题应该是当前音乐产业需要解决的首要问题。然而，正如 G. 霍华德[24]和 N. 梅西特[25]所言，缺乏元数据工作流程标准，仅仅是困扰整个行业诸多问题中的一个。

在本节中，我们使用了“音乐作品”来表示单独的歌曲、作品或曲目，并将歌曲作品和录制的歌曲视为两个独立的音乐作品，即使这首歌曲的作词者（或作曲家）和录音艺术家（或表演者）是同一个人。我们使用了“创作元数据”来指代给定音乐作品的事实信息，创作元数据不包含实际音乐作品本身（如录音 MP3 文件或 WAV 文件），也不得携带音乐作品的合法所有权或版权信息。这好比存储在美国国会图书馆和其他图书馆里的一本书的书目描述，并不包括这本书本身，也不包括关于该书版权的所有者信息。我们使用了“权利元数据”来表示与音乐作品法定所有权有关的信息。通常，权利元数据可能会被视作涉密信息，因此不宜对外公开。我们使用了“分布式账本”（或简单的分类账）来表示广义的区块链系统和网络概念。综上所述，本章将要描述的架构可以通过各种分类账，如以太坊（Ethereum）[26]、R3 或 Corda[27] 和超级账本 [28] 来实现。

因此，对给定的音乐作品（如一首歌或曲目）而言，其元数据信息的每个基本单元都应该刚好有一个权威的创作元数据文件与之对应。创作元数据文件带有数字签名，并可从世界各地多个元数据存储库中公开读取，其作用主要是检测文件是否被未授权者修改。如果某个音乐作品有多个版本（如原始发行版、混音版），则必须为每个版本生成一个单独的创作元数据文件，并为其签名。

每个音乐作品都有一个权威的创作元数据文件，这使计算过程和系统可以基于明确的元数据进行操作。当通过计算机程序（如传统软件或智能合约）进行音乐作品的授权许可时，被许可方（个人或企业）可以通过智能合约“指向”其感兴趣的、确切的创作元数据文件。如果一个音乐作品有多个版本，如不同版本的录音，且被许可方想要获得所有这些版本的许可，则许可文件可以直接指向每个版本对应的创作元数据文件。因此，这种开放访问的音乐元数据层，对于降低业务交易的复杂性和音乐作品的识别错误率，以及降低整个音乐供应链的运营成本都至关重要。

音乐元数据技术架构的设计原则

音乐元数据层的技术架构需遵循以下设计原则。

第一，在上游作品创作端收集数据。艺术家、音乐家和相关制作方（如工作室工程师、制作人、经理）需要获得正确和简便的工具（如软件）授权，以便将创作信息捕获到元数据文件中，并添加数字签名（本地化），以作为确认元数据出处的“权威”手段。在现有系统中，数字音频工作站可能是在供应链中捕获创作事件事实信息的合适切入点。

第二，创作元数据与版权音乐作品分离。出于隐私和版权保护的考虑，音乐作品（如歌曲和录音）必须与创作元数据文件分开。目前，市场上有多种访问控制模型、机制和解决方案，如 OAuth 2.0[29]、OpenID Connect[30]、UMA[31]，可以为这些宝贵的资源提供受保护的访问。

第三，所有权信息与实际的创作元数据分离。作品的所有权信息与创作元数据应该是分离的。因为所有权信息可能是保密的，而且随着时间的推移，音乐作品的所有权通常会被出售或被购买。但无论作品的所有权如何变更，其创作元数据都始终保持不变。

第四，创作元数据可以开放访问。目前，开放访问的理念在其他行业和部门已约定俗成，音乐元数据层也应采用开放访问原则。

为促进全人类的知识进步，如今，许多出版物，如书籍、报纸、期刊等都已实现了开放访问[32]。私人合同和机密信息不应放在这些开放访问的元数据存储库中。同样，实际的音乐作品（如录音主文件）也不应放在开放访问的空间中。音乐元数据的开放访问原则，将有利于更精准地确定音乐作品是归属于艺术家、音乐家，还是其他相关个人或实体。

此外，开放访问的音乐元数据层，使粉丝能获得更多关于音乐作品创作的细节信息（如音乐家使用的是什么类型的键盘）。元数据文件与关键词和短语之间的链接关系，使得在音乐元数据层上进一步开发智能搜索功能成为可能。音乐元数据的开放访问原则如下：

- **音乐作品要进行哈希加密。**为表现音乐作品的引用关系，每个创作元数据文件都必须包含一个加密的哈希值①（如 MP3 录音文件的哈希值）。因此，元数据文件和对应音乐作品之间，有着精确的一对

① 哈希加密算法可以从任意大小和类型的输入数据中得到一个固定长度的输出数据，该数据一般被称作哈希值。相同输入数据的哈希值是相同的，而输入数据哪怕只有一点差异，其哈希值也迥异。从输入数据得到哈希值非常容易，但是没有办法从哈希值反推出输入数据。——译者注

一映射。

- **元数据格式和编码的标准化描述。**由于创作者所在社区编码规则的不同（如 Unicode、中文 GB），未来元数据的格式也会五花八门（如 DDEX-XML[33]、JSON）。因此，为便于读者（即客户端软件使用者）获取和解析这些元数据文件，每个元数据文件的标题都必须使用标准格式。

- **元数据单元带数字签名且可移植。**元数据的基本单元（如歌曲、曲目或作品）必须由权威实体添加数字签名，如由艺术家、作词者、作曲者或其他获得授权的人来签名，从而使元数据单元是可追溯的，并能成为一个可移植和可复制的单元。同时，每个元数据文件必须携带一个全球唯一的数字标识符，以使其区别于其他元数据单元。

图 3-5（a）对具有唯一数字标识符的创作元数据文件进行了说明，最后一部分显示了发行人的签名（如 X.509[34] 或 XML-DSig[35]）和公钥。

- **元数据单元副本可访问。**签过名的元数据文件必须在互联网上的多个位置向公众开放。用户可以通过标准化的应用程序接口（Application Program Interface，API），并基于元数据文件使用的数字对象唯一标识符（Digital Object Unique Identifer，DOI），在互联网上的多个元数据文件副本中找到并访问需要的文件。

图 3-5 为创作元数据和注册表元数据示意图。其中，图 3-5（a）表示完整的创作元数据存储于去中心化的存储库中，图 3-5（b）表示记录在分类账上的较短的注册表元数据，通过链接（或哈希值）指向完整的创作元数据，以证明创作元数据的真实性。

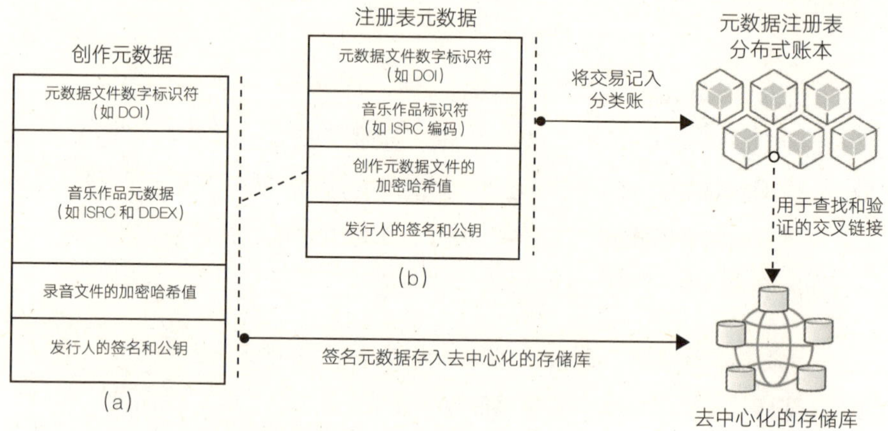

图 3-5　创作元数据和注册表元数据示意图

- **文件标识符全局唯一且可解析。**在注册的命名空间里，每个元数据文件都会被分配一个唯一的标识符，该标识符将帮助用户从世界各地众多的存储库中找到所需的文件副本。

  数字对象唯一标识符[36]及其附带的句柄解析系统[37]作为数字标识符方案，已成功地大规模部署了十余年。与域名系统（DNS）基础架构的协议行为类似，通过 DOI 和句柄，可以高效查找存储在全网开放存储库中的数据文件（如图书馆书目）副本。

- **对签名元数据基于分类账的公证。**分布式账本可用于对每个签名元数据单元或其简短摘要进行公证。为方便起见，这里将较短的元数据称为注册表元数据。注册表元数据要存储在分布式账本上，创作元数据和注册表元数据必须使用同样的数字标识符（如 DOI），以表明它们都指向同样的音乐作品。对注册表元数据的公证，为音乐作品提供了进行篡改检测的时间戳。

图 3-5（b）说明了通过元数据注册表分类账进行公证的概念，并显示了要记录在分类账上的较短的注册表元数据。对于想要获取元数据文件版本的用户，

系统必须通过检查分类账，以确保其拥有的是最新的版本，如基于已确认交易的时间戳。

- **支持多版本的音乐作品。**很多时候，对于同一音乐作品，艺术家和音乐家可能会创作出多个不同的版本。例如，对于给定的录音，艺术家可能录制了短版（如 2 分钟）、长版（如 3 分钟）和扩展版（如 6 分钟）。由于元数据文件中包含了音乐作品（如 MP3 文件）的加密哈希值，这就意味着必须为每个版本创建一个单独的元数据文件。此外，这也意味着每个元数据文件都必须拥有唯一的标识符，这对被许可人快速且精准地找出其所需的授权录音版本有着极大的帮助。
- **支持元数据的多个修订版本。**即使是在供应链的上游创作端（如在 DAW 软件中）收集数据，也不可避免地会存在元数据信息错误。当需要对元数据文件进行修订时，被修订（旧）的元数据文件仍需继续保留。在编写新的修订版本时，需要给新版本的元数据文件重新分配一个文件标识符，且必须与上一个版本建立链接关系（如通过哈希值），以向用户（客户端软件使用者）表明存在版本更迭。这个原则类似于软件工程开发中的源代码版本控制，且相关技术目前已非常成熟，如应用于 SVN 或 GitHub 的版本控制技术。

  因此，当要通过注册表分类账对修订版进行公证时，新的注册表元数据必须精准指向（如通过哈希值）先前确认的注册表元数据（如先前确认的注册表元数据交易的 ID）。
- **支持元数据的归档和修订。**被修订（旧）的元数据文件绝不能被删除，而必须使用前文提及的相同的复制存储库架构进行归档。存档的元数据文件必须开放访问权限，以便对元数据信息的出处和修订过程进行追踪。

这种将开放访问元数据与通过注册表分类账进行公证相结合的方法，至少有以下三个好处。

一是支持版权主张。通过将带签名的音乐作品的注册表元数据文件“发布”到注册表分类账上，可以为创作者的版权主张提供法律支持。同时，通过使用分布式账本进行公证（带有交易签名行为），为音乐作品的存在提供了相对不可篡改、不可否认且带有时间戳的公开证据。

二是作为其他分类账和系统的音乐元数据的事实基础。作为音乐作品元数据的开放注册表，注册表分类账实际上就是元数据的真实记录。元数据可被其他类型的基于分类账的交易（如许可证申请智能合约和许可证授权智能合约）直接引用。因此，不论是现有的系统（如老旧数据库）或未来的系统（如集中的机械授权或曲目数据交换系统），都可以对注册表分类账中的相关条目（如交易 ID）进行引用。

三是实现数字身份和公钥之间紧密绑定的重要契机。如果需要对创作元数据进行数字签名，以及对提交到注册表分类账的交易进行签名，就必须对签名者的公私密钥对进行管理。业界基于人员身份强识别的数字证书创建标准已经存在了 20 余年[38]。目前正在努力尝试通过区块链系统，以去中心化的方式保持这种绑定[39]。

此外，开放访问元数据与通过注册表分类账进行公证相结合的方法，也为解决当前音乐行业版权费所有人（个人或法律实体）的识别问题，提供了可靠的实现路径[40]。

实现元数据储存库可复制性的基本要求

为提升创作元数据的可用性和可靠性，特定音乐作品的创作元数据应该是可以被复制的。要实现元数据存储库的可复制性，有以下几个基本要求：

- **复制技术的独立性。** 随着时间的推移，数据库和复制技术也将不断发展，因此作为基本单元的创作元数据，必须可以从一个存储库

"移动"（复制）到另一个存储库。

- **元数据存储库的标准化 API 服务。**客户端应用程序所使用的、用于读取和写入元数据存储库的 RESTful API① 必须进行标准化。对 API 的定义必须独立于 API 后端存储库的技术实现。同样，调用 API 服务的客户端应用程序也不需要了解服务的后端实现方式。

- **保留标准化的签名数据导入和导出格式。**当从元数据存储库导出（读取）元数据文件时，该文件必须使用标准化的数据格式，并且原始元数据文件的数字签名部分（最初由其创建者提交）必须保持有效。

链接关键词和检索标签的复制元数据存储库示意图如图 3-6 所示。

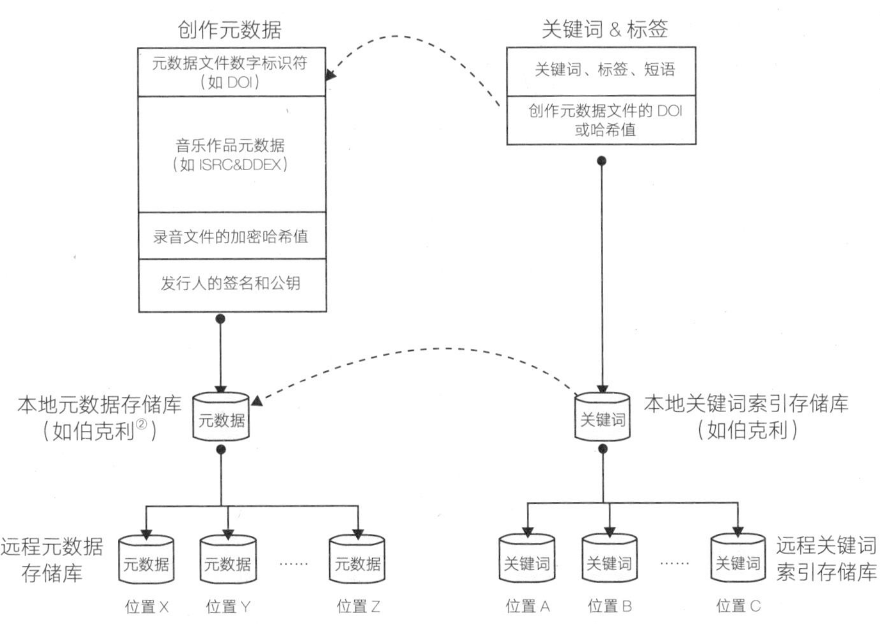

图 3-6　链接关键词和检索标签的复制元数据存储库示意图

---

① RESTful 是一种设计 API 的架构风格，其特点是结构清晰、符合标准、易于理解、扩展方便。——译者注

② 此处的伯克利是一个开源的文件数据库。——译者注

例如，有这样一种情况：艺术家使用客户端应用程序（如 DAW），以给定格式（如 JSON）编写一个新的创作元数据文件，并根据相应的公钥和签名标准（如 JSON Web signature）对该文件进行签名。当艺术家通过客户端应用程序将该文件提交到本地元数据存储库时，该存储库可以根据其内部数据存储架构，在存储库中对元数据文件进行解析存储。但是，当其他用户稍后从该开放访问存储库导出（读取）元数据的副本时，存储库必须能够将该副本重新还原成原始创作元数据，以便其他用户可以验证其原始签名。

图 3-7 所示为创作元数据和注册表元数据示意图，图 3-7（a）展示了创作元数据文件各组成部分的核心部分。

第一部分：元数据文件数字标识符①。第一部分是创作元数据文件的数字标识符，用 DOI 来表示[41]。长期以来，这种方式已在世界各地成功应用。

第二部分：音乐作品元数据②。第二部分是实际的音乐作品元数据，该部分可以使用现有的音乐元数据格式（如基于 XML 格式的 DDEX RIN、JSON 格式）或其他格式。该部分的标题必须标明元数据的格式和编码。需要注意的是，元数据文件不得包含音乐录音文件或法定所有权信息。

第三部分：录音文件的加密哈希值③。创作元数据文件的第三部分是录音文件的加密哈希值。例如，可以是录音文件的母版文件（如 MP3、MPEG-4 文件）的哈希值，也可以是其注释文件（如 PDF、Sibelius、Finale 文件）的哈希值。通过录音文件的加密哈希值，元数据文件和录音文件之间得以建立正确的一对一映射。当给定的音乐作品有多个版本（如录音的长版、短版或混音版）时，这种精准匹配在业务处理中就变得非常重要。

第四部分：发行人的签名和公钥④。第四部分是发行人的签名和公钥，创作元数据的权威发行人必须对元数据的组成部分（即前三个部分）进行数字签名。

数字签名使用公钥数字签名和时间戳的现有标准技术来执行，且必须包含用户验证文件所需的标准信息（如签名算法 ID[42]）。

因此，对创作元数据文件各组成部分的任何数据进行任何修改的尝试，都将导致签名验证失败——向用户表明创作元数据文件不再可信（它已被篡改）。

图 3-7（b）为注册表元数据文件的组成部分，图 3-7（c）为单独的关键词 / 索引数据库的创建过程，图 3-7（d）为将实际的录音文件放入受保护的文件存储库中的过程。

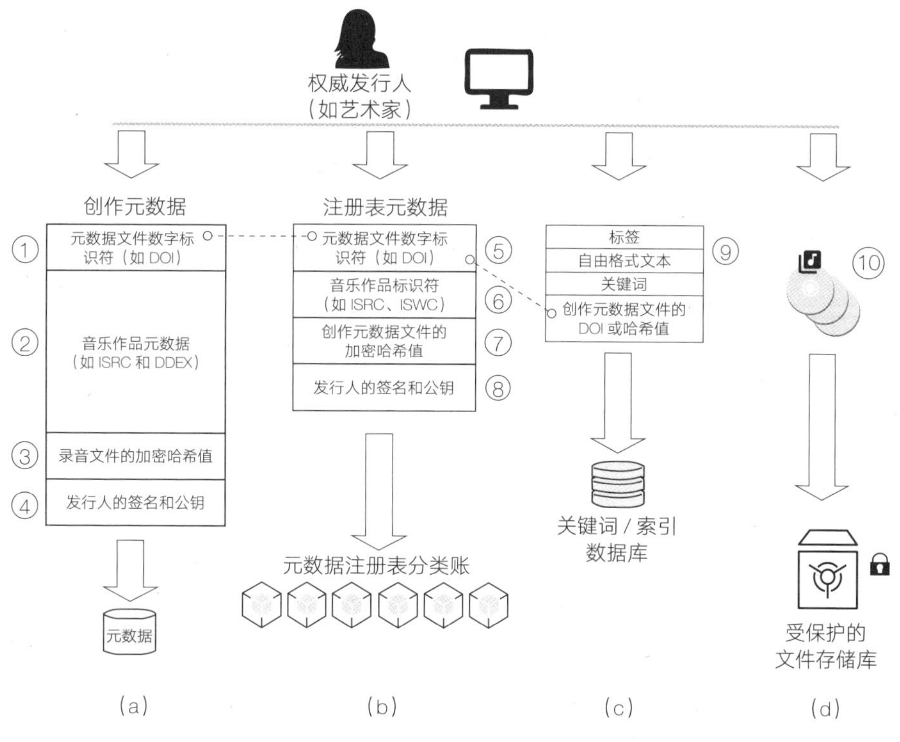

图 3-7　创作元数据和注册表元数据示意图

元数据注册表分类账

音乐元数据层使用一个或多个分布式账本网络，来创建基于简单共识的、经过公证的注册表分类账。由于创作元数据文件可能很大，并且大多数基于分类账的交易系统都不会存储太大的文件，因此在注册表分类账中只会记录元数据的简短摘要，即注册表元数据结构。

较短的注册表元数据将被记录在注册表分类账上，其产生的交易ID稍后可以用作在其他系统和分类账上实现业务逻辑和多方交易的参考。注册表元数据必须始终携带与创作元数据相同的数字标识符（如DOI），以表明这两种数据结构指向的是同一个音乐作品。

采用注册表分类账主要有两个目的。

第一个目的是支持多副本注册表元数据文件的获取和查找。通过点对点网络节点，注册表分类账为注册表元数据提供了多个副本。每个节点独立保存一整套已确认的交易块，且每个交易块都是注册表元数据结构。注册表元数据文件数字标识符部分与创作元数据文件数字标识符部分有着相同的数字标识符（如DOI）。因此，通过使用在简短注册元数据（在公共的注册表分类账上）中找到的DOI，任何实体都可以在互联网上的一个或多个存储库中获取创作元数据文件的完整副本。

包含元数据注册表的区块中的交易示意图如图3-8所示，图中有灰底的字段为创作元数据文件的副本。

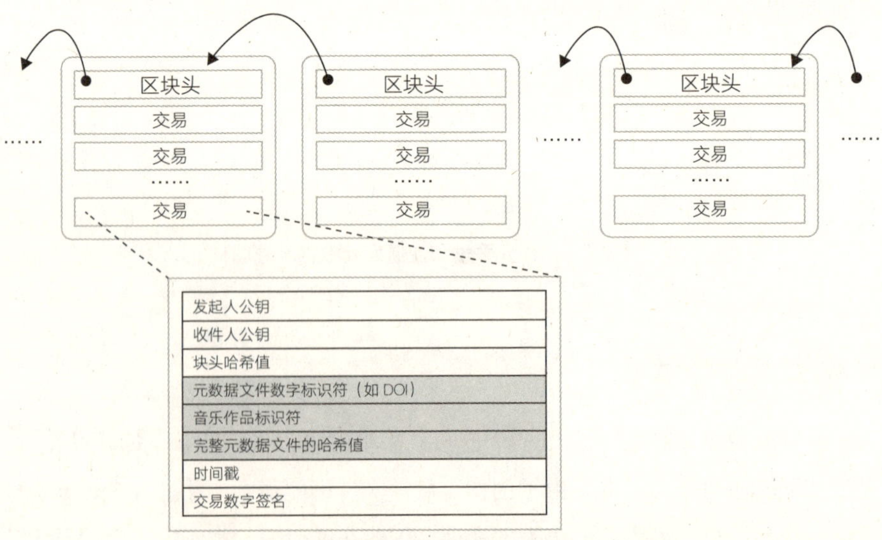

图3-8 包含元数据注册表的区块中的交易示意图

第二个目的是支持引用其他基础架构上持久的链上记录。元数据注册表分类账为其他基础架构和系统提供了可信赖（即可以“指向”）的持久证据。因此，作为授权许可智能合约的一部分，在不同分类账或区块链系统上实施的音乐许可方案，都可以“指向”注册表分类账上的注册表元数据。同样，在业务逻辑处理软件中，老旧系统和数据库也可以直接引用注册表元数据的交易 ID（在分类账上）。

图 3-7（b）为注册表元数据的各组成部分（图中未显示封装分类账交易结构）。

第一部分：元数据文件数字标识符⑤。第一部分是元数据文件数字标识符，它的取值必须与完整的创作元数据中的值保持一致。

第二部分：音乐作品标识符⑥。第二部分携带可能在元数据文件中使用的音乐作品标识符。通常情况下，这个标识符在音乐行业中非常通用，且易于理解，如国际标准音像制品编码（International Standard Recording Code，ISRC）或国际标准音乐作品编码（International Standard Musical Work Code，ISWC）。

第三部分：创作元数据文件的加密哈希值⑦。第三部分携带创作元数据文件的加密哈希值，以确保注册表元数据和完整的创作元数据文件之间一一对应。

第四部分：发行人的签名和公钥⑧。第四部分包含权威发行人的数字签名，该发行人与完整的创作元数据文件的发行人相同。尽管该数字签名没有明确显示，但在通常情况下，在该数据结构中会包含数字签名的时间戳。

权威发行人（如艺术家）获取音乐作品元数据后，将创建一个更简短的注册表元数据，然后将其封装在交易结构中，并传输到分布式账本上。交易的接收人（或接收地址）要么是发行者本身（如发行者的公钥），要么是零值（这取决于所讨论的特定分类账实现方式）。这种自动寻址的交易方式隐性地表明了这是一项公证交易。

分布式搜索与查找

与音乐元数据层密切相关的另一个问题，是关于在各种元数据存储库中，用户（如家庭用户、其他创作艺术家）使用关键词和短语来搜索音乐的能力。基于此，开发一个独立的、同时又与各种元数据存储库并行且相互连接的搜索基础架构非常必要。

基于图 3-6 和图 3-7 所示的一组相互连接的关键词数据库，本节提出了以下这些关于该搜索基础架构的有趣设想：

- **创作元数据与搜索内容的分离。**关键词、标签和短语信息（统称搜索内容）必须与创作元数据文件分开存储和管理。这是因为尽管创作元数据在签名后可能会呈静态（不发生改变），但由单词和短语的排列组合所组成的搜索内容可能会随着时间的推移而增长和变化。
- **创作者侧关键词和短语的关联。**艺术家和音乐家必须将他们自己的搜索内容与特定的音乐元数据相互关联起来，并将这些搜索内容存储在本地，同时实现全球范围内的可读取。
- **用户侧关键词和短语的关联。**同样，任何用户或个人（或人工智能和机器学习系统）都可以为特定的音乐元数据创建属于自己的搜索内容之间的关联[①]，并将此搜索内容存储在本地。这与当前用户在设备和流媒体账户上创建音乐播放列表的做法类似。

图 3-9 所示的搜索和查找元数据示例对该搜索过程进行了说明：第①步，用户通过搜索应用程序，在本地及全球的关键词索引数据库中进行搜索；第②步，搜索应用程序将搜索返回的一组链接或 DOI 值解析为完整的元数据；第③步，在搜索应用程序的结果中，用户通过选择某些特定的 DOI 值（如在客户端

① 这种关联可以被视作个性化兴趣地图或知识图谱。平台可以利用这种关联提供更高效、更准确的搜索和查找等服务。——译者注

搜索应用程序中进行筛选），来获取完整的创作元数据文件；第④步，用户通过搜索应用程序，选择是否在元数据注册表分类账上验证更新版本的创作元数据文件；第⑤步，用户通过在创作元数据中找到的音乐作品的哈希值（如 MP3 主文件的哈希值），并使用受保护的 API，从创作元数据文件的存储位置获取音乐作品（如 MP3 主文件）完整元数据的副本，这一步将要求用户通过身份验证，并获得音乐作品当前所有者的授权。

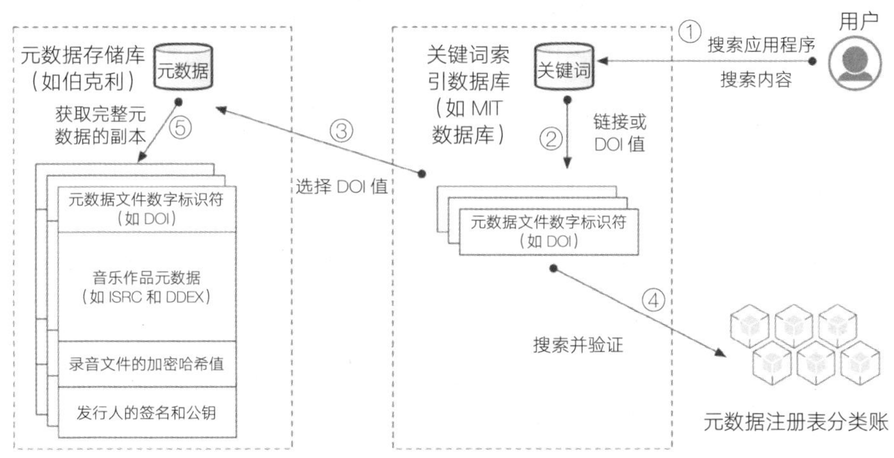

图 3-9　搜索和查找元数据示例

目前，业界正在开发替代性的去中心化内容管理系统（如开放索引协议[43]），以允许通过单独的本地缓存的搜索词来实现内容文件的分布式存储（如使用 IPFS[44]）。搜索词的本地缓存（如缓存在用户的计算机上），避免了大型搜索引擎服务提供商集中收集搜索词，从而避免了用户过于依赖大型搜索引擎服务提供商。这一点非常重要，因为通过对用户使用的搜索词和关键词进行社交分析，可以挖掘用户及其朋友（如在社交网络中频繁互动的人[45]）对音乐类型的偏好等高价值信息[①]。

① 作者这句话没有表述完整，估计其意思是这些数据有很高的价值，可以用来优化服务，不应该被大型搜索引擎服务提供商垄断。——译者注

未来数字音乐生态系统的三层架构

前面已经对音乐元数据层进行了讨论。作为未来全球音乐生态系统的基础层，音乐元数据层之于数字音乐生态系统，犹如域名系统之于当今的互联网服务，有着举足轻重的作用。但要实现新的服务的可持续增长与蓬勃发展，并帮助数字音乐产业真正挖掘其全球市场发展潜力，还需要另外两个层级。

图 3-10 所示为未来数字音乐生态系统的三层架构。

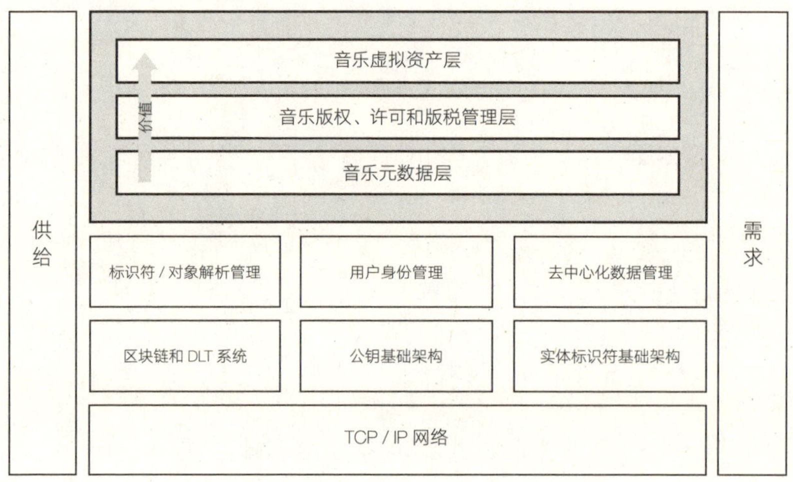

图 3-10　未来数字音乐生态系统的三层架构

整个生态系统的最底层是音乐元数据层，除了已经在前面讨论过的组件外，这一层中还有一些其他组件，如数字身份管理、加密密钥管理、音乐作品（如录音文件）的受保护访问等。在这一层，人工智能和机器学习技术在解决音乐搜索问题方面发挥着关键作用。

整个生态系统的中间层是音乐版权、许可和版税管理层，其目的是实现音乐版权归属、音乐版权交易（买卖）、许可证发放与跟踪，以及版税收集与分配等的分布式管理。我们认为，想要将业务逻辑作为更广泛的音乐许可供应链管理的一部分，使用智能合约技术有着突出的优势。

我们必须深刻地认识到，音乐版权、许可和版税管理层强烈依赖最底层的音乐元数据层。如果创作元数据信息不完整，或音乐供应链中存在多个不准确的非授权版本，则无法通过智能合约发放数字许可证（也无法获得版税），因此先明确设计原则非常重要。

音乐版权、许可与版税管理层面临的第一个重要问题，是在使用本层分布式账本时，与权限相关交易的保密性问题。持续研究和开发加密方案（如零知识证明方案①）为在公共区块链网络上进行交易的实体提供了一定程度的私密性。本层的第二个重要问题，是目前亟待解决的分布式账本和区块链系统间的互操作性问题[46]。

整个生态系统的第三层是音乐虚拟资产层，该层允许将音乐作品和音乐权利作为数字代币意义上的虚拟资产予以确认[47]。

为实现以数字可替代代币（如 ERC-20[48]）或不可替代代币（如 ERC-721[49]）的形式交换（如购买和出售）权利，我们需要设计新的数字基础架构。数字代币可用于表示音乐作品的全部或部分所有权，因此可作为从被许可方获得的版税的分配基础。

我们的终极愿景是，这一层将包含多个在全球范围内运作的分布式音乐权利交易网络。就像由多个互联网服务提供商和网络组成的互联网一样，跨交易网络（即分布式账本和区块链）的互操作性仍然是未来科技产业研究和开发的主要方向。

---

① 零知识证明方案是指，证明者不向验证者提供任何实质性的有用信息，但是能够让验证者相信某个结论。举个例子，如果 A 拥有 B 的公钥，但是 A 没有见过 B，这时 B 要向 A 证明他就是 B。一种直接但愚蠢的办法是 B 把他的私钥给 A，A 用私钥加密一个数据，然后用公钥解密，如果正确解密，就证明他就是 B，但是这种方法暴露了 B 的私钥。还有一种办法，就是 A 自己拿一个数据用 B 的公钥加密后发给 B，然后 B 用自己的私钥解密，并把解密结果给 A 看。如果这个结果正确，也证明他就是 B。后一种方法就是典型的零知识证明，因为 B 向 A 证明了他就是 B，同时没有提供关于 B 的身份识别的有用信息。——译者注

正如互联网不属于任何单一实体、组织或国家一样，未来数字音乐生态系统的三层架构的功能和组件将有多种实现方式和应用案例。20 世纪 80 年代，局域网的发展史[50]告诉我们，任何单一实体试图拥有或控制全部层级的努力都是徒劳的，甚至是适得其反的。因此，需要通过建立技术和操作标准，确保在通用的标准化 API 下，服务具有高度互操作性，进而确保市场上提供的服务之间存在良性竞争。

章末总结

音乐产业的数据合作社模式：重塑创作者权益

如今，个人数据资产（个人数据）正被广泛使用，但个人没有得到足够的价值补偿。这与 19 世纪末 20 世纪初，信用社和工会等集体组织创立前的情形极为相似。因此，创建代表个人数据权利的集体机构的时机似乎已经成熟。我们认为，对成员有信托义务的数据合作社找到了可靠的实施路径，通过集中在一起使用个人数据来赋予个人相关的权益。**数据合作社不仅可以就如何管理、策划和保护对个人数据的访问等问题为个人提供专家级的建议，还可以进行内部分析，使数据合作社的成员受益。**这样的集体洞察力，为数据合作社成员通过谈判争取更好的服务和更优惠的折扣提供了强大的助力。目前在美国，联邦特许信用合作社已成为一种非常有用的数据合作模式，并已得到法律的认可。我们深信，未来还会诞生许多其他类似的可以提供数据合作的服务机构。因此，本章基于得到音乐家充分授权的前提，对音乐产业的数据合作社模式进行了深入探讨。

在音乐家共同组建数据合作社的背景下，缺乏关于特定音乐作品创作的一致、完整和权威的信息或元数据，已成为当前音乐供应链的一个核心问题。前文已经描述了开放访问音乐元数据层的概念，这将是未来在分布式账本或区块链系统上完成音乐相关交易的重要基础。音乐元数据层由去中心化、可复制且可开放访问的元数据存储库组成。创作元数据就放在这些存储库中，它既没有版权和所有权信息，也不包含受版权保护的音乐作品本身（如作曲素材和录音文件）。音乐元数据层与注册表分类账相结合，便可以进行公证服务，并允许世界上的任何人，在互联网上将注册表元数据文件中的数字标识符解析为一个或多个版本的完整创作元数据。前文已经就音乐元数据层的一些设计原则进行了论述。

我们认为，数据合作社有责任运营并管理相关 IT 服务，这些 IT 服务使合作社成员得以在音乐元数据层和注册表分类账进行相关操作。同时，这些服务也让音乐家能更好地管理他们的资产（他们的作品），更清楚地了解他们作品的授权情况（如谁被授权了什么作品）。通过智能合约技术，被许可方可以在区块链上，直接从音乐家那里获得版权许可（如表演许可和机械许可）。

我们期待着，未来能基于数字音乐生态系统的三层架构，打造全球化的音乐产业。除了音乐元数据层，我们认为还需要一个许可和版税管理层，从而使许可证发放、许可证跟踪和记账、所有权交易（购买和销售），以及版税的收集和分发等业务能进行自动化处理。我们相信，在表达这一层的各种类型的业务逻辑方面，智能合约技术将有着广阔的应用前景。第三层也是“最上层”，在这一层，音乐作品和音乐版权可以被认定为数字代币意义上的虚拟资产。这种代币化处理，为实现虚拟音乐资产的全球在线交易，提供了切实可行的实现路径。

BUILDING THE NEW ECONOMY

第4章

从证券化到通证化，创建更广泛的基础设施

20 世纪 80 年代末，作为创造流动性的重要渠道，资产证券化在美国和欧洲的银行业初露端倪。各种金融资产被合并或整合到一起，然后被切割并出售给投资者。通过这种操作，投资者获得了投资机会，发起人则赢得了更多游资。从最早的房产抵押贷款申请（也称房产抵押贷款证券）开始，证券化通过创造可投资资产，极大地丰富了投资组合的选择，并在全球金融体系[1]中发挥了举足轻重的作用。

如今，大量的资产被证券化，尤其是可能成为应收账款的贷款和资产，如不同类型的消费贷或商业债务等。**从本质上讲，证券化创造了一种“购买”贷款或其他资产的持有凭证，该凭证继而被切割成股份出售给投资者。这种多样化的资产组合，不但有效降低了投资人的持有风险，而且通过对全球资产的大规模组合投资，使投资风险得以进一步降低。**证券化使得这些投资组合分割成足够小的份额，从而使普通投资者也能广泛参与。目前，这些资产支持证券（Asset-Backed Security，ABS）已广泛活跃于纽约、新加坡、中国香港、伦敦等众多世界上极重要的金融市场。

然而，2008 年全球金融危机令证券化的局限性展露无遗。在证券化模式下，资产支持证券被合并打包成债务抵押债券（Collateralized Debt Obligation，CDO）。债务抵押债券的持有人有权从每一种资产支持证券的债务偿还中获得源源不断的收入。通常情况下，一个资产支持证券可能包含数千种债务义务，而一个债务抵押债券又可能由多达 150 个资产支持证券构成。因此，债务抵押债券的价值与其标的资产价值之间的关系是非常复杂且非线性的。

此外，在一些经济体中，资产支持证券对应基础资产的所有权关系错综复杂，这使其变现极为困难。例如，资产支持证券背后的一栋建筑，其业主可能多达数十位。在发生违约的情况下，必须得到每位业主同意，该栋建筑才可能被整体出售。同时，资产支持证券的资产选择和汇集特性，导致其管理费和代理成本往往与共同基金和其他主流投资产品的一样高，甚至更高。在这一过程中，杠杆操作也司空见惯。例如，为提高投资回报率，资产支持证券经理通常会利用资产支持证券背后的资产来进行融资。但正如全球金融危机期间所显现的那样，这些操作往往并不透明，普通投资者对其所投资资产的详细信息知之甚少，从而导致普通投资者被这些金融“阴谋”所迷惑，最后不得不承担超出他们认知的风险。

针对以上顾虑，区块链提供了一种有效的改善途径。首先，由于分布式账本具有透明、不可篡改、信息共享等特性，因此账本上的信息是完全共享且能被所有人看到的。写入区块链的资产拥有明确的所有权，任何杠杆都会被充分披露。其次，由区块链创建的通证①是进行链上资产投资的自然单位，世界各地的投资者可以以极低的成本轻松获得该通证。这个将链上资产的现金流进行汇集和拆分，并用通证来代表部分所有权的过程被称为通证化。简而言之，如果有价值1000万美元的资产写入链中，并发行了100万个通证，那么每一个通证价值10美元，并且具有该资产所创造现金流的百万分之一的索偿权。最后，由于区块链具有数字化、自动化的特性，使其运营成本低廉，产生的相关费用也很少。智能合约可以以非中介的方式，简化现金流的收集和分配过程，甚至使这一过程完全自动化完成，同时减少整个系统的摩擦，并消除因不道德行为或人为错误造成信息泄露的可能。

正如张纯信（Charles Chang）等人所言[2]，一些早期使用通证的地区，如美国的证券交易委员会，以及中国香港、新加坡和其他一些地方都已经制定了相关的法规和政策，使所谓的证券型通证资产得以合法化。由于通证化和证券化具有紧密关联性，因此在很多司法管辖区，只需要对现有的证券法律法规进行修改，使其允许通证化，就可以实现通证的合法化。相较于基于区块链的加密货币，证券型通证与其说是一种全新的资产，倒不如说是现有资产的演变，

---

① 通证是以数字形式存在的权益凭证。按照美国证券交易委员会的分类方式，通证被分为证券型通证和非证券型通证两类。本章主要讨论证券型通证。证券型通证的投资者一般会将其资本投资于一项期望产生利润的事业，而不会直接参与经营。——译者注

而这一演变极大地推动了监管的改革。另一方面，证券型通证与加密货币的区别和差异，正是证券型通证被认可的关键。某些国家完全拒绝加密货币，只认可证券型通证[3]。

准确地区分证券型通证与首次代币发行（Initial Coin Offering，ICO）众筹[4]中的数字货币（Coin）和加密代币（Token），这一点非常重要。在首次代币发行众筹中，发行方通过一份白皮书来说明数字货币的功能和潜在用途，并明确投资人通过数字货币来实现其对资产的索偿权。由于发行人只需描述数字货币的作用，无须展示任何实物资产或商业模式，因此在大多数情况下，在首次代币发行众筹时，会发行与创意或无形资产（如知识产权）相关的代币。此外，由于白皮书的质量和可靠性各不相同，且首次代币发行众筹都是建立在去中心化的基础上，不受任何证券监管机构的监管，因此首次代币发行众筹市场往往充斥着欺诈行为，并吸引了各种各样的投机活动。发行人试图通过出售代币来筹集资金，而这些代币往往并不附带任何资产，并且这一切都发生在一个几乎不受法律影响，且没有明确的起诉管辖权的空间里。相比之下，在证券型通证发行（Security Token Offering，STO）过程中，发行人必须证明其对支持通证的资产的所有权，并必须证明在与资产证券化或首次公开募股（IPO）同样正式的流程中，该通证依然具有生命力，且能保障持有者对资产的索偿权。

本章作者：张纯信

证券型通证的广泛应用

目前，证券型通证已在多个领域得到广泛应用。正如我们所料的那样，证券型通证和资产支持证券一样，最早都诞生于房地产领域。尽管如此，在绝大多数情况下，通证都直接与个人资产及由此产生的现金流（而非与抵押债务）相关联。**重要的是，未来我们将看到大多数通证化操作将聚焦于单项资产，这使得所有权和透明度变得更加简单易懂**[5]。相比之下，传统的资产支持证券池中可能有数百种资产，而且资产的质量参差不齐，这导致非专业投资者很难了解所有的情况。虽然尚不清楚未来通证化是否也会采用投资组合的方法，但目前人们已经可以通过简单地创建自己的通证组合，满足了需求的多样化。

截至 2020 年 1 月，史上最大的通过证券型通证发行融资的房地产项目，在瑞士正式投建（见图 4–1）。这栋位于苏黎世班霍夫斯特拉斯地区的时髦建筑，在区块链公司 BrickMark 的运作下，通过发行通证，获得了高达 1.2 亿欧元（当时约 1.5 亿美元）的融资。这笔交易将证券型通证的核心优势展现得淋漓尽致。首先，基于区块链技术提供的方法，通证化通常仅针对单个资产而非投资组合开展，从而摆脱了传统资产证券化方案高风险的、复杂且非线性的支付关系。这条链上的所有信息（包括资产所有权信息、租赁和支付相关细节、分成收益确认和交易跟踪，以及数字钱包账户验证等）都是透明的。其次，本次发行同时向机构和个人开放，起始投资规模甚至可以满足最初级投资者的投资需求[6]。基于与以太坊平台兼容的协议，BrickMark 公司将其定位为“大型国际房地产投资组合开发的开端”。此外，BrickMark 公司的通证还支持智能合约，并能够自动化处理变现、分配和其他操作。

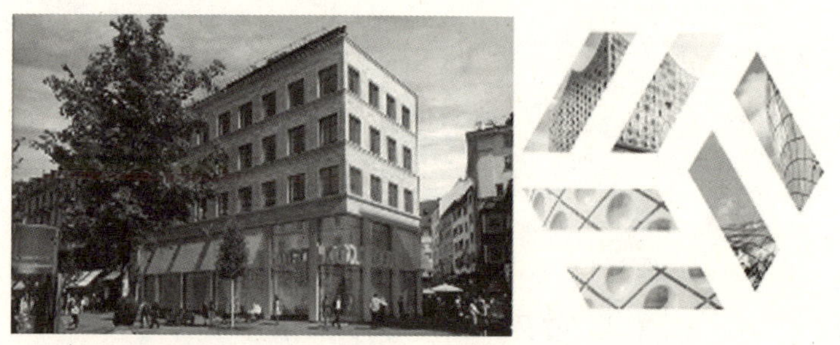

图 4-1 截至 2020 年 1 月，史上最大的通过证券型通证发行融资的房地产项目

虽然在很多关键点上，房地产的证券型通证与资产支持证券都存在着不同，但目前在非传统投资领域，已有许多公司通过发行证券型通证，使很多以前被认为是无法交易的资产也具有了流动性。例如，LiquidArtX 和 ArtPi 艺术交易所等公司，已将其业务从简单地使用区块链来验证出处和注册艺术品，扩展到生成与艺术品关联的证券型通证，从而使普通投资者和收藏家也可以像股票交易一样，对价值 1 亿美元（甚至更高）的艺术品进行部分所有权的投资。

通过传统方式，绝大多数投资者很少甚至根本没有可能进行如此规模的投资。在为普通投资者提供投资渠道的同时，鉴于大多数投资者既对该领域没有足够的认知，也没有在该领域开展深入调查所需的专业知识，区块链平台还为他们提供了获取专家建议的渠道。投资者可以通过区块链平台直接访问专家社区，并使用代币对专家进行激励，以获取投资决策所需的专业建议。在区块链平台上，得益于通过多方共识系统进行验证，以及严格的艺术品注册流程，欺诈行为消除殆尽。除此以外，针对那些在平台上注册和交易其艺术品的在世艺术家，平台为他们的每件作品都提供了代币，以确保在这些作品出售后，作者仍然可以拥有该作品的所有权，并能继续从该作品的增值中获益，进而激励他们未来更积极地参与验证过程。

目前，证券型通证也已经悄然迈出了创新的步伐，即发行与另一种证券（通常是未上市股票）的价值相关联的通证。例如，位于美国加利福尼亚州的 SharesPost 公司，其主营业务是转让非公开发行股份的所有权，该公司在非上市股票的代币化方面处于领先地位。公司网站首页如图 4-2 所示。在美国，上市公司的数量持续下降，而曾作为重要筹资方式的首次公开募股，因过程漫长、费用高昂，以及严格的合规性要求等，其受欢迎程度也日益下降。

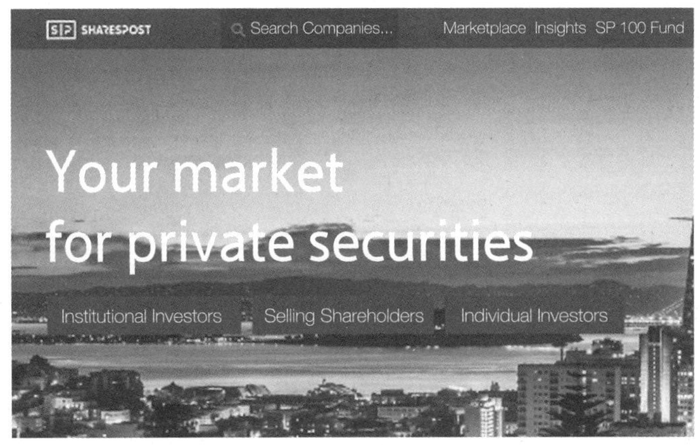

图 4-2　SharesPost 公司网站首页

与此同时，私募资本融资已创下历史新高：仅 2017 年，融资金额超过 1 亿美元的交易就超过 70 笔。目前，全球未上市的独角兽公司（指价值超过 10 亿美元的初创公司）总价值高达 4 000 亿美元。这些独角兽公司很多诞生在发展中国家，仅在上市规则严格、审批时间较长[7]的中国就有 100 多家。SharesPost 公司现在正引入一个新系统，该系统可以基于这些私人持有股份的债权生成证券型通证，从而为这些还没有首次公开募股的企业提供自主流动性。也就是说，通证的价值来自一组股票池，这些股票通常由创始人、风险投资人和寻求流动性的大股东所抵押。这些股票本身不容易交易，但与其价值直接相关的通证将在全球流动性和结算系统中实现自由的交易和流通。该系统完全符合美国证券交易委员会的规定，并被认为可以替代一部分首次公开募股的功能。

基础设施的通证化

基础设施融资是通证化应用的一个特别重要的领域[8]。一般来说，基础设施项目建设规模大、投资金额高、建设周期长，且通常不能快速赢利[9]。因此，基础设施项目往往无法得到财务投资人的青睐，几乎都是依靠政府补贴或全额资助实现的。例如，于1997年开始规划的中国台湾高铁项目，就是一个公私合营的典型案例。与所有基础设施项目一样，该项目建设运营周期长（其建造、运营、转让的时间跨度达35年）、资金需求规模大（需要大约100亿美元的贷款）。该项目整整花了10年时间（从1997年到2007年）才开始通车运营，与大多数投资公司所要求的5年至7年回报期相比，这种基础设施类项目明显不是他们的兴趣所在。在运营收益不足和面临巨额债务等多重压力下，中国台湾高铁项目在仅运营一年之后，就于2008年因10∶1的高额负债股权比而产生许多问题。类似的失败案例比比皆是。

基础设施建设项目的社会价值不能用项目本身产生的收益来衡量①。高速公路、铁路和机场的建设促进了贸易的发展，降低了物流成本；发电厂和港口促进了业务的发展，产业集群效应吸引了产业链的生态聚集，进而促进了整个社会的共同繁荣。此外，在促进人类交流，以及在为人们提供教育、医疗资源等方面，基础设施建设也起到了至关重要的作用。因此，当我们看到附近又开通了新的地铁站，或者一个村庄又新修了一条连接大城市的高速路时，我们并不会诧异于住宅和商业的增值，因为我们本身对这些核心的基础设施就有着极为迫切的需求。

联合国可持续发展目标提出了实现可持续发展的核心增长领域，其中的7个目标中都提到了金融包容性。通证化为实现这一包容性提供了有效路径，同时也为那些从基础设施开发中受益最多的人提供了参与项目投资的途径。通证

① 基础设施建设具有显著和持久的外溢效应，如中国高铁的建设对于中国整体经济的发展都有帮助，有兴趣的读者可以参考发表于《电子科技大学学报》2020年第6期的论文《高铁对经济发展的影响》。——译者注

化将一个大型的、资本密集型的项目拆分成若干个小单元，从而使得机构和个人都可以参与投资[10]。此外，通证化也为在建项目能够服务的本地居民提供了获取信息的渠道①，从而极大地改善了投资者关系。由此，一个本是由对即时回报感兴趣的大型财务投资者推动的高杠杆项目，转变成了一个通过社区融资来开展的价值型投资项目，而这些社区投资者个人利益的增加，又使得该项目的社会效益得以进一步提升，同时还可以获得稳定性更高、风险更小、成本更低、利益相关者参与度更高的融资。

中国提出的"一带一路"倡议（the Belt and Road Initiative，BRI）沿线项目就是一个很好的例证。"一带一路"倡议的范围从中国跨越亚洲、中东和非洲，再到欧盟。它连接着世界上近 65% 的人口和全球 40% 左右的 GDP。专家估计，仅基础设施投资一项，就将高达 2 万亿美元。

在"一带一路"倡议的一个水力发电站项目中，通证化正发挥着重要作用。该项目所在国山脉众多，水力发电站能以较低的边际成本提供电力能源，因此这种绿色能源成为首选建设方案。然而，随着电力项目的发展，水电项目开始具有特别明显的资本密集型和长使用周期的特征。财务分析表明，由于该项目建设周期长（至少 5 年）、前期成本高（约 20 亿元人民币），因此该项目的投资回报率仅略高于 4%。由于在对发展中国家进行投资时，外国的投资者对回报率的要求都远高于 10%（具体依行业而定），因此如果仅依赖财务投资者，这一项目几乎是不可能建成的。然而，该项目利用区块链的力量，将社区的核心成员聚集在一起，并为那些从水力发电站中受益最多的人（即用电的用户和企业）提供投资机会。也就是说，受益于正在建设的发电站的商业生态系统为该项目提供了资金来源。

在这个项目中，通过"生态系统融资"筹集了 10 亿元人民币，以换取未来价值 20 亿元人民币的电力通证，这样既保证了电力供应，又可以对冲因经济发展而不断增加的能源成本。200% 的高额回报显然符合企业、开发商和用户的财

① 通证化同时也提供了一个渠道，让期望从在建项目中受益的居民自己成为该项目的投资者。——译者注

务目标，因此他们参与投资的积极性都非常高。这样，即便该项目最后只达到75% 的产能，开发商仍然可以实现 16.6% 的资本回报，因为有一半的投资由生态系统投资所覆盖。但是，这件事最重要的意义也许还是在于，一个原本可能无法落地的绿色能源项目得以建成，并且围绕该项目的生态系统既包含在能源消耗中，也包含在该项目潜在回报里。

类似的基础设施项目可以通过代币化进行生态融资，此类项目需要政府监管机构（如电力局）、当地企业、合格的建筑商和承包商，以及整个当地生态系统的广泛参与。同时，由此产生的积极的包容性和强大的自筹资金潜力，为当地的长期稳定和可持续增长创造了重要条件，这可能是其他方案无法企及的[11]。

BUILDING THE NEW ECONOMY

章末总结

区块链技术能有效提升过程透明度、提高交易效率、增强风险管理能力。**在区块链技术的推动下，通证化将是证券化发展的必然趋势。通证化通过为以前难以交易的资产提供流动性，极大地提高了市场的金融参与度和信息流通效率。**

对证券型通证的监管可以视为现有证券法律和政策的自然延伸，因此并不需要我们完全“从零开始”。现有的技术也是比较成熟和友好的，它可以帮助监管机构进行高效的监控和风险管理。相比之下，基于完全去中心化思想的加密数字货币由于缺乏司法监管，因此在面对大规模的市场增长和欺诈风险时，可能对投资者造成较大的危害。

证券化通证的应用比比皆是，许多早期应用与现有的证券化实践都比较相似。但是，需要注意的是，证券化通证的实现通常是基于资产本身以及与这些资产相关的现金流，而不是基于债券。此外，证券化通证是在完全透明的环境下录入个人资产的，这就有效避免了操作的复杂性和不透明性——这正是 2008 年和 2009 年全球金融危机发生的根本原因之一。

展望未来，我们希望通证化能创造更多的价值，能开拓更多创新性应用，甚至能在某些目前不接受外来投资或仅接受独家投资的资产项目上得以广泛应用。这些项目可能是自然资源投资（如采矿权），也可能是电影版权和票房收入，甚至可能是你最喜欢的体育项目的特许经营权，等等。通过区块链和通证化，几乎任何资产都可以被注册，其现金流和未来增值部分也都将以完全自动化的、完全透明和受监控的、完全合规且近乎零成本的方式进行分配。

BUILDING THE NEW ECONOMY

第二部分

弹性系统：让社会更好地运转

BUILDING
THE
NEW
ECONOMY

第 5 章

交易币系统，构建安全的货币体系

任何经济体的核心都以货币为交换媒介和价值存储载体。我们通常只会在谈及银行等金融机构的时候想到货币，但一些基于货币基本概念的变体对供应链、服务业、劳动合同、养老金计划等方面都至关重要。目前，我们主要使用的是由国家政府发行的法定货币，其实在一些国家和地区，还有一些由合作社、国家联盟和共同基金等机构发行的运转良好的“货币”。

一个合作发行“货币”的例子是瑞士经济圈协作组织（WIR），它是地方企业和土地所有者的合作社于1934年（大萧条后）创立的，旨在刺激地方发展，其货币的发行以地方财产和基础设施为基础。又如，国际货币基金组织（IMF）的特别提款权由货币篮子①支撑，其所提款项将主要用于支持成员国的发展。再如，交易所交易基金是授予一篮子股票或债券所有权的数字证书。

如今，人们非常希望利用加密技术和交易所交易基金式资产来取代实物现金和国家货币。尽管电子现金（eCash）的概念已经存在了将近30年[1, 2]，但直到比特币[3]系统的问世，才有了第一个基于点对点网络运营支付系统的范例，并且可以以去中心化的方式扩展商业规模。

本章将介绍如何建立：（1）一个担保者的联盟组织，它提供真实的资产；（2）一个功能有限的银行，它专门处理涉及法定货币的金融交易；（3）一个权威的管理机构，它保障法定货币支付和数字代币支付之间的互换性。简而言之，我们的想法是应用分布式账本技术（Distributed Ledger Technology，DLT）为稳健的“资产支持货币”这一旧的概念注入新的活力，并将这种货币作为包括中小型企业和个人在内的一大批潜在用户的交易工具来使用。

近来，人们已经看到Facebook公司支持Libra数字货币，中国政府支持自

---

① 由多种货币按一定比重构成的一组货币，它好比盛放各种币的“篮子”，故得此名。——编者注

己的数字货币，以及各大银行纷纷开始使用数字货币在合作银行之间进行转账。此外，我们还将介绍如何构建一种可以透明管理的货币，以便对其进行监管，从而既能鼓励合法经营，又能让非法行为难以进行。

本章作者：亚历山大·利普顿
托马斯·哈德乔诺
阿莱克斯·彭特兰

数字交易币，长期稳定的国际储存货币

从本质上讲，我们希望用全球通用的数字代币来取代实物现金，因为这种代币是用资产来支持的，且不受中央银行和其他各方不利行为的影响。我们认为，数字交易币（Digital Trade Coin，DTC）非常适合作为小国家或者跨国组织的交换媒介，它可以代替大量的储备货币。

跨国货币已经有 2 000 年的历史了。举例来说，古罗马以及后来的拜占庭和伊朗都在丝绸之路上使用金币；在航海时代，西班牙和奥地利则使用银币作为一种普遍的交换媒介。此后，英镑成为英国的储备货币，并在较小程度上被用作世界其他地区的储备货币。20 世纪，美元和英镑在货币篮子中占相当大的比重，欧元和日元则在 20 世纪末也加入这个篮子；现在，人民币可能在复兴的丝绸之路上得到广泛使用。

如今，人类可能首次设计出了一种结合了实物现金和其他类型货币的最优特征的数字货币——这些特征包括结算的确定性、部分匿名性和网络可用性。这种货币在很大程度上不受控制世界储备货币的中央银行政策的影响。与此同时，这种货币在提高贸易型经济体和自然资源生产型经济体的稳定性和竞争力方面具有巨大潜力。**我们建议开发一种以资产支持交易的数字货币，其目的是促进国际贸易，使之尽可能无缝地进行交易。**这种货币建立在一种专有的框架基础

上，并结合了区块链、分布式账本技术、密码学和安全多方计算等领域的最新进展，以及久经考验的防止双花问题（Double-Spending）① 的方法。鉴于这种框架部分依赖于我们自己的研究，部分依赖于公共领域中已有的研究，我们不追求任何知识产权。与比特币不同的是，数字交易币是快速、可扩展和环保的。与法定货币相比，数字交易币的波动性更小，而且更容易完成交易，这也是现有加密货币无法比拟的。

近 10 年来，许多研究者讨论了分布式账本或区块链的潜在优势和劣势，如亚利山大·利普顿的著作[4]。尽管这些著作中提到了许多潜在的区块链应用，包括所有权契约、交易后的评估、贸易融资、再抵押贷款和银团贷款，但迄今为止，区块链的主要用途一直局限在一般的支付领域，具体来讲就是加密货币领域。

比特币在全球范围内引起了大家对分布式账本的兴趣，这是一种无须中央机构授权就能运行的加密货币协议。这一理论最早是在中本聪（Satoshi Nakamoto）开创性的白皮书[5]中提出的。

自那以后，比特币激发了超过 1 000 种其他加密货币的诞生，它们都具有不同程度的新颖性和实用性，其中极有前途的一个是以太坊。比起比特币，它显得更为通用，特别是因为它支持所谓的智能合约[6]。另外一个有趣且受欢迎的加密货币协议是瑞波币（Ripple）[7]。瑞波币与比特币使用的方法背道而驰。由于瑞波币不依赖于成千上万个点对点网络的匿名“挖矿”② 节点，因此它并非真正的去中心化——瑞波币使用较少的节点，这些节点的角色更像是“公证员”。与比特币相比，使用这些公证节点可以让验证交易的通量更高且成本更低。与比特币不同，大多数瑞波币系统中的大多数实体是已知的，而非匿名的。

---

① 双花问题是指在数字货币系统中，一笔钱被花了两次及以上。例如，可以利用区块链共识机制存在时间滞后的漏洞，在第一次交易还没有被确认前进行第二次交易。——译者注

② “挖矿”是区块链网络运行的核心机制，其本质是通过计算资源竞争来维护网络安全并发行新币。——编者注

从本质上讲，这些货币都是存在于区块链上的原生代币，交易由一组规则控制，在网关之间传输，并且需要维护整个区块链的完整性。但迄今为止，建立以真实资产为基础的代币——法定货币的尝试一直没有成功。在这一最重要的问题得到解决之前，几乎不可能让加密货币成为主流金融基础设施的一部分，否则加密货币内在的波动会严重削弱其可用性。

尽管上述分布式账本的潜在应用（如交易后处理和贸易融资）都很重要，但其本质上都是技术性的，缺乏革命精神。不过，分布式账本亦有可能发挥真正的变革性作用，使中央银行数字货币（Central Bank Digital Currencies，CBDC）和稳定的加密货币成为现实。

下面将介绍一种基于资产支持的稳定的加密货币，即数字交易币，可将其视为一种法定加密货币的公用事业结算币（Utility Settlement Coin，USC，详见亚历山大·利普顿、阿莱克斯·彭特兰和托马斯·哈德乔诺等人的文章[8]）。

抛开抵押资产的收集和管理业务，我们需要设计一个分类账来处理相关的价值转移。由于中本聪的设计方案不具有可扩展性，因此我们需要采用不同的设计方案。我们的分析发现，将区块链与 D. 乔姆（D. Chaum）早期发行的电子现金相结合[9]，似乎很有前景。回想一下，D. 乔姆引入了一种将银行存款转换为匿名现金的盲签名程序。一方面，他的协议较比特币更便宜、更快捷、更高效。与比特币的伪匿名性相比，它还为实现真正的匿名性和不可链接性（如纸币）提供了一种途径。如果不需要真正的匿名，则可根据他的方案进行改进，如买方匿名而卖方不匿名等。另一方面，D. 乔姆的基础模型及其许多变体都依赖于开证行的完整性。为了解决这个问题，我们建议利用区块链技术本身来追踪相关的交易参数，以降低各方不诚实的可能性。正如 D. 乔姆提议的那样，用户之间可以通过点对点直接进行支付。

在数字交易币中，我们提出了一种稳定加密货币问题的解决方案。这种方案可以总结为由担保者提供资产池，任命一名管理者来管理该资产池并将该资产池的所有权数字化。另外，为了便于管理者的活动，我们还将设立具有特殊目的的狭义银行。从结构上来看，无论是资产池本身还是支持性的狭义银行，都不会因市场和流动性风险而破产。它们的运营被尽可能地简化，以降低其操作风险。需要注意的是，操作风险是始终存在的！这一观点不仅适用于我们提出的建议，也适用于一般的现金和银行存款，更别提以操作风险敞口著称的加密货币了。狭义银行接收用户提交的法定货币，先将其转交给管理者，最后将其交给担保者，然后由管理者发行数字代币作为回报。这些代币通过分布式账本机制，可以快速、高效地在用户群中流通，以实现原生代币按比例任意转换为基础资产。它的价值被限制在相对较窄的基础资产池的价值范围内，下限由套利行为定义，上限由管理者在担保者的协助下确定。

本章的主旨在于，合理设计的数字交易币可作为一种长期稳定的国际储备货币，并且作为个别国家发行法定货币的一种急需的平衡手段，因为法定货币很容易受到各个国家中央银行的影响。

基于此，本章将探讨资产支持货币；简要介绍比特币和瑞波币的设计，包括它们的相似和差异；论述中央银行数字货币及与之紧密关联的公用事业结算币；论述数字交易币；简要讨论交易币系统架构；探讨利用分类账辅助的 D. 乔姆提出的电子现金模型；最后还会介绍环保型数字交易币的概念。

以资产支持货币

将纸币的价值锚定在真实的资产篮子中的想法由来已久，详见 A. 哈斯（A. Haas）等人的文章 [10]。为了达到这一目标，数百年来一直采用金本位制、银本位制或复本位制 ①。通常有两种方法：一篮子商品支撑的可赎回货币；物价指数本位制，将币值和一篮子商品锚定。

J. 洛（J. Lowe）[11] 是第一个解释如何使用物价指数本位制来控制价格通胀的人；G. P. 斯克罗普（G. P. Scrope）制订了一个基于一篮子 50 种商品的类似

① 复本位制是指以金、银两种特定铸币同时充当本位币，并规定其币值对比的一种货币制度。——译者注

计划[12]；W. S. 杰文斯（W. S. Jevons）[13]进一步推进了这些想法，并提出了基于一篮子 100 种商品的指数化方案；A. 马歇尔（A. Marshall）[14]提出了类似的币值计算标准。

受大萧条时期事态发展的启发，F. 格雷厄姆（F. Graham）[15]提出了一项基于全部以商品和货物为银行存款提供支持的自动逆周期政策，而 B. 格雷厄姆（B. Graham）[16]则建议在一篮子商品中以 60% 的商品和 40% 的黄金为基础来支撑美元。哈耶克[17]主张建立一个通用的商品篮子，各国可用它来支持其货币。与此同时，凯恩斯[18]设计了一种与黄金挂钩的国际多边交易货币，他称之为班克（bancor）。但很可惜，他的想法并没有被布雷顿森林体系（The Bretton Woods System）的架构师采纳。

自第二次世界大战以来，人们对以商品为基础的货币并没有表现出太大的兴趣。尽管如此，N. 卡尔多（N. Kaldor）[19]提出了一种新型商品储备货币，他也把这种货币叫作班克。近来，周小川[20]提出了一种以稳定的一篮子商品为基础的新的国际储备货币。

选择实际的资产篮子支持数字交易币并非易事。其中一部分取决于担保者的资产池构成，另一部分取决于他们实际拥有并愿意提供的资产。举例来说，担保者可以根据他们的资源和能力提供石油、黄金、基本金属和农产品。鉴于大量储存这些资源既困难又昂贵，因此使用已经存储好的抵押品可以使储存的商品具有经济生产力。

当提及资产抵押的货币时，就必须提到 WIR 银行，WIR 既是 Wirtschaftsring（经济圈）的缩写，也是德语中的“我们”一词。这个词强调了 WIR 银行在经济圈和社会中的双重角色。根据 WIR 银行的章程，“WIR 银行的目的是鼓励参与成员相互支配购买力，并在团队中保持购买力流通，以增加成员额外的销售量”。WIR 银行发行的是一种纯粹的数字私人货币。作为双币交易的一部分，参与者可以将 WIR 银行发行的数字私人货币与瑞士法郎结合使用。因此，我们可以把 WIR 银行发行的数字私人货币视为数字交易币的前身。

WIR 银行的前身于 1934 年成立时，它的服务对象是中小企业及个人，旨在解决货币短缺和全球金融动荡问题，它于 1936 年获得银行执照。起初，WIR 银行的创始人遵循了西尔维奥·格塞尔（Silvio Gesell）的理论，该理论要求货币免息。但是，WIR 银行于 1952 年（不出所料地）放弃了格塞尔的想法，并引入了货币利息。WIR 银行从 1934 年的只有 16 名成员，逐渐发展到拥有 6 万多名成员。截至 2016 年底，WIR 银行的总资产约为 53 亿瑞士法郎，贷款达 45 亿瑞士法郎，存款达 39 亿瑞士法郎。

有关 WIR 法郎的一个重要的事实是，这是一种反映在用户交易账户中的电子货币，而非纸币，所以 WIR 银行维护的是整个分类账。创造这种货币的初衷是增加有资格参与者的销售、现金流和盈利。最终，WIR 银行建立了一套信贷体系，用 WIR 法郎发行信贷，并以资产进行（超额）抵押，来确保货币有充足的资产支撑。

新的 WIR 法郎在发放贷款时生成，在偿还时销毁，但少量利息会永远留在系统中，并为 WIR 银行带来利润。WIR 银行的两个成员之间的典型交易可以用瑞士法郎和WIR法郎付款，从而减少了买方所需的资金①，但卖方并不会因此而降低他们产品或服务的价格。

比特币与瑞波币

下面简要介绍一下电子货币中的比特币和瑞波币。

比特币

自 2008 年首次发布以来，比特币[21]就激发了公众的想象力。比特币第一次提出了一种没有内在价值、无须中央授权发行且能够进行点对点数字传输的加

① 指减少了买方对瑞士法郎的使用量，而并非降低了交易价格。——译者注

密电子货币的概念。任何人都可以参与到比特币的生态系统中去，这既是它的优势，也是它的劣势。

因为比特币是目前最知名的加密货币，所以它的工作原理值得我们进一步探索。使用比特币，用户无须中介机构代理即可直接完成金融交易。所有的交易都会被公开广播并记录在区块链分类账中，所有参与者都能查看。

一旦交易被广播后，“矿工”们将开始运作。他们将单个交易汇总成区块，目前每个区块约有 2 000 笔交易，通过竞争性地提交工作量证明（Proof of Work, PoW）来确保没有双花问题，并获得作为奖励的比特币。PoW 的工作原理是找到一个加密随机数（被称为随机数），该随机数使候选交易块的哈希值低于给定阈值。因此，节点的“哈希算力”（即硬件和软件的处理能力）会影响节点找到符合条件的随机数的可能性。

我们认为（但未经证实）有足够多的诚实“矿工”，使得通过相互勾结而套利（51% 攻击[①]）不可能实现。如果至少有 6 个新区块建立于其所属区块之上，则该交易被视为已确认。比特币生态系统同样面临着非常严重的问题——每秒只能处理不超过 7 笔交易（而 Visa 每秒可以处理超过 20 000 笔交易），并且还会消耗大量电能（用于底层的 PoW 计算）。一言以蔽之，比特币区块链账本的不可变性和防止交易双花是通过基于 PoW 的“挖矿”机制来实现的。

有鉴于此，比特币本身只是一长串交易中未花费的输出，这可以一直追溯到它诞生之初，既可以是第一个“创世纪”区块，也可以是作为一个成功“矿工”在区块中用币交易的一部分。

从 2009 年以来，比特币的价格已经上涨了好几个数量级，成为全球投机者的宠儿。需要注意的一点是，由于比特币本身没有价值，它可以被标注任何价格，因此如果它的价格忽然大幅下跌也不足为奇。除投机的目的外，比特币的用途相当有限，因为与美元和其他法定货币相比，比特币的价格极不稳定，这

① 指作恶节点或勾结作恶的节点群掌握了超过 50% 的算力，从而可以伪造更长的交易链。因为系统只认可更长的交易链，所以伪造的交易就可以以假乱真。——译者注

使得它难以作为交易媒介[①]。另外，比特币的交易成本非常高，而且还在不断增长。

虽然比特币并不像其支持者所宣称的那样具有颠覆性，但支撑它的分布式账本技术具有改变整个金融生态系统的潜力。

瑞波币

瑞波是一种汇款协议，而瑞波币是一种基础的原生代币。瑞波币与比特币截然不同。首先，瑞波币是预先设置的，而比特币是通过“挖矿”获取的。实际上，瑞波根本不是去中心化的。该协议的既定目的是促进参与银行之间法定货币的转移。不过，原生代币的存在已成事实，因此瑞波币也可以像比特币那样使用。在许多瑞波币推广材料（包括其白皮书）中详细说明了瑞波币的工作原理。[22]

瑞波系统的主要组成部分为：维护账本的服务器；能够发起交易的用户；作为提议者的任何服务器；唯一节点列表（Unique Node List，UNL），表示协议参与方信任的各方。

一个交易的生命周期由几个步骤组成。首先，交易是由账户所有者创建和签署的。其次，该交易是在线进行的，如果格式出错，则这笔交易可能会被立即拒绝，否则将暂时记入分类账内。验证节点提出新分类账的更新，并由传输节点将其广播到网络，并通过验证者的投票达成共识。达成共识的结果就是出现有效的分类账。如果一轮共识失败，共识过程将重复进行，直到成功为止。经验证的账本包括交易及其对分类账状态的影响。

瑞波系统达成共识的假设是：（1）每台无故障的服务器都会在有限的时间内做出决策；（2）所有无故障的服务器会做出相同的决策；（3）对于一项给定的交易，决策可能正确，也可能错误。

① 中国 2013 年就已经出台了关于防范比特币风险的通知，对其加强监管。——译者注

瑞波协议共识算法（Ripple Protocol Consensus Algorithm，RPCA）循环运行。首先，每台服务器将编译一个有效的候选交易列表；随后，每台服务器合并来自其唯一节点列表的所有候选集，并对它们的真实性进行投票；接下来，通过最小阈值的交易被传递到下一轮，最后一轮需要 80% 以上的同意度。总的来说，瑞波协议共识算法的效果非常好，但是当验证节点形成无法达成共识的小团体时，它也可能会失败。

中央银行数字货币和公用事业结算币

本节将讨论各国中央银行以中央银行数字货币或公用事业结算币的形式发行数字货币的可能性。

中央银行数字货币

中央银行是否应当发行中央银行数字货币呢？近来，学术界对发行中央银行数字货币的可行性和合理性提出了质疑，详见R.阿里（R. Ali）[23]和S.斯科勒（S. Scorer）等人的文章[24]。通过发行中央银行数字货币，各国可以放弃实物现金，转而使用电子货币，并用其取代大量政府债务。这将会给整个社会带来巨大的冲击[25]。中央银行数字货币可以免除部分银行业务需求，显著提高整个金融体系的稳定性。另外，银行部门通过放贷来“凭空”创造货币的能力将被大大削弱，并被转嫁到中央银行。显然，这种趋势的发展是必然的，但其时间和规模还不确定。

人们对中央银行数字货币的兴趣是被两个无关的因素激发的：一是比特币的引入，二是一些发达国家持续不断的负利率。在中世纪的欧洲，负利率以滞期费（demurrage）的形式存在了几个世纪——滞期费是对货币财富征收的“存储税”。理论上，滞期费通过鼓励消费而非囤积金钱，从而加速经济活动。滞期费的概念在第一次世界大战后不久，以货币临时凭证的形式诞生，用户需要定期缴纳滞期费以保持货币流通。企业家兼经济学家格塞尔提出了“货币临时凭证”[26]，欧文·费舍尔（Irving Fisher）在大萧条时期重申了格塞尔的观点[27]。在现代经济中，由于纸币的存在，滞期费很难实施，因其需要将货币全面电子化才能有效执行负利率政策[28]。

目前，有以下三种方法可以大规模地建立中央银行数字货币。

- 允许经济主体（无论是企业还是私人）在中央银行开户。在这种情况下，中央银行将需要实施客户身份识别制度（KYC）和反洗钱法规（AMLO），而这两个功能目前还未实现。此外，在压力之下，理性的经济主体可能会放弃自己的商业银行账户，并把资金转移到中央银行的账户。这样一来，整个金融体系的稳定性将遭受重创。
- 受比特币[29]启发，中央银行数字货币可以作为代币在未经许可的分布式账本上发行，并由指定的公证员收取服务费来维护其完整性，详见 G. 达纳齐（G. Danezis）和 S. 米克尔约翰（S. Meiklejohn）的文章[30]。鉴于公证工作不需要“挖矿”，成本较比特币低，也更快速，因此该结构具有可扩展性，能够满足整体经济的需求。用户由公钥表示，因此所有用户都是伪匿名的。因为在任何时刻都有一个不可改变的记录来记录每一个公钥的余额，所以可以通过使用各种反演技术对其记录的交易进行去匿名化[31]，从而满足反洗钱的要求。
- 中央银行可以遵循 D. 乔姆提出的电子现金模型[32]，在分布式账本上发行有编号和盲签名的货币单位，并由指定代理人或银行自行维护。如果是这样，该货币单位就必须依靠商业银行直接或间接地满足客户身份识别制度和反洗钱法规的要求。

总而言之，通过使用现代技术，可以废除纸币并引进中央银行数字货币。从积极的方面来看，中央银行数字货币可以被用来缓解一些社会弊端，并节省处理实物现金的成本，这些成本约占一个国家 GDP 的 1%。这将有助于没有银行账户的人参与数字经济，从而对整个社会产生积极的影响。其不利之处在于，它可能使中央机构在经济和隐私方面拥有过大的权力，而这些权力可能会被滥用。

虽然中央银行数字货币相较于基础法定货币是绝对稳定的，但它并不能保证法定货币本身的稳定性。对此，我们需要一种精心构建的数字交易币。

公用事业结算币

中央银行数字货币虽说在技术上是可行的，但其政治意义十分复杂。为此，人们又提出了几种备选方案。在这些方案中，最有前途的方案是公用事业结算币，它由一个银行联盟和一家名为 Clearmatics 的金融技术初创公司[33]联合开发。公用事业结算币可以成为银行联盟的内部代币。这些代币由中央银行自身持有的这些银行的电子现金余额作为抵押，然后在更大的群体中流通。但在这种情况下，发行公用事业结算币的业务必须外包给一家能够履行客户身份识别制度和反洗钱法规职能的狭义银行。

狭义银行拥有的资产包括可单独出售的低风险证券，以及超过按监管规定作为资本缓冲的存款基数的中央银行现金，详见 G. 彭纳齐（G. Pennacchi）等人的文章[34]。这样，银行就不会受到信贷和流动性冲击的影响。但像其他公司一样，银行也会因运营失败而受到影响，包括欺诈、电脑黑客攻击、无法满足客户身份识别制度和反洗钱法规的需求等问题。这些问题可以通过使用适当的现代技术来最大限度地缓解，但无法完全解决。[35]因此，从技术上讲，狭义银行的存款需尽可能地接近法定货币。在理想情况下，每种法定货币都需要一个狭义银行，这些在亚历山大·利普顿、阿莱克斯·彭特兰和托马斯·哈德乔诺的作品里都有详细的说明。[36]公用事业结算币从技术层面来看是有用的，但它并不能解决货币政策的问题。我们希望通过用实际资产支持数字交易币来构建法定货币的制衡力量，最终解决这个问题。

中央银行数字货币和公用事业结算币的存续能力

关于“区块链系统仅仅因为由物理上的分布式节点组成就能抵御联合攻击”的想法是一个未经验证和未经证实的观点。针对区块链系统可能的攻击类型已经在其他地方讨论过，并且其涉及范围很广。这种攻击的范围包括从典型的网络级攻击（如网络分区、分布式拒绝服务）到更复杂的攻击，其针对的是特定区块链的特定结构（如共识实现）或“挖矿节点”或公证员的特定实施方案（如代码漏洞、病毒）。对区块链系统的攻击可能不需要使其完全瘫痪，因为其整体服务质量的下降（如较慢的交易吞吐量）可能就足以使用户不愿再使用这个系统。

考虑到生存能力，跨区块链系统的互操作至关重要。[37] 由于有良好的设计原则，互联网得以扩展，并允许自治系统（即路由域）互相联系。互联网的设计思路基于以下三个基本目标：

- 网络的活力和存活率（在网络和网关受损的情况下，互联网通信必须能够继续进行）；
- 多样化的服务类型（互联网必须支持多种通信服务）；
- 网络的多样性（互联网必须适应各种网络）。

因此，我们认为，当前区块链技术的发展必须具备和互联网相同的基本目标。更具体地说，区块链技术必须为实施数字交易币架构选择必要的技术。

数字交易币的运行机制

这里将讨论一些基于数字交易币和分类账实现的技术，以及经济方面的问题。

数字交易币的动机

比特币和瑞波币是基于分布式账本的加密货币的原型，这类加密货币更适合进行金融交易。要达到这一目标，有几个问题还有待解决，这些问题有些属于技术问题，有些则属于经济问题：

- 必须明确阐述客户身份识别问题，并设计一个合适的框架来解决这个问题。
- 必须设立一个可实施反洗钱法规的机制。
- 需要有一种有效的方法来保持账目的一致性，该方法需具有处理工业级别的每秒交易量（Transaction Per Second，TPS）的能力。
- 必须构建透明且有经济意义的系统，以便发行新的数字交易币并淘汰现有的数字交易币。
- 更重要的是，必须设计一种机制，使数字交易币成为稳定且能满足人们需求的加密货币。

虽然公共分类账并非真正的匿名，而是假匿名，但很难以满足客户身份识别制度和反洗钱法规要求的方式使用它们。为了解决这一问题，数字交易币账本必须是半私有的（但可能不是私有的）。同时，必须在隐私和问责制之间取得适当的平衡，从而确保过度的限制不会阻碍合法商业的流动。

为了达到我们期望的速度和效率水平，包括几千数量级的每秒交易量，必须使用瑞波共识协议。根据瑞波币的方法，我们选择了一组事先知晓并获得适当许可的公证员。这些公证员负责更新账本，并通过拜占庭容错算法（Byzantine Fault Tolerance，BFT）来保持其账本的完整性，详见 L. 兰伯特（L. Lamport）、R. 肖斯塔克（R. Shostak）、M. 皮斯（M. Pease）[38]、M. 卡斯特罗（M. Castro）和 B. 利斯科夫（B. Liskov）[39] 等人的文章。提供服务的公证员会根据批准的交易金额比例获得一小笔费用，该费用自然以数字交易币计价。这样一来，他们就能在工作中获得商业利益。如果公证员长期不活跃或系统地批准无效的交易，则将受到经济上的处罚。在每一轮循环中，验证者都会创建自己的分类账版本，并提交给团队中的其他成员，然后进行多轮投票，直到选出一个获得绝对多数支持的候选账本为止。这种方法在原理上与著名的 Paxos 算法相似。为了增加每秒交易量的数量，我们使用了分片的概念，并将每个公证人分配到特定的地址集。

通过此设置，法定人数节点组会验证它自己的分片，而总账本是由相应的分片组装而成。

数字交易币架构会识别许多区块链中常用的 2 ～ 3 种类型的应用级交易。第一种类型是将资产的一方记录到分类账中。从逻辑上讲，数字交易币在资产分类账中就体现了这一点。 第二种类型是双方转账交易。例如，将代币从一方转账给另一方。数字交易币会在代币分类账上有条理地捕获这些信息。第三种类型是通过保护隐私的方式进行价值（如电子现金）的链下转移，其目标是遵循传统的 D. 乔姆提出的方法，从一个用户转移给另一个用户有限数量代币支持的匿名电子现金。电子现金流的相关参数将被记录在数字交易币追踪分类账上，以减少涉及电子现金流的欺诈机会。

这种识别三种类型的应用级交易的设计决策为数字交易币架构提供了更灵活的方式，可根据具体的使用案例量身定制，可根据使用案例的要求灵活地选择三个分类账的不同实施方式。

数字交易币的创建和湮灭机理

下面我们将在建立资产池及其相关的狭义银行的基础上，阐述数字交易币的创建和湮灭机理。

新的交易币通过以下机制注入分布式账本。在初始阶段，想要获得新的数字交易币的参与者必须遵循以下步骤提出申请：第一，他们必须拥有一个传统的法定账户，可以直接在狭义银行或商业银行持有；第二，他们必须打开一只空钱包，准备接收数字交易币；第三，参与者将所需数量的法定货币转至狭义银行；第四，狭义银行将这些资金转移给担保者，担保者会在构建资产池时将创建的部分数字交易币释放给资产池管理者；第五，管理者将相应的数字交易币从自己的公钥地址转移到参与者提供的公钥地址上，因此，参与者实际上成了资产池管理者的股东。

完成以上步骤后，参与者就可以通过交换商品和服务从其他参与者那里获得数字交易币了，因此新的数字交易币从公钥所代表的地址流转到下一个地址，直到参与者将其发送给管理者以换取现金为止。当分类账的参与者希望获得其数字交易币对应的法定货币时，他们会将数字交易币从他们的公钥转移到管理者的公钥上，管理者将相应比例的资产和存款出售给关联的狭义银行，然后将法定货币记入各自的分类账账户或不同银行的指定账户。与此同时，相应的数字交易币将被发送到没有私钥的“终端”公钥，也就是被销毁了。

因此，管理者拥有真实的资产，担保者获得法定货币。参与者获得数字交易币后，可按现行市价将其兑换为法定货币。

数字交易币的稳定机制

通过参与者和管理者的独立操作，使数字交易币的价值保持相对稳定。若数字交易币的价值低于它所代表的资产池部分的价值（被称为它的内在价值），那么理性的经济主体会把它交给管理者来换取现金。另外，如果市场价值与内在价值之比开始向上偏离，那么在突破某个阈值后，担保者就会向资产池注入更多资产，这些资产可以来自自身或通过公开市场购买，在使用数字交易币进行交易之后，这些资产会在公开市场上出售，从而拉低数字交易币的市场价格。二者相辅相成，可使数字交易币的市场价格维持在基础资产篮子市值的合理区间内。

更确切地说，数字交易币的价格 P_{DTC} 与相应资产池的市场价格 P_M 接近，但并不完全相等。实际上，如果 P_{DTC} 明显低于 P_M，经济主体就会把数字交易币转让给管理者，管理者就得为了获得现金而卖掉部分资产，再把收益转给这些经济主体。如果 P_{DTC} 明显高于 P_M，担保者就会向管理者提供更多资产，管理者将更多数字交易币转让给担保者，而担保者则会出售数字交易币来换取现金，从而压低价格。这一机制确保了 $|P_{DTC}-P_M|/P_M$ 远小于 1，相对于传统加密货币而言，它们通常表现出极端的波动性。同时，中央银行也不可能进行公开操控。要注意的是，在数字交易币架构中，经济主体（如拥有资产的担保者）与系统实体（如公证员）的概念是不同的。

数字交易币的系统结构和设计原则

为了使数字交易币成为一种既能存储价值又能提供效用的稳定、持久的数字货币，我们必须遵循一些原则来构建它。该架构旨在使数字交易币成为一个在各种情况下均能应用的“蓝图”。例如，一些具有不同地缘政治背景的小国将其作为一种储备数字货币，作为稳定当地金融的手段，并将其作为狭义银行运营的数字货币，以便能够使国家的货币政策在金融动荡时期保持相对稳定。以下是系统设计的部分原则：

- **明确的可识别性和财产所有权。**资产（以数字形式表示）、代币和电子现金在任何时候都必须是唯一可识别的，而且必须有明确的所有权。真正的所有权要求这些资产所有者拥有资产的转移权，并且这些资产对于所有者而言应该是便携的。
- **实体和设备的可识别性。**所有实体（如担保者）都必须使用法律认可的标识符（如法律实体标识符[40]）进行唯一标识。类似地，所有在区块链上相互作用的设备都必须是唯一可识别的，而且每个设备都必须有一个所有者。此外，用户和设备必须是可认证的。

节点设备的匿名性可能会导致哈希值的集中[41]。在一些未经授权的区块链网络中，任何实体都可以充当“挖矿节点”的角色，仅通过在区块链上的公钥（“地址”）被识别。虽然这种匿名性可能被认为在某些区块链网络（如比特币[42]）中是一种优势，但这种方法也存在一些缺点，如少数匿名节点或实体有可能聚集（中心化）哈希算力，这有悖于区块链范式的去中心化主张。可以想象，这些实体可能会利用这种集中的哈希算力，随着时间的推移扭曲甚至操控网络：

- **共享状态的可见性。**生态系统中的实体能够查看数字交易币系统和网络的状态，并且能够平等地访问这些信息。具体而言，这意味着能够查看支持代币发行的资产以及代币和电子现金流。

- **货币政策执行机制。**为了确保数字交易币生态系统按照预期的公约运行，必须建立一套技术机制，使整个系统内商定的政策得以执行。这种机制可以集中控制，如单个实体控制；也可以以一种面向群体的方式来控制，如由实体的共识控制；还可以以两者结合的方式来控制，如通过领导者选举协议。

- **准确和无障碍的全系统报告。**实现数字交易币的每个系统组件必须能够无障碍地报告其内部状态。此外，必须有方法来验证报告的状态，以便发现不当行为并采取行动。这种不当行为可能是人为或系统错误的结果，也可能是系统组件（硬件和软件）随时间推移而退化的结果，还可能是主动或被动妥协（攻击）的结果。

- **定义明确的操作（有限的可编程性）。**比特币[43]系统成功的关键因素之一是可用操作（操作码）的数量非常有限。这些操作是针对区块链的一个非常具体的应用：电子点对点支付。这与以太坊系统[44]形成了鲜明对比，后者被称为分布式应用的高度可编程平台。然而，高度可编程性也是一把双刃剑，因为人为错误和恶意代码可以被部署在平台上，对其他用户或应用程序造成损害（如 The DAO Hack[45]）。

这些系统设计原则借鉴了互联网的主要设计原则[46]。明确资产所有权的需求是显而易见的。数字交易币尝试为数字资产提供标准的对象识别方案，如全球唯一标识符标准。资产的合法所有权是数字交易币系统外部的一种结构，因此必须在资产被其合法所有者（如担保者）引入特定的数字交易币部署之前建立。

可见性原则是由数字交易币实现中的实体对数据的平等访问需求所驱动的，通过资产分类账和代币分类账来实现。联盟管理部门必须对特定数字交易币的所有运营细节拥有完全的可见性，某些数字交易币的实施可能将系统部分（如资产分类账）的可见性限制在有“货币投资”的实体（如在数字交易币资产分类账上拥有实际资产的担保者）内。

成功实施数字交易币的关键是联盟在整个系统中执行货币政策和其他管理规

则的能力。技术机制可以作为执行政策的“钩子”或控制点。例如，执行政策可以要求每个担保者的资产（资产分类账）始终高于给定的阈值（准备金比率）。阈值的实际值应根据联盟商定的政策动态调整，由联盟管理部门来执行。在这种情况下，联盟管理部门可以传输一个特殊的“政策执行”交易到资产分类账和代币分类账，并设定新的阈值。如果担保者的资产储备金低于新的阈值，公证员可通过拒绝担保者进行资产转换代币交易来遵守该政策。

数字交易币实施的关键在于实体之间的识别和验证，我们认为这与全系统报告的原则密切相关。有些数字交易币在实现时可能会采用部署先进的加密技术为实体提供匿名性和不可追踪性等选择，这些选择必须符合明确的可识别性和相互认证的原则。

担保者、联盟和用户

在数字交易币生态系统中，存在许多活跃的（人为驱动的）实体（见图 5-1）。

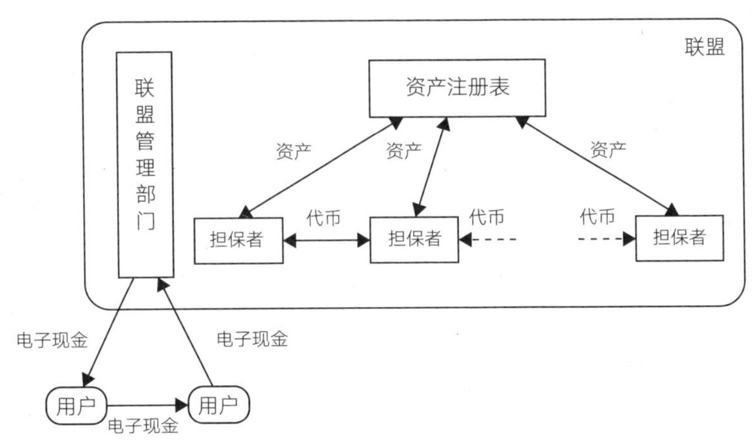

图 5-1　数字交易币生态系统中的实体

- **担保者。**担保者是向数字交易币生态系统提供资产以换取代币的实体。

- **联盟。**联盟是由担保者形成的联合体，负责管理生态系统中的代币和电子现金，以议定的治理模式运作，规定联盟成员的法律、业务和技术运作规则。联盟实质上是参与数字交易币生态系统的担保者网络。联盟管理部门负责监管联盟成员的货币政策的执行情况。联盟管理部门由联盟成员授权对某些系统功能进行集中控制。

- **用户。**用户是为了向其他用户支付商品及服务而从联盟中获取电子现金的实体。

数字交易币架构的逻辑

数字交易币架构在逻辑上分为资产分类账、代币分类账和电子现金追踪分类账（见图 5-2）。在这里，为了使读者能够专注于上述系统设计原则的逻辑功能，我们笼统地使用“分类账”这个术语，而不描述具体的实现情况。分类账的具体技术实现可能包括分布式数据库系统、点对点的节点网络、完全分布式区块链系统，甚至是仅仅附加一个数据库系统：

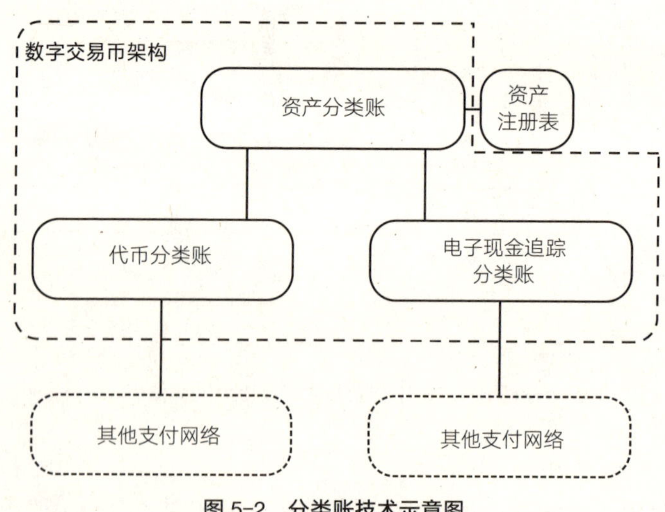

图 5-2　分类账技术示意图

- **资产分类账。**数字交易币架构的基本要求是担保者为兑换代币而贡献的资产具有可见性。数字交易币架构采用了资产注册表和资产分类账的模式。资产注册表记录了与担保者相关的经过验证的真实资产，担保者将该资产转发给联盟。资产分类账记录了由担保者提供的实际资产和与其等价或成比例的代币之间的关系。资产分类账还记录了联盟储备的代币和担保者储备的代币的比例。这类代币等价物被视为非流通货币。

- **代币分类账。**数字交易币架构允许担保者相互交换（出售或出借）其资产抵押的代币，这些代币是数字交易币架构的基础。代币分类账记录了数字交易币架构生态系统中代币的流通和交易。担保者和联盟管理机构使用代币分类账，担保者在分类账上相互交换或交易代币。

- **电子现金追踪分类账。**向用户提供稳定的电子现金也是数字交易币架构的基础。电子现金追踪分类账记录了电子现金在用户之间的流通过程（即加密密钥和参数）。

数字交易币架构的三种分类账都是独立的，但一项交易可参照指向其他分类账中的记录交易，在这一意义上，它们又是相互关联的。分类账的这种独立性不仅从技术选择——采用新的分类账技术的角度来看很重要，而且对整个系统的弹性运作也至关重要。

一个关于分类账连接的例子是担保者按照特定的数字交易币实施政策，将代币“推入”或“拉出”流通领域。当担保者寻求将其资产在资产分类账上转换为代币，并让担保者在代币分类账上获得所产生的代币时，担保者必须传输一个推入交易。这导致在资产分类账上发生交易，同时在代币分类账上也发生相应的交易。虽然交易发生在不同的分类账上，但这两笔交易是相关的。因为其中一笔交易是指向另一笔交易的，它带有对方的哈希值。在推入的案例中，代币分类账上的交易指向资产分类账上已完成的交易。

资产转换代币

资产分类账和资产注册表合在一起的目的，是满足关于将现实世界的资产等价物转换为等值代币的设计原则。将资产转换为代币的过程示意图如图 5-3 所示。

这里的一个关键要求是验证特定担保者声称的资产的合法所有权。担保者必须提供法律证据，而且相关证据表示必须能够被获取并呈现在资产分类账中。

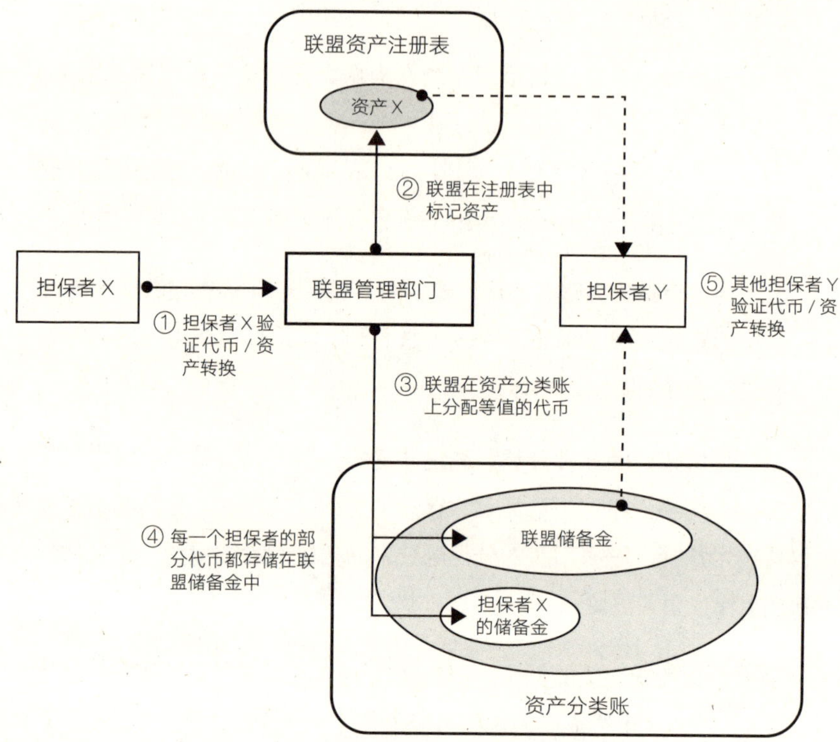

图 5-3　将资产转换为代币的过程示意图

相关证据包括纸质证书，以及由发行人使用法律上可接受的数字签名技术进行数字签名的数字表示。例如，数字版本的黄金证书（如未分配的黄金）可以由权威机构签署，并由担保者作为证据提交，联盟管理部门也有责任验证证据的真实性。

“推入”和“拉出”代币

担保者之间交换代币的媒介是代币分类账。代币在分类账上的担保者之间被购买、借出和归还，分类账使数字交易币网络中所有担保者的交易行为都有据可查。

在获得该账本中的代币之前，担保者必须明确要求联盟将担保者的代币从资产分类账（来自担保者的储备金）“推入”代币分类账上进行流通。将代币“推入”流通领域的过程示意图如图 5-4 所示。联盟管理部门必须在资产分类账上以明确的方式回应这一请求，说明请求被批准、被拒绝或被推迟。请求被批准后，联盟管理部门将代币分类账中的代币转移到同一账本上的担保者账户中。

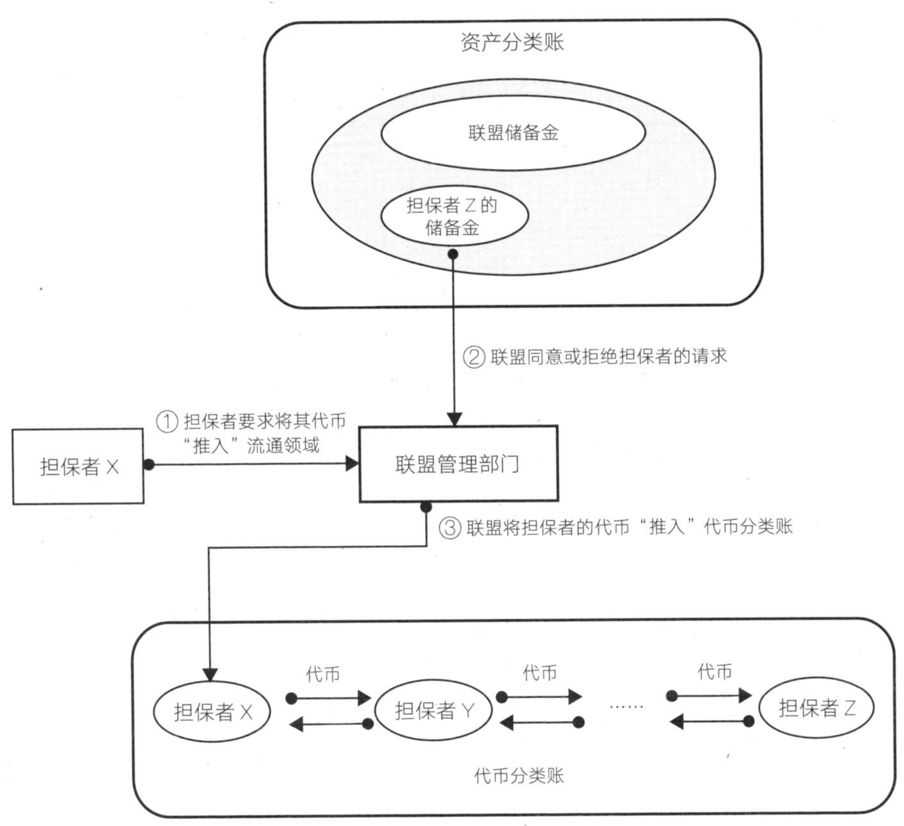

图 5-4　将代币“推入”流通领域的过程示意图

这种明确的请求—响应范式是货币政策实施机制的体现，它是联盟管理体系的一个“钩子”。联盟管理部门作为担保者社区的代表，执行社区同意的政策。担保者执行货币政策的一个简单例子是其在资产分类账上必须有一定的储备金。如果一个担保者用尽了他在资产分类账上的储备金，就违反了担保者维持最低储备金的政策，系统就不会批准该担保者将更多代币“推入”代币分类账上流通的请求。

将代币“推入”代币分类账的对应操作是“拉出”代币。从流通领域“拉出”代币过程示意图如图 5-5 所示。当担保者希望通过将代币从代币分类账转移到资产分类账，以增加其在资产分类账上的储备金时，就需要进行此操作。

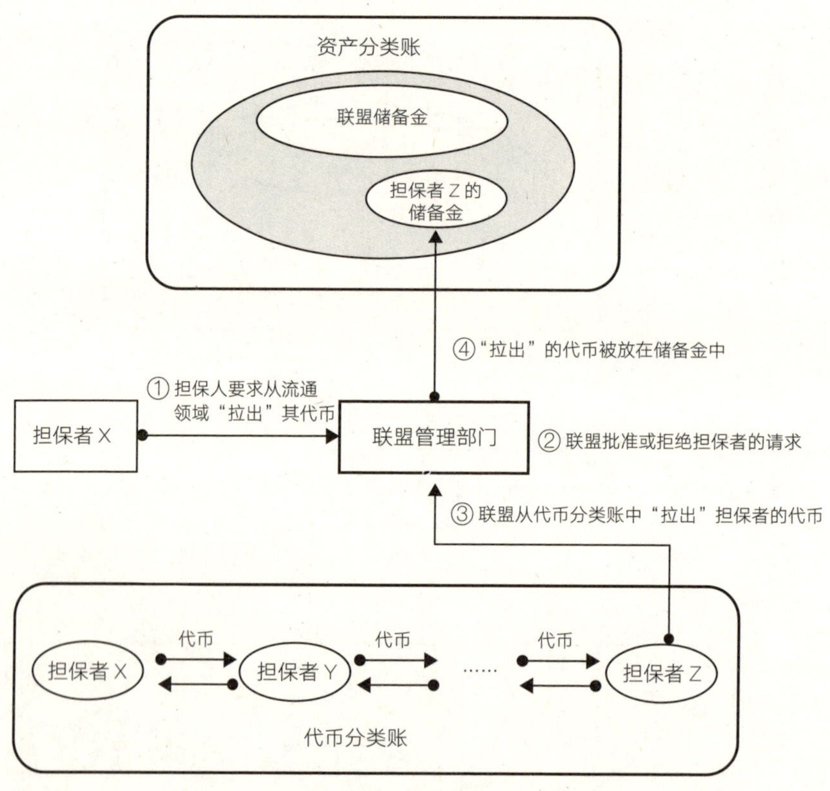

图 5-5　从流通领域“拉出”代币过程示意图

利用分类账的电子现金

在消费者的日常消费行为中，我们认为存在着 D. 乔姆所说的那种电子现金[47]。本节主要探讨电子现金方案在数字交易币模型中的应用。一般来说，用户和担保者之间的区别是：用户在联盟中没有资产并使用电子现金来交换联盟可以接受的法定货币，担保者则相反。用户希望使用一种方便、低成本甚至零成本的电子现金支付方式，这种支付方式在应对日常基本使用时必须是稳定的，并且可以在相当长的时间内储存价值。

在数字交易币模型中，发行与赎回的实体即为联盟本身。这种情况下，电子现金的稳定性直接关系到联盟内代币和资产的稳定性，这三者都以社区的形式，处于联盟的货币控制之下。作为向用户发行电子现金的发行商，联盟制定了货币政策，以控制用户在某个时间可以请求多少电子现金。更为普遍的情况是，联盟可以根据联盟的总资产来控制在某个特定时间内允许流通的电子现金的数量。

电子现金的主要特征

电子现金的概念最早是由 D. 乔姆在其具有里程碑意义的著作中提出的[48]。原始电子现金提案的一个重要目标是尽可能地保留纸质现金的隐私特征，即阻止第三方发现付款人和收款人的身份、金额和付款时间。因此，许多电子现金方案都采用了加密结构，如盲签名、零知识证明等来隐藏实体的真实身份。原始电子现金提案的另一个重要目标是防止各个实体相互串通，破坏整个方案。举例来说，发行商（如银行）和收款人（如商人）之间的勾结会损害付款人的利益。同理，串通的付款人和收款人也不能欺骗诚实的发行商。

一般而言，电子现金提案试图拥有以下技术特征：部分屏蔽性——使银行无法看到付款人的支出情况；不可链接性——使银行无法将属于同一个付款人的电子现金单位相关联；不可伪造性——防止付款人和收款人制造假的电子现金[49]。其他理想的特征还包括诚实实体的可免责性，即保护其免受不诚实实体的陷害。

在电子现金系统中，货币单位的基本流动通常是三方的。举例来说，爱丽丝（付款人）从其在银行（担保人）的账户中提取电子现金，并直接向商家鲍勃（收款人）支付电子现金。随后，鲍勃必须向同一家银行出示电子现金，以便将该金额记入其账户。需要注意的是，电子现金从爱丽丝转到鲍勃这一交易是直接进行的，不需要经过某个账本或第三方。

除了电子现金提案的加密复杂性外，在过去 20 年里，还有以下这些因素阻碍其广泛应用：

- **对中央实体的依赖。**银行在很多电子现金项目中扮演着电子现金发行机构和赎回（清算）机构的双重角色。所以在日常使用方面，这种使用电子现金的方式与传统的信用卡相比并不具有什么优势。
- **无中介对等可转移性。**在没有银行中介调解的情况下，许多电子现金提案在电子现金单元（如从爱丽丝到鲍勃再到其他人）的多跳可转移性（便携性）方面的效率很低。

对于银行实体一直在线的需求，过去常常被视为一种缺陷。但是，在当今的互联网时代，这可能不再是个问题。

GNU Taler 系统[50]是 D. 乔姆提出的电子现金提案的最新实用版本之一。该系统之所以重要，是因为它只向支付实体提供匿名性。例如，收款人是商人，出于税收的目的，其在向银行赎回电子现金时必须披露其身份。

电子现金的目标和制约因素

下面总结账本辅助的电子现金的高层次目标：

- **对电子现金的账外直接支付机制提供支持。**允许用户用电子现金支付，而不会对数字交易币生态系统产生负面影响。

- **以保护隐私的方式，保持对交易币流通的可见性。**既保留对由代币支持的电子现金流通的可见性，又保护用户的隐私。防止相关实体串通欺诈或出现其他破坏数字交易币生态系统的行为。

- **降低电子现金中可能发生的合谋风险。**提供必要的机制，防止实体在电子现金流中的合谋行为，从而对数字交易币生态系统产生不利影响。

对于电子货币在数字交易币生态系统中的应用，我们施加了很多设计上的限制，总结如下：

- **联盟发行电子现金。**在交易币中，联盟（管理机构）是所有电子现金的发行商（来源）。也就是说，联盟扮演了经典 D. 乔姆模型中银行的角色。

- **有限制的三方流动。**电子现金的流动遵循经典 D. 乔姆模型的三方流动。这包括：联盟管理部门（作为发行银行）；用户（付款人），提取电子现金；商家（收款人），从付款人处接受付款。当商家将电子现金存入联盟时，这个循环就结束了。

- **电子现金限额提款。**用户只允许从联盟账户提取有限金额的电子现金，金额和汇率视货币政策而定。所以，这个方法为在联盟账户之外囤积大量交易币电子现金的用户提供了一种早期的检测机制。在我们看来，这是一个合理的约束条件，类似于当前银行业对纸质现金提取的限制。

- **用户仅向商户匿名。**使用交易币电子现金时，用户仅对商家是匿名的，联盟知晓用户和商家的身份。

- **在提取电子现金时需进行用户身份认证。**用户试图从联盟的账户中提取电子现金时，必须经过联盟的严格认证。这个限制也是合理的，反映出目前的行业惯例，即个人必须在柜台或 ATM 机上才能提取纸币。

- **商家的非匿名性。**交易币的另外一个制约因素是商家的非匿名性。也就是说，商家实体是被用户和联盟所知道和识别的，这符合 GNU Taler 系统的要求[51]。

- **点对点用户间的不可转移性。**目前，交易币排除了点对点用户之间的可转移性（即多跳转移）。收款人不能未经中介调解就将电子现金转交给其他实体。用户只能把电子现金存入他们在联盟的账户中。

- **电子现金流通规模受制于货币政策。**电子现金在某个特定的时间内流通的价值总额受货币政策的制约。

追踪分类账

交易币电子现金追踪分类账示意图如图 5-6 所示。追踪分类账是一种只能追加的分布式日志机制。也就是说，追踪分类账可供联盟和电子现金流所涉各方（联盟管理部门、用户和商家）读取和追加（读和写），还可以被交易币系统内的各方读取（只读）。

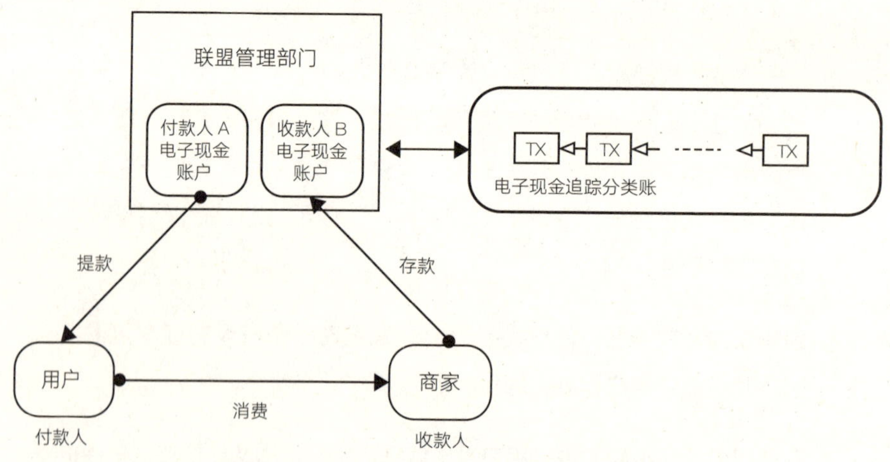

图 5-6 交易币电子现金追踪分类账示意图

在联盟管理部门向用户发行电子现金或从商家那里赎回电子现金时，它利用追踪分类账来“声明”这些行为。本质上，从其他地方获得电子现金的用户的身份是匿名的。联盟管理部门会在追踪分类账上声明它已经发行了一些与特定代币相对应的电子现金单位。

联盟管理部门在追踪分类账上声明电子现金发行的这一行为，使担保者在任何时间都能看到正在发行的电子现金单位的规模。它还允许用户和商家验证联盟管理部门的行为是否诚实，即是否向用户发放了正确数量的电子现金单位。

用户的电子现金分类账的身份

为了保护用户的真实身份，用户在向商家付款时，不得使用其分类账身份，并且在其支出流程中不得与记录在分类账上的交易相关联，因为这可能会向商家披露其身份。

追踪分类账上记录的内容

追踪分类账的作用之一是记录各实体（联盟管理部门、用户和商家）的行为，以便整个联盟有一套机制来观察数字交易币生态系统中的电子现金流。由于电子现金流中的一些参数（如盲参数）是保密的，并且通常在各方之间通过安全信道（如 SSL 或 HTTP/S 连接）成对地交换，因此追踪分类账依赖于每个实体的诚实度，将相关参数的哈希值记录到追踪分类账中。

最能代表 D. 乔姆方案变体的通用电子现金流包括三组：取款、支出和存款协议。记录在追踪分类账上的证据，与三个 D. 乔姆流中任何一个涉及两个实体间的成对交互有关。举个例子，当用户从联盟管理部门提取电子现金时，联盟管理部门发送给用户的参数和用户从联盟管理部门接收的参数都被记录到分类账中。也就是说，发件人和收件人都必须分别记录他们发送和接收的内容。电子现金追踪分类账的流向示意图如图 5–7 所示。

下面给出与分类账辅助的电子现金流有关的状态概要。

提款的证据。当用户从他在联盟的账户中提取电子现金时，每个电子现金单位都采用序列号（被称为 S_{iss}）加联盟在该电子现金单位上的签名（被称为 *sigS*）的形式。图 5-7 中的步骤（1a）为提款阶段。

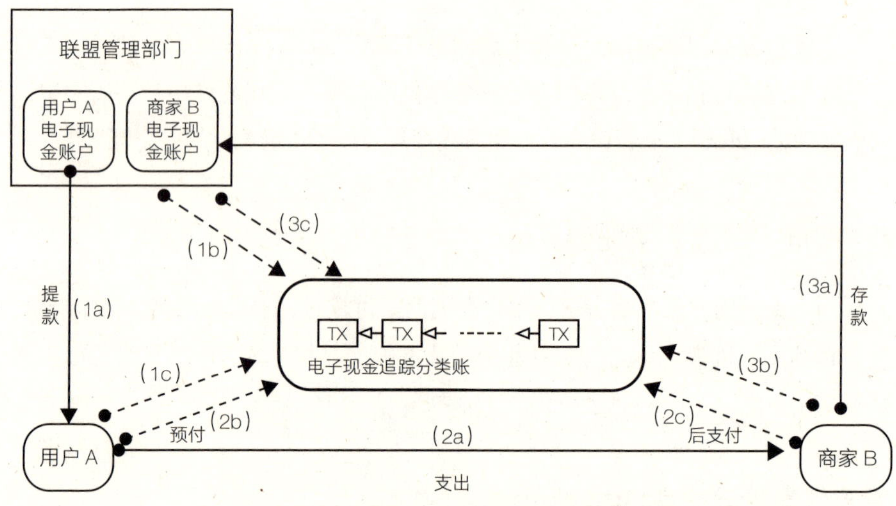

图 5-7　电子现金追踪分类账的流向示意图

除了在其内部系统中存储每个电子现金单位（即序列号和发行者的签名），联盟管理部门必须在追踪账本上记录以下数据，以便其他交易币实体可以看到它们，以下过程对应图 5-7 中的步骤（1b）：

- 联盟的身份（发行者）；
- 已签名的电子现金的哈希值（序列号 S_{iss} 及发行者的签名 *sigS*）；
- 电子现金面额；
- 电子现金单位价值；
- 时间戳。

用户也可将他从联盟收到的哈希值计入账本，如图 5-7 中的步骤（1c）所示。

预付的证据。当用户以序列号 S_{iss} 的形式获得电子现金单位时，用户必须对该单位进行转换，以保留该单位的某些预期属性，例如用户在支出时变为匿名。

我们将这种转换简单地表示为序列号 S_{payer}，其中 $S_{payer}=F(S_{iss})$，F 为电子现金方案特有的函数。这些转换后的序列号 S_{payer} 是用户花费或交付给商家的电子现金单位。

为了免责，用户必须在电子现金追踪分类账上记录转换后的序列号的哈希值，如图 5-7 中的步骤（2b）所示，其中包括以下数值的哈希值：

- 联盟的身份（用户获得序列号）；
- 原始序列号的哈希值（S_{iss} 的哈希值）；
- 转换后的序列号的哈希值（S_{payer} 的哈希值）；
- 电子现金面额；
- 电子现金单位价值；
- 指向电子现金追踪分类账上相应的早期提款交易的指针；
- 时间戳。

支出的证据。通常，花费电子现金单位的行为涉及商家和用户之间的质询—应答，见图 5-7 中的步骤（2a）。在这里，商家向用户发送一个值 C_{payer}，然后用户必须通过回应 R_{payer} 来证明序列号 S_{payer} 是有效的。

后支付的证据。为了免责，商家必须保留质询—应答交换的记录，并将以下数值的哈希值记录在电子现金追踪分类账上，如图 5-7 中的步骤（2c）所示：

- 记录的哈希值（S_{payer}、C_{payer} 和 R_{payer} 的一组哈希值）；
- 电子现金面额；
- 电子现金单位价值；
- 指向电子现金追踪分类账上相应的预支出交易的指针；
- 时间戳。

存款时的证据。当商家将从用户处收到的序列号存入商家在联盟的账户中时，如图 5-7 中的步骤（3a）所示，商家必须向联盟管理部门交付 S_{payer}、C_{payer}

和 R_{payer} 的值。

为了免责，商家必须获取或记录其存入联盟的电子现金参数，如图 5-7 中的步骤（3b）所示：

- 已签名的电子现金的哈希值（序列号 S_{iss} 和其签名 $sigS$）；
- 电子现金面额；
- 电子现金单位价值；
- 指向电子现金追踪分类账上相应的支出后交易的指针；
- 时间戳。

为了免责，联盟管理部门必须保留与用户和商家的交易记录，并在电子现金追踪分类账上留存部分记录。

对环境友好的数字交易币

气候变化导致的物理结果会带来深远的负面影响。例如，为了避免长年累月的洪灾，可能需要迁移整个城市；可能因气候原因，需要对大型工业工厂进行改造。气候变化也同样会对金融系统产生深刻的影响。除公用事业、采矿、建筑等行业外，银行、保险、资产管理和养老基金等金融行业也会因此受到重创。《华尔街日报》曾将加利福尼亚州一家大型公用事业公司太平洋煤气电力公司（PG&E）的破产案例称为“首例气候变化破产案”[①]，这无疑不会是最后一例。英国的英格兰银行称：“气候变化对经济和金融体系造成了巨大风险，尽管这些风险可能看似抽象又遥远，但实际上真实存在，并且正在迅速向我们逼近，需要立即采取行动。”

---

① PG&E 公司曾是加利福尼亚州最大的电气能源公司。2019 年 1 月 29 日，PG&E 公司申请破产保护，并说明频发的森林火灾背后的根本原因是气候变化。——译者注

事实证明，抗议本身并不足以说服人们采取更环保的行动。所以，我们需要引入适当的金融工具和激励机制来引导人们朝正确的方向前进。

为此，我们可以引进一种环保型的数字交易币——环保数字交易币来实现这一目标。我们可以在联盟忠诚度计划中模拟使用这种交易币。忠诚度计划可被概念化地看作多个单一发行商忠诚度计划的合并，从而使忠诚度积分能够在各个参与计划的企业之间累积并兑换。20 世纪 70 年代末美国航空公司推出“飞行常客奖励计划”，此后忠诚度计划便呈指数增长。

这些项目具有巨大的经济价值。例如，2019 年 1 月，加拿大航空公司与多伦多道明银行、加拿大帝国商业银行和 Visa 合作，花了 4.5 亿加元从 Aimia 公司购买了名为 Aeroplan 的忠诚度计划，该项目拥有大约 500 万名活跃成员。他们还承担了未使用的 Aeroplan 积分的债务，估计价值 19 亿加元。鉴于这些事实，部署环保数字交易币相关的忠诚度计划所带来的潜在收益可能是相当可观的。

忠诚度计划（包括环保数字交易币）的一个重要组成部分是商业智能报告和分析平台，它可以分析会员信息，追踪购买模式，识别忠诚会员的个人档案，并根据会员的喜好调整忠诚度计划。为了使环保数字交易币成功交易，必须注意采取保护隐私的措施。

环保数字交易币生态系统由数个部分组成，其核心是一款高效、精确、易于使用，并且记录了计划参与者的积极行为的 App ——这款 App 是一台“印钞机”。环保数字交易币生态系统的下一个部分由对抗击气候变化感兴趣并被适当金融举措吸引的个体参与者组成，他们的对立面就是企业赞助商，因为公司和税务局需要充分关注气候变化，并为应对气候变化投入资金。

目前，受气候变化和可持续发展影响的大公司都拥有庞大的预算来支持环保提案。从多个角度来看，环保数字交易币通过吸引更多用户、提高收入和盈利能力、降低可持续发展基础设施的成本，以及提供降低了气候变化导致破产风险（正如 PG&E 公司所经历的那样）的工具，为这些大公司提供了收入来源。联盟成员承担并维护环保数字交易币生态系统，他们准备接受环保数字交易币作为其商品和服务的部分支出。例如，公用事业供应商可能允许用环保数字交易币支付高达 10% 的公共服务费用。一家咖啡店可以收取占其总收入 10% 的环保数字交易币，用于购买环保咖啡豆或支付电费。基于人工智能的数据收集系统与区块链技术可将参与者、担保者和联盟成员之间的环保数字交易币交易流转结余记录在一个安全、可靠的分类账中。

因为参与者通过看似无关的活动获得环保数字交易币，如步行而非开车，或使用新能源替代传统能源，所以把所有这些活动纳入共同标准的公平机制是至关重要的。有各种各样的办法来评估不同的活动，如可以根据参与者二氧化碳足迹的减少情况来评估。

实行稳健的货币政策可以决定参与者所赚取的环保数字交易币随着时间推移的消失速率，而这对整个生态系统的稳定至关重要。与那些成功的忠诚度计划的比较表明，采用收缴滞纳金的形式是最自然的。这意味着参与者累积的环保数字交易币将在某一段时间后到期并清零，这与各种飞行常客计划的机制相同。

因此，有必要通过确定环保数字交易币的“来源”与“汇出”来设计适当的流通规则。若我们遵循严格的点对点类比，必然得出这样的结论：环保数字交易币是在当个体参与者采取环保行动时，在“来源”处产生，而当它被用来支付商品和服务时，在“汇出”处销毁。这一设置过于严格，因为它抹杀了和 WIR 法郎类似的用处，但在 WIR 机制下，环保数字交易币完全不会消失。

这样看来，寻找一个中间解决方案是有必要的[①]。环保数字交易币既可由参与者赚取，也可由担保者借用。还有一种中间层级的企业接受环保数字交易币，它们也可以与参与联盟的成员一起，用环保数字交易币为其业务付款。此外，

① 如果完全采用飞行常客计划的机制，则环保数字交易币没有办法实质性流通，也无法体现代币作用。如果完全采用 WIR 机制，则环保数字交易币会在系统中持续累积（因为只要有人参与环保活动就会产生新币），最终使系统失稳，单位币值也会下跌。因此，需要找到一个合适的中间解决方案。——译者注

还有一些“超级担保者”接受环保数字交易币，但它们会将其销毁而不重新投入流通。这类担保者可能包括税务部门和主要跨国公司，它们将部分环保预算用于推广环保政策。

BUILDING THE
NEW ECONOMY

章末总结

中小国家的可行货币体系——数字交易币

本章介绍了构建数字交易币的概念基础和技术方法。相较于那些成熟的加密货币（如比特币和瑞波币），数字交易币有一些决定性的优势，它作为互联网时代便利交易的加密货币，是法定货币的一种重要制衡手段。在得到充分的发展之后，数字交易币可以充当跨国货币，促进国际贸易，并助力中小国家创建自己的可行货币体系。

BUILDING
THE
NEW
ECONOMY

第6章
算法、隐私和数据，打造医疗健康领域新框架

数据对医疗和生命科学的重要性不言而喻。目前，新兴的医疗 IT 基础架构的底层逻辑，就是开发一个具有高度可交互性的平台，并在征得患者同意、遵循隐私保护的前提下，以安全和保密的方式，处理与健康相关的各类数据。**任何医疗机构收集的数据，都必须最大程度地尊重当事人的个人隐私。而这种基于互操作性标准建设的新兴医疗 IT 基础架构，将极大地提升生态系统中各利益相关方获取所需数据的便捷性。**

在新冠病毒大流行期间，公民数据处理的相关问题，给医疗信息技术带来了空前的挑战。关于通过个人移动设备追踪社区接触者的问题，我们提出了几点想法。其核心思想是，通过收集健康个体移动设备中的位置信息，如 GPS、蓝牙，并与确诊患者的距离进行比较，从而判断他们被传染的概率。然后，鼓励这些人接受检测，进而对前面的判断进行验证。

与卫生和生命科学等众多数据密集型项目一样，处理公民的数据，包括其移动设备的定位数据，也会导致一些问题。例如，在追踪接触者的过程中，最突出的问题就是“如何”和“在何处”进行数据匹配，以及这些数据处理活动是否会侵犯公民的隐私。还有一个需要特别关注的问题就是这类暗示性的信息可能导致的社会反应和影响，如导致确诊患者被排斥等。如今，人们对机构的信任度正逐年下降[1]。有关数据丢失、被盗以及遭到黑客攻击[2]等报道，又使这一情况进一步恶化。因此，开展全国性的接触者追踪项目这一设想，尽管得到了苹果和谷歌[3]等科技公司的技术支持，但可能会引起公众的质疑。另一个值得关注的问题就是，在紧急状况下创建的程序，有可能在该状况结束后的很长时间内仍在使用，从而导致监视被滥用。此外，还有一个令人担忧的问题，那就是这些移动数据的“所有权”问题，即它可能会被视为属于个人的新型数字资产[4]。

本章对 A. 阿克曼（A. Ackerman）等人的研究[5]进行了拓展，开发了一种融合了机密计算策略的开放算法范式[6]，以保护个人数据被使用的这些人的隐私：

- 尽量减少导致数据移动和数据丢失的开放算法。如今，社会、政府和机构的运作都离不开数据的支撑。不同于当前导出、复制或移动公民数据的常规做法，我们探索的开放算法范式是将计算移动到数据存储的地方，这样就有效避免了当前因导出、复制或移动公民数据所导致的文件副本激增和盗窃攻击范围扩大等问题。

- 跨机构的联合同意和授权。由于关系的复杂性，同意书的签发、传递和撤回仍然是健康领域的症结之一[7]。正如世界经济论坛[8]上所提出的，只有用户许可和隐私保护的问题得到了有效的解决，基于美国联邦数据系统的建议和方法才可能获得广泛的支持。

- 基于开放算法范式的理念，我们增强了“同意执行算法（针对数据）但不同意读取或复制数据”的概念。我们认为这种方法可能更适用于某些类型的医疗数据，例如对队列数据的聚合计算，并对当前流行的基于授权通证的方法进行了讨论。

- 在协同计算中保护数据。很多时候，不同的数据被不同的实体所控制，这些实体无法披露其控制的数据，但又希望能融合大家的数据进行协同计算。因此，人们就需要一种能允许数据融合或加密的方法，以使各方可以共享它们的加密数据进行协同计算，进而取得各自独立使用数据时不可能得到的效果。

本章作者：托马斯·哈德乔诺
安妮·金（Anne Kim）
阿莱克斯·彭特兰

精准医疗面临的挑战

精准医疗是一种创新的方法，它可以基于对特定患者的健康、疾病和现状的全面了解，来选择最适宜的治疗方法。但要将最初的尝试转化为更大规模的成功，还需要国家层面的协调和持续的努力。对此，2015 年 1 月 20 日，时任美国总统奥巴马宣布并启动了精准医疗计划（Precision Medicine Intiative，PMI）[9]。PMI 试图摒弃一刀切的医疗服务模式，改为根据个人生活环境、生活方式和基因等特性，制定针对性的治疗和预防方案[10]。为帮助研究人员能更深入地研究影响健康和疾病的各种因素，2016 年至 2020 年，PMI 试图建立一个至少由 100 万人组成的队列。PMI 队列计划（PMI Cohort Program，PMI-CP）旨在收集和共享这些参与者的样本和数据，包括来自电子健康记录和参与者设备的数据。该项目的最终目标是，通过在几年里从大量参与者中收集的高质量数据和样本，为美国精准医疗制订发展路线[11]。PMI-CP 后来被更名为 PMI 全民健康研究项目（PMI All of Us Research Program，PMI-AURP）。

PMI 尝试从 100 万名志愿者中收集非常详尽的信息，这也使其成为美国历史上规模最大的纵向研究。志愿者必须自愿地、尽可能多地、定期和持续地提供数据，包括同意不断访问他们的电子健康记录；参与并分享其他的临床和行为评估结果；提供 DNA 样本和其他生物样本；参与移动医疗数据收集活动，以采集相关的地理空间和环境数据。以上这些数据将提供给学术和商业研究人员以及公民科学家[①][12]。该项目的长期目标是，一旦这些数据通过测试并得以证实，就可以整合起来用于改善护理工作，并推动更多研究工作的开展。

为着手应对与 PMI-CP 参与者招募相关的一些挑战，PMI 项目专门成立了一个工作组。该工作组在 2015 年 9 月发表了一份报告，阐述了工作组的任务以及 PMI-CP 参与者招募的各类主体角色[13]。该工作组的任务是解决启动 PMI 招募流程相关的各种问题，包括如何开展参与者招募，如何建立参与者生物样本库，如何创建保存参与者数据的数据库，如何取得参与者的授权同意，以及如何解决与 IT 基础设施相关的问题等。工作组为参与该项目的人员分配了若干任务。首先，承担生物样本库任务的人员将建立 PMI-CP 生物样本库，并支持生物标本的收集、分析、存储和运输；其次，数据和研究支持中心将获取、组织和提供对 PMI-CP 数据集的安全访问，并提供研究支持和分析工具；再次，参与者技术中心将通过直接注册患者，并开发、测试和维护 PMI-CP 移动端应用程序来招募患者，这是招募志愿者、获得他们的同意以及与参与者沟通的重要手段；最后，医疗服务供应商组织将通过区域医疗中心和社区认可的其他医疗服务供应商，来吸引并招募参与者参加 PMI-CP[14]。

美国白宫在最初关于 PMI 的声明中，就已经提到了对数据隐私的担忧[15]。因此，在这一声明后，白宫又发布了 PMI 信息框架，以确保 PMI 数据得到适当的安全保护。该框架包括数据隐私和数据安全的原则。2016 年 2 月，白宫宣布，美国国立卫生信息技术协调员办公室将和美国国家标准与技术研究院、美国卫生与公众服务部民权办公室合作，并基于美国国家标准与技术研究院制定的网络安全框架，制定了精准医疗[16]的具体工作指南[17]。为解决 PMI 工作中的数据隐私问题，白宫又于 2015 年 3 月成立了一个跨部门的工作组，负责制定

① 西方语境中的“公民科学家”不同于中文语境中的“民间科学家”，前者是指具有一定科学素养且对科学问题有浓厚兴趣的公民。公民科学家在经过培训后，可以集中参与科学问题的探索、新技术发展以及最常见的数据收集与分析活动，从而聚沙成塔，帮助研究者解决先前无从下手的问题。——译者注

PMI 隐私原则。该工作组由白宫科技政策办公室、卫生与公众服务部民权办公室和美国国立卫生研究院共同领导。该工作组目前已制定“精准医疗倡议：隐私和信任原则建议”（Precision Medicine Initiative：Proposed Privacy and Trust Principl）文档[18]。

值得一提的是，PMI-CP 的实施，使患者与其健康医疗保健的关系发生了显著变化，这一点在新的患者信息需求中体现得尤为明显[19]。要说服个人以这种方式来重新定义其健康数据的意义，就必须建立和维持公众的信任。但鉴于其他行业发生的数据被盗事件，这件事的推动困难重重[20]。随之而来的，还有伦理、法律、社会等方面的诸多问题。

以隐私为中心的医疗 IT 数据架构

为使新兴的医疗 IT 基础架构实现可证明的数据隐私保护机制，就需要构建一个以隐私为中心的数据理念。该理念着重关注以下几个方面：通过设计来实现共享分析结果而不是导出数据；数据的质量和来源；计算过程中数据的隐私保护；在存储过程中对静态数据的保护。我们构想的以隐私为中心的医疗 IT 数据体系架构如图 6-1 所示。

图 6-1 所展示的是典型的互联网分层体系架构，即下层的功能隐藏了上层的复杂细节。每一层的边界是通过标准化接口来定义的，这些接口可以通过不同的方式来实现，例如 RESTful APIs、远程过程调用等。利用这些标准化的接口，上层功能可以访问下层的服务。

这种分层方法充分利用了解耦技术的优势，并实现了高度模块化。这种高度模块化，又反过来为解决某个独立于其他层的特定层上的技术问题提供了新的解决思路。标准化接口的使用确保了在给定层引入新技术时，其他层不会受到影响或仅会受到极小的影响：

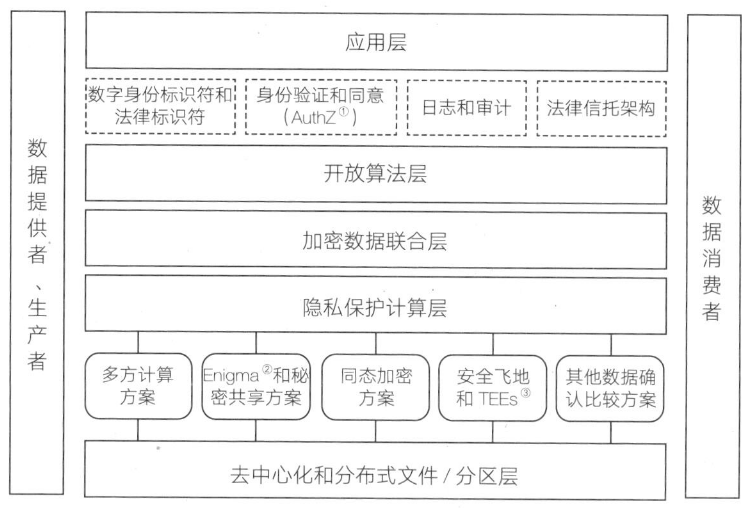

图 6-1　以隐私为中心的医疗 IT 数据体系架构

- **应用层。**应用层数据的使用由特定的应用领域驱动。例如，电子健康记录数据的应用就不同于临床数据的应用，两者使用的数据类型也不同。

- **开放算法层。**在这一层，开放算法的概念开始发挥作用，并在开放算法服务器的客户端与后端的数据提供者之间确定了一个逻辑界限。

- **加密数据联合层。**该层的目的是联合加密形式的数据，例如分部数据或分区数据[4]。这里的联合是指由数据提供者创建的信任网络或联

① AuthZ，是 Authorization 的缩写，意为授权，主要用于评估用户或服务对资源等内容的访问权限，确保其可执行特定操作。——编者注

② Enigma 是 2013 年由美国麻省理工学院创立的区块链云数据加密交易平台。——译者注

③ TEEs 是 Trusted Execution Environments 的缩写，意为“可信执行环境”。——编者注

④ 分部数据即 Data Share，分区数据即 Data Shard。分部数据是指数据的一部分，一般从逻辑上进行划分，例如在 10 家医院开展多中心研究，将每家医院提供的病例数据看作一个分部，或是在一批医疗数据中，把来自不同部门（如检验科、影像科、病理科）的数据看作不同分部。分区数据是数据运维中的概念，指具体分配的一个运维中的存储单元，通常为 2GB，也可以根据需要增减。一个分部的数据可能存储于一个分区中，也可能存储于多个分区中，而一个分区中可以存储来自多个分部的数据。——译者注

盟，其目的是为联合成员之间的协同隐私计算提供可用的加密数据或可用的分区数据。

各种技术架构和设计，以及商业模式和协议，是联合体成立的重要基础，联合体可以有多个。我们相信，这种方法将为加密数据分区市场的发展奠定基础，并最终通过区块链得以实现[21]。

- **隐私保护计算层。**这一层处理隐私保护计算和协作保密计算的复杂性。这一层的目标是，对于给定的开放算法场景和应用，“前端”实体（用户）不会受到所选隐私保护方案（如同态加密、Enigma、安全飞地）“后端”复杂的实现细节（如通过开放算法服务）的影响。
- **去中心化和分布式文件/分区层。**不同于其他层，该层处理静态数据的保护问题，包括与当前采用的隐私保护方案（如在当前层之上的层）相关的“原始”数据文件、分部数据或分区数据和其他数据对象的存储与访问。

因此，如果使用 Enigma[22]，分部数据或分区数据会分散在节点的点对点区块链网络上。若采用其他方案，这一层就可能需要专门的管理分部数据或分区数据的功能，如 IPFS、Filecoin[23] 等。

医疗数据的开放算法原则

开放算法的概念，源自麻省理工学院媒体实验室[24]的人类动力学小组在过去 10 年里的研究项目。图 6–2 简要介绍了在麻省理工学院开放算法框架中实施算法执行许可的流程，托马斯·哈德乔诺和阿莱克斯·彭特兰分别在其文章《麻省理工学院开放算法》（*MIT Open Algorithms*）[25]和《身份联盟的开放算法》（*Open Algorithms for Identity Federation*）[26]中进行了更为详尽的讨论。第一步，需要某方面结论（如关于某个数据主题）的查询者（个人或组织）使用客户端选择一个或多个算法及其预测数据。第二步，客户端将算法或算法标识符传递给开放算法服务器，该服务器再将它们传递给相应的数据提供者。第三步，一旦开放算法服务器接收到这些响应，它就会对这些响应进行逐项核对，并执行额外的风险筛查，以防止个人身份信息的泄露，然后再将安全响应传递到客户端。

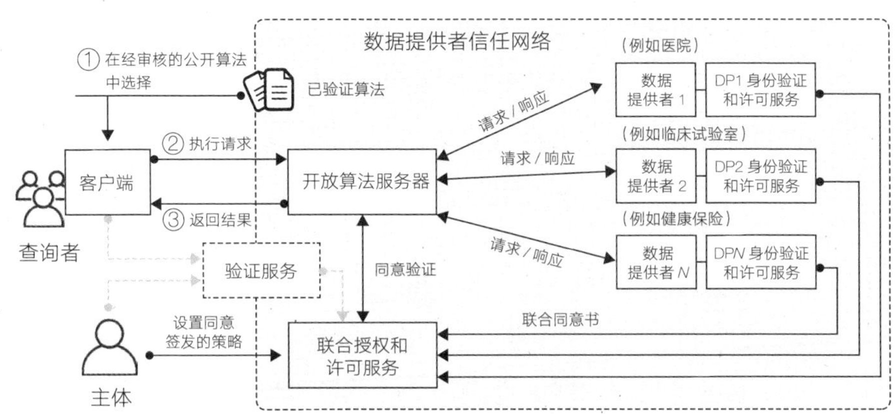

图 6-2　在麻省理工学院开放算法框架中实施算法执行许可的流程图

开放算法范式有如下基本原则[27]：

- **将算法植入数据端。**应该将算法植入数据存储库中进行计算，而不是将数据从各个存储库中拉到一个集中位置进行处理。因为我们的目标是共享分析结论，而非原始数据。
- **数据绝不能离开其存储库。**数据决不能从其存储库中被导出或复制。这与先前的原则是一致的，这里进行了强化。这一规则也有例外，即当用户请求下载他自己的数据并得到法院授权时，该用户可以获得相应数据的副本。
- **验证算法。**算法应该由该领域的专家进行研究、审核和审查。其目标是从带有偏见的、不公平的和其他可能出现的非故意或非预见性影响的角度出发，让生态系统中的所有实体能对算法质量进行更深入的理解和评估。

- **安全答案的默认值。**开放算法服务器必须将保证隐私性作为其首要目标。因此，开放算法服务器对客户端的响应必须默认为聚集性的答案①。

如果需要针对特定对象的算法和响应，则根据《通用数据保护条例》（*General Data Protection Regulation*）要求，必须获得受影响的数据主体的明确同意[28]。

在上述原则的基础上，还有一些附加原则可以加强对数据的保护，从而增强隐私性：

- **数据应始终被加密。**数据在计算和存储期间，应始终保持加密状态。也就是说，为了保护数据存储库免受攻击和被盗（如被内部人员窃取），数据永远不能处于解密状态。持有主体数据的数据提供者应在数据存储中对数据实施静态保护②，并在使用数据进行计算时采用隐私保护计算方案。

  当前，已有多种新兴技术，如同态加密[29]和安全多方计算[30]等，为未来这一原则的实施奠定了基础，下面就其中一些方法进行讨论。

- **去中心化的数据架构。**为保证基础架构的安全和弹性，数据提供者应该采用去中心化和分布式的数据架构。

---

① 此处的聚集性指答案应该是统计性的，也就是针对多人而非针对个体的，也无法从若干统计、挖掘、学习的算法结果中反推出个体的特征。——译者注

② 如果过程中的数据呈现为明文，则隐私泄露的风险会大大增加。举个例子，医院病历数据中与健康状况无关的个人隐私信息（如姓名和电话号码）均以明文的形式呈现，那么医生和护士不需要在数据库层面做任何操作，只需要打开计算机，把姓名和电话号码记录下来，就可以神不知鬼不觉地窃取大量个人隐私数据。这种看起来很笨的方法，实际上是很多价值很高的医疗、金融和教育领域数据非法流出的罪魁祸首。——译者注

密钥共享[31]等加密技术可用于数据上，从而产生多个加密的数据分区。反过来，这些分区也可以物理地分布在其对应的数据提供者的存储库网络中[32]。这种方法提高了数据提供者基础架构的弹性，因为攻击者需要破坏数据提供者网络中最小数量的存储库，即 M 个节点中的 N 个，才能实现对数据项的访问。这种方法减少了攻击面，并使得攻击行为更加困难。

开放算法原则也适用于独立的个人数据存储[33]，而与个人数据存储是由个人还是由第三方服务提供商（如托管模型）操控无关。其基本思想是，为了将公民个人纳入开放算法生态系统，必须为其提供足够的吸引力、权限和激励[34]。因此，生态系统必须将个人数据存储作为合法的开放算法数据存储库终端。基于这种高度分布式的个人数据存储库，需要设计新的计算模型。

如今，Data-Pop 联盟、伦敦帝国理工学院、麻省理工学院和法国电信公司 Orange 等，已将开放算法原理应用于塞内加尔和哥伦比亚的国家级研究项目。这些部署得到了法国开发署、Orange 公司、哥伦比亚和塞内加尔政府，以及塞内加尔国家电信公司（Sonatel）和西班牙电信公司（Telefonica）的大力支持。

联合授权和许可面临的挑战

医疗信息技术领域面临的重要挑战之一，就是当个人（如患者）数据需要进行特殊处理时，数据主体对其数据的授权许可问题。由于可能涉及多个主体和数据流，这个问题具有一定的复杂性。例如，授权或许可能会发生在患者的代理人身上，如患者就诊的医院。又如，所需患者的数据（如影像文件）可能会保存在不同的实体中，如患者最后居住的不同城市的医院。在健康领域更加专业的术语中，“许可”是指医疗行为的消费者，选择允许或拒绝“在特定的政策环境下，出于特殊目的或在特定时间段，进行一项或多项行动”的记录。[35]

本节将讨论与联合授权和许可相关的一些问题，并介绍一种以用户（患者）为中心的许可管理方案。

基于策略的访问控制和授权

20 世纪 60 年代中期，随着分时主机的兴起，对多用户资源的访问控制日益成为人们关注的焦点。一般而言，“访问控制”一词不仅适用于对计算机系统的物理访问，也适用于对系统资源，如内存、磁盘、文件的访问。在 20 世纪 70 年代早期的研究中，最引人注目的就是 Multics 系统。在政府和军事领域，也存在基于个人级别或安全许可进行访问的问题。在多级系统中，有关强制和自由访问控制的概念，以贝尔-拉帕杜拉（Bell and LaPadula，BL）模型最为突出[36]。

BL 模型将访问控制定义为具有不同安全级别的主体，寻求对对象（系统资源）的访问。例如，在 BL 模型中，如果主体（如用户）的安全级别（如绝密）高于被访问对象（如文件）的安全级别（如机密），则主体可以访问该对象。如果再在该模型中加入角色或能力的概念，就可以得到基于角色的访问控制模型。作为 BL 模型的进一步细化，在基于角色的访问控制模型中，主体可以在特定的组织中具有多个角色或能力。因此，当主体寻求对某个对象进行访问时，必须明确他是以哪个角色提出请求。1992 年，美国国家标准与技术研究院给出了基于角色的访问控制正式模型的定义[37]。

对资源的访问控制也是各单位和企业关注的一个焦点。20 世纪 90 年代，随着局域网技术的广泛使用，对资源的访问控制变得更加迫切。基于角色的访问控制模型也同样适用于连接企业局域网的企业资源。这个问题通常被称为身份验证、授权和审计（Authentication, Authorization and Audit，AAA）。AAA 模式在 20 世纪 90 年代逐步发展起来，其部分内容是将决定访问规则的功能与执行这些规则的功能进行抽象。决定访问规则的主体被称为策略决策点，而执行这些访问规则的主体被称为策略实施点。

当前，很多企业都是基于策略的访问控制模型来进行系统的部署。许多解决方案，如微软公司的活动目录，也都是建立在基于策略的访问控制模型之上。在活动目录的基础上，一种相当复杂的跨域架构被开发出来，这种架构允许企业按照逻辑，将内部的部门进一步分成数十个至数百个内部域，例如将每一个部门作为一个不同的活动目录组。活动目录中的主体权限和权利，通常用综合特权属性证书数据结构来表示。有意思的是，在微软公司的活动目录和许多类似产品中，其主要的认证机制是麻省理工学院的 Kerberos 身份验证系统[38]。

中介授权服务联盟

为提升消费者健康领域数据授权体系架构的可扩展性，就需要数据提供者们共同建立授权联盟。在此背景下，我们以经典的基于策略的资源访问控制模型[39]作为研究的出发点。该模型适用于域的集合，每个域代表不同的数据控制者，拥有不同个体的个人数据。

联合许可管理流程如图 6-3 所示。在以下的讨论中，我们遵循欧盟《通用数据保护条例》的定义，假设有两个域——域 1 和域 2，并且两个域都有数据主体（以下简称主体）的个人相关资源。主体作为资源所有者，拥有在域 1 和域 2 中的数据。第三方，也就是请求方，寻求访问域 1 的主体数据，如对域 1 中的数据执行算法。

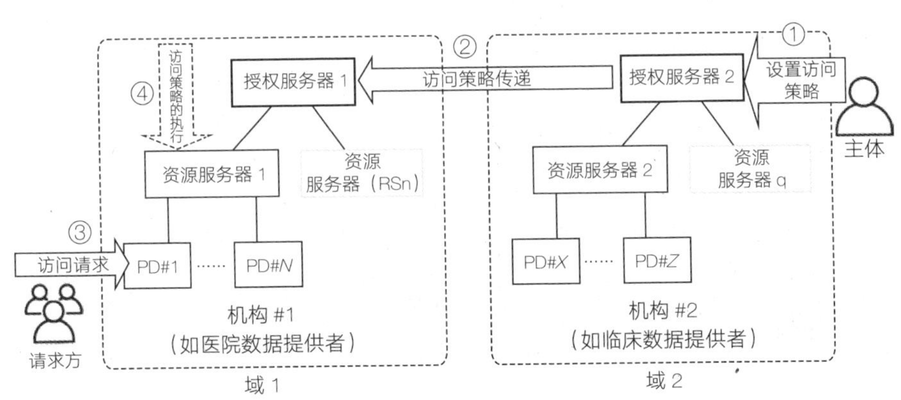

图 6-3　联合许可管理流程

可扩展的联合授权模型至少有以下三个目标：

- **跨域策略传递和执行。**主体（资源所有者）必须能够在一个域中设置访问策略（见图 6-3 中的步骤①），并将访问策略自动传递（见图

6-3 中的步骤②）到联盟中包含主体资源的所有域（如授权服务器1），并由每个相关域在本地强制执行这些策略。

因此，在图 6-3 中，如果主体在域 2 中的授权服务器 2 处设置了访问策略，则强制执行（见图 6-3 中的步骤④）也必须在主体资源所在的域 1 中的资源服务器 1 处发生。

- **权力下放。**一旦在一个域中的一个策略决策点上决定了访问策略，则联盟中所有包含主体数据或资源的域中的执行都必须自动发生，而无须主体进一步确认。每个相关域中的每个策略执行点（如资源服务器 1 和资源服务器 2），都必须独立于同一域或其他域中的其他策略执行点运行。
- **授权联盟的法律信任框架。**法律信任框架必须得到联盟中所有域主的同意，并规定策略决策点和策略执行点在传递访问策略和执行策略时的约定行为。

基于授权令牌的联盟方法

近来，使用流模型构造的医疗信息化领域的联合授权，在互联网其他应用领域，如社交媒体平台，又取得了新的突破[40]。OAuth 2.0 框架[41]就是当前正被大多数社交媒体平台所采用的一种主流授权方式。使用这些已为终端用户所熟悉的现有授权流方式（如移动应用程序），用户（患者）可以通过相同的应用程序行为流，来获得与健康数据相关的授权。

OAuth 2.0 基本框架的一个重要扩展是用户管理访问配置文件，用于对资源（如文件、数据、服务端点）的同意[42]。用户管理访问旨在为资源（如个人数据、算法、结论）提供以个人为中心的控制，这些资源可能分布在多个位置，且每个位置可能都使用一个自己的资源服务器。用户管理访问的基本原理是：数据主体作为资源所有者需要在一个授权提供实体（图 6-3 中的授权服务器）处设置访问策略，这些访问策略会自动传递到所有持有该数据主体资源（即数据）

的资源服务器（图 6-3 中的资源服务器），并由每个资源服务器独立执行。当请求方寻求访问受资源服务器保护的特定资源时，必须首先从授权服务器处获得授权令牌，并将其与访问请求一同提交给资源服务器。然后，作为策略执行点的资源服务器，可以对授权服务器发布的令牌进行评估。目前，已经开始为医疗 IT 部门开发针对健康需求的专门的 OAuth 2.0 框架[43]和用户管理访问[44]技术。

基于前文讨论的 PMI 项目，为支持 PMI 等用例，美国国家卫生信息技术协调员办公室又开发并推广了一些标准的授权流和 API。其中一个重要进展，是基于 OAuth 2.0 授权框架[45]和 HL7 级快速医疗互操作性资源标准试行草案 2[46]的 S4S（Sync for Science，科学同步）API[47]的成功研发。S4S 是遵循智能应用程序授权指南[48]（智能的意思是可替代的医疗应用程序，可重复使用的技术），专为应用程序开发人员而创建的，它为医疗机构实施组织案例策略提供了基于规则设置的电子访问控制机制。S4S API 使用 OAuth 2.0 框架，允许指定的第三方应用程序凭借个人现有的身份验证方式（如用户名和密码），通过医疗保健服务机构的网络电子健康档案，以电子方式只读访问有关个人的全部或部分健康信息。开发 S4S API 的目的在于通过它实现其他第三方应用程序的访问，包括医学研究应用程序等[49]。

协同计算技术的数据保护

本节将简要介绍各种可能适用于医疗信息技术的数据用例的隐私保护计算范式。这些范式及各自的实现方式，可能与处理不同类型数据的医疗信息技术基础架构有关，并不是每个范式都适用于给定的数据类型。例如，数字影像数据（如 X 射线文件）可能不适用于聚合计算的模型，但可以用来分析或比较成像文件的差异。本节将聚焦由不同数据提供者提供的明文数据，并对这类数据的协同计算进行介绍。

秘密共享方案

阿迪·沙米尔（Adi Shamir）提出的秘密共享，是早期密码学研究的基本概念之一。[50] 沙米尔在其代表论文中提出了一个重要问题，即如何将一个秘密数据加密分割成多个部分，且只需要其中的一部分便可以恢复出原始秘密数据。这个概念后来被称为“门限秘密共享”。因此，在给定的门限秘密共享方案中，秘密数据被加密分割成 M 份，当至少有 N 份聚到一起时，就可通过计算恢复原始数据。

该方案的一个关键点在于，只需要有 N 份，就能满足恢复数据的需求。这样，被分割的秘密数据就可以分布在不同的物理位置，从而进一步加大了攻击者破坏系统的难度。因为在这种模式下，攻击者至少要破坏 N 个独立的计算机系统才能达到攻击的目的。这一特性是麻省理工学院 Enigma 设计的核心。

多方计算

由于参与计算的某些数据提供方可能互为竞争者，因此他们可能不愿意提供真实的数据。多方计算可以专为一组实体提供加密的协同计算或联合计算方式。换句话说，多方计算的目标就是为这些实体提供一种加密方式，让他们的数据在加密的情况下仍然可以进行某些计算。在一组参与实体，如健康数据提供者中，每个实体都必须通过使用该组商定的多方计算加密参数，对其数据进行加密后备用。然后，他们相互交换加密数据或共享数据。因此，所有实体都不用向彼此透露他们的明文数据。而且即使小组中存在少数不诚实的实体，最后仍能获得同样的输出结果 [51]。近年来，已经有多个多方计算方案被提出，包括 Garbled Circuits[52]、Fairplay[53]、SPDZ[54] 和 ShareMind[55] 等。

在医疗信息技术的背景下，当实体的身份已知且假定所有实体都是诚实的情况下，若干个多方计算方案都可用于各种协同计算。因此，此处的多方计算主要用于隐私保护，而非提升协同计算的竞争力或用于相互竞争 [56]。例如，位于同一市（或省）的一组医院，可以通过其掌握的个人健康数据联合计算，推断出该市（或省）民众的整体健康状况。例如，它们可以共同计算某些疾病（如癌症）患者的平均年龄，而不用公开这些患者的明文数据。通过多方计算，只需要将各医院的数据加密后放入共享区，并在医院间进行交换即可。

图 6-4 所示为麻省理工学院开放算法在后端使用安全的多方计算的流程示意图。查询方（请求方）使用客户端与开放算法服务器进行交互。开放算法服务器为 A、B、C 三个数据提供者提供了基于该算法的计算挑战（见步骤②）。当三个数据提供者完成多方联合计算后（见步骤③），再各自通过一个安全通道，将其计算结果返回开放算法服务器。

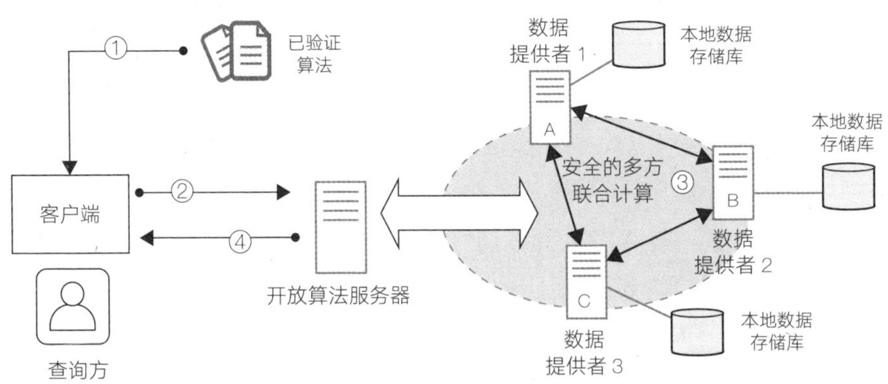

图 6-4　麻省理工学院开放算法在后端使用安全的多方计算的流程示意图

麻省理工学院的 Enigma 项目

麻省理工学院的 Enigma 项目[57]通过使用区块链系统上的节点，来探索新的多方计算和秘密共享[58]配置[59]。其基本思想是利用分散节点（如“挖矿节点”）的计算能力来执行联合多方计算，其中计算任务本身分散在多个节点上。因此，区块链节点一方面作为原始数据的加密分部（分区）的去中心化存储点，另一方面也作为其计算的执行点。基于这种思路，数据提供者（数据所有者）甚至可能不需要在本地保留其数据的副本。数据提供者只需要知道持有其碎片的区块链节点的位置或账户名称，就可以随时从相关节点获取这些碎片，并重建数据以供内部使用。这些节点可以是在不需要许可的公共区块链网络中，也可以是在私有化且已获得许可的网络中。针对不需要许可的情况，一种可能的商业模式是允许区块链节点在这些分区的存储和处理上收取一定费用。

Enigma 项目具有的以下几个特点，使其在数据隐私和分布式计算领域取得了革命性的突破：

- **使用多方方案对数据进行分区。**根据经典的秘密共享和多方计算模型，使用线性秘密共享方案，将给定的数据单元 D 拆分成 *M* 个分部，且仅需要 *N* 个（*N* 小于或等于 *M*）分部，就能实现对原始数据单元 D 的重建。
- **分区分布在多个节点上。***M* 个分部并不是集中在一个数据库中，而是分散在区块链点对点网络的多个节点上。这种分散提升了整个方案的安全性，因为在假定攻击者能准确找到正确节点的情况下，攻击者也至少需要破坏 *N* 个不同的节点才能实现其攻击目的。

图 6-5 所示为麻省理工学院开放算法在后端使用 Enigma 平台的流程示意图。实体 A 将其分部分散到区块链的节点 4a 上，实体 B 将其分部分散到节点 4b 上，而实体 C 将其分部分散到节点 4c 上。

- **通过组节点进行分布式计算。**当数据单元（分区）的所有者需要进行联合计算时，区块链上持有这些分区的节点就会以分布式的方式执行计算。

假定图 6-5 中的实体 A、B、C 为医院，它们分别拥有数据单元 D1、D2、D3（如癌症患者数据）。如果实体希望对这些数据进行联合计算，如计算 D1、D2 和 D3 的平均值，那么每个实体都必须通知其各自的节点，开始与其他节点联合开展多方计算。因此，在图 6-5 中，节点 4a、4b 和 4c 将就执行多方计算需要的相关分区进行交换。

值得注意的是，在图 6-5 中，“前端”仍然是开放算法配置，因为客户端的查询器甚至可能不知道数据已经被分片并分布在各节点上，甚至连计算都是在各节点上执行的。

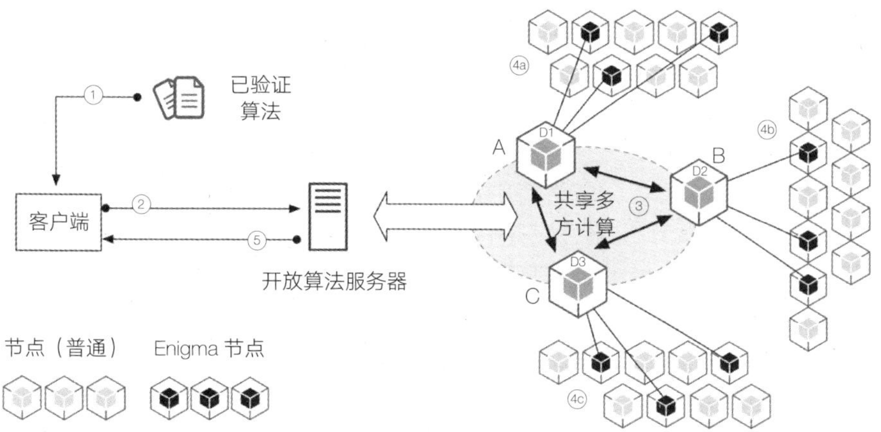

图 6-5　麻省理工学院开放算法在后端使用 Enigma 平台的流程示意图

基于硬件的安全飞地

在计算过程中，保护数据隐私的另外一种方法是使用一个特殊的硬件——黑匣子，以防止数据在硬件外部时被未经授权访问。硬件的作用是在应用程序处理数据时为其提供安全帮助。硬件辅助主要是通过在平台上建立一个安全飞地的处理器扩展，构建出一个受保护的执行环境。例如，受保护的执行环境可以是计算机内存中的一个区域，通过对该区域进行屏蔽，使其不受同一计算机上其他进程的干扰，也免遭外部实体的攻击。为防止未经授权的进程访问受保护的内存，硬件也会强制执行访问策略。这允许计算机在一定程度上进行自我保护，以保证其自身的完整性及受保护内存中数据的机密性。安全飞地硬件的示例包括来自英特尔公司的安全防护扩展[60]、ARM 公司的 TrustZone[61]，以及麻省理工学院的 Sanctum[62]。

本质上，安全飞地为双方在飞地之外提供了算法和数据的隐私保障。如果算法所有者或作者不希望数据提供商访问算法细节，例如用 R 语言等分析语言表示，这种方法就非常有吸引力。同样，数据提供者也可能不允许从其存储库导出数据，并将该数据提供给外部实体。那么，数据提供者就必须对目标安全飞地的数据进行加密，使得数据只能由其存储器内的安全飞地解密。一旦进入受保护的内存区，安全飞地就可以针对已解密数据实施解密后的算法[①]。

在开放算法环境中执行安全飞地的流程示意图如图 6-6 所示。查询方试图通过客户端在数据提供商持有的数据集上执行一个算法时，会像以前一样查询开放算法服务器（见步骤①和步骤②）。作为响应，在步骤③中，开放算法服务器将算法加载到安全飞地，如云端。如果算法需要保密，即算法包含专有信息，则开放算法服务器可以选择在将算法传递到安全飞地之前对算法进行加密。当数据提供者对目标安全飞地的相关数据进行加密后，再将加密的数据传递到该安全飞地。安全飞地在其受保护的内存中对该数据进行解密后，对解密数据（从步骤③开始）执行算法（见步骤⑤）。在步骤⑥中，开放算法服务器将安全飞地输出的计算结果提供给客户端。

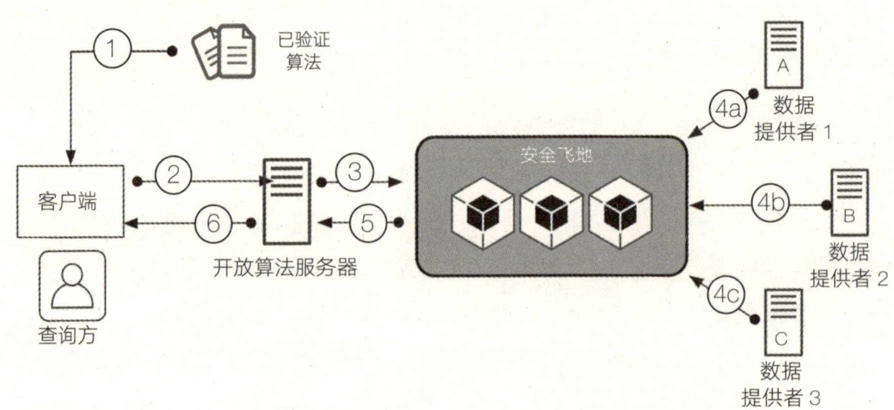

图 6-6　在开放算法环境中执行安全飞地的流程示意图

协同计算技术的典型案例

本部分将简要讨论一些关于上述协同计算技术的典型案例。

① 在完成同一功能前提下，解密后的算法的效率往往远高于针对加密数据的算法。——译者注

优化医院管理

考虑到前文提及的数据格式限制，采用隐私计算的方法，可以在不侵犯患者隐私的情况下，为优化医院管理、门诊治疗，以及疾病的发现提供重要的分析指导。因此，开放算法和机密计算未来极有可能为拥有大规模数据集的医院提供高价值的、综合的数据分析结论，甚至创造新的收入来源。

为验证这一概念，安全 AI 实验室与一家制药公司合作，在基于安全飞地的开放算法服务器的隐私保护框架下，在 4 家不同医院的人群中进行了微生物组的多组学关联研究[63]。这项研究由波士顿一家制药公司的首席研究员牵头，他提供了一个来自 4 家不同医院的粪便样本的基因组数据集。数据集中的每个患者都与基因组数据和以下三种疾病的诊断表型之一相关：克罗恩病、溃疡性结肠炎和非炎症性肠病。安全 AI 实验室对 4 家医院的分析结果进行了归一化分析，并通过主成分分析验证了其分布的相似性。一旦相似性得到证实，就可以通过威尔科克森符号秩检验（Wilcoxon Signed-Rank Test）明确哪些微生物更容易导致上述疾病。

主成分分析。4 家医院对基因组数据集均采用了差分隐私联邦学习的主成分分析，结果如图 6-7 所示。在进行适当的数据标准化处理后，在每家医院 4 个子安全飞地（基于硬件的安全飞地）内计算每个数据集的方差-协方差矩阵。从医院环境导出矩阵之前，添加差分隐私噪声，以进一步确保安全性。该噪声是从多元正态分布中采样的矩阵，其标准差根据数据规模进行了缩放。

医院的方差—协方差矩阵被收集在一个中心飞地中，在那里对它们进行求和，并在组合的方差—协方差矩阵上进行主成分分析。最后收集每个诊断的降维主成分。

在绘制了联邦和非联邦架构架构的三个主要组成部分后，我们注意到，无论怎样对机器学习进行设置（联邦架构与非联邦架构），得出的结论都具有高度的相似性。这就意味着，使用联邦架构或非联邦架构，既保证了主成分分析结果的准确性，又保证了数据的隐私性。这两个结果都暗示了一个强有力的结论：

数据既不存在技术偏见，也不存在生物学偏见。在确认了基于主成分分析的结果中的 4 个医院数据集之间没有偏差后，我们得出了这些数据集可以进行进一步分析的结论。

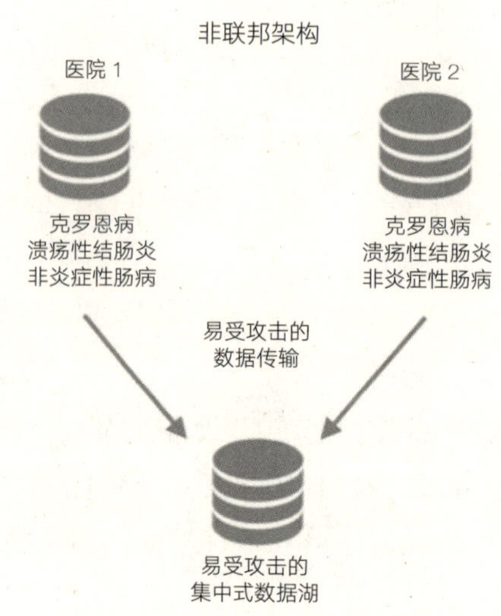

（a）使用非联邦架构的传统数据分析方法

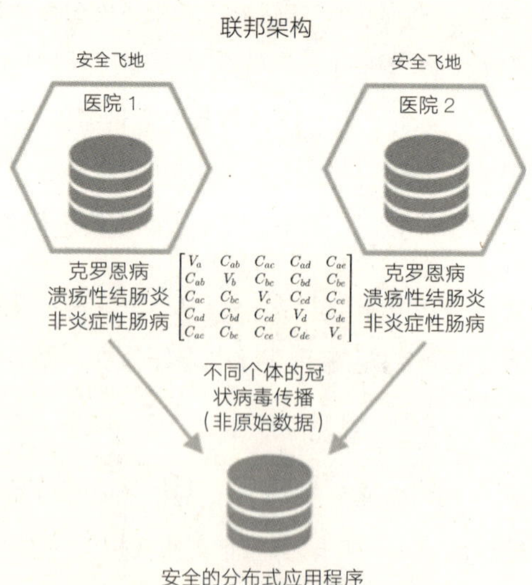

（b）使用联邦架构的开放算法框架

图 6-7 主成分分析

威尔科克森符号秩检验。该制药公司的研究人员还想了解哪些微生物对哪种特定疾病最重要。安全 AI 实验室的工作人员在普通环境和实验室环境中都进行了威尔科克森符号秩检验，他们得出的结论是，不但排名结果具有可比性（见图 6-8），而且超速惩罚也在合理的可接受范围内：是 10 分钟，而不是 3 分钟。

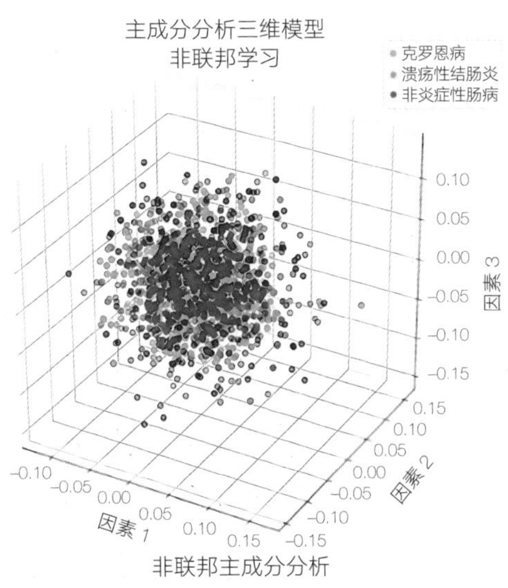

（a）传统主成分分析方法的结果

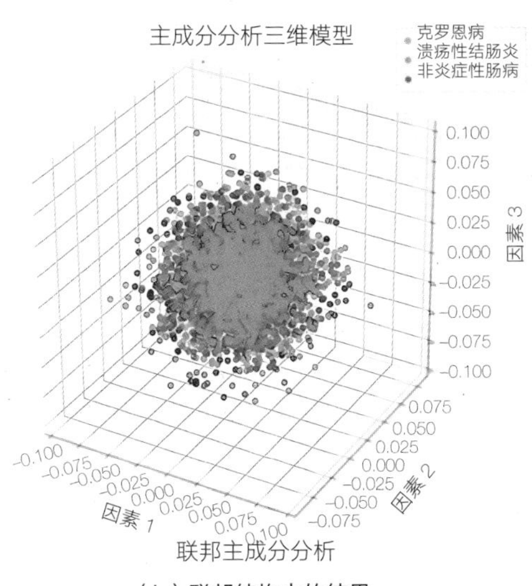

（b）联邦结构中的结果

图 6-8　两种结果具有相同的分布

最终，这一概念验证的结论是，安全 AI 实验室非常适合进行分布式数据评估（主成分分析）和分析（感兴趣的微生物的秩和）。这一扩展超出了微生物分析领域，延伸到了行为学、多组学、化学、表达数量性状位点（eQTL）和其他具有临床意义的制药领域。在这些领域中，及时获取更多数据，是开展更深层次研究的关键。由于受隐私、安全和合规性等方面的限制，垂直搜索、匿名化和传输中的数据可访问性挑战等可能需要占据项目时间的 20% ～ 30%[64]。安全 AI 实验室的愿景是，通过一个能在软件层面无缝实现隐私保护、安全保障和合规要求的平台，简化这一流程，并最终缩小书面合同、法律协议与平台上代码执行之间的差距。

表 6-1 将非联邦结果与联邦结果进行了对比，可以发现有些排名保持不变。

表 6-1 非联邦结果与联邦结果对比

非联邦结果					
服务商名称	模块名称	NonNull1	NonNull2	统计值	*P* 值
0 msp_0001	Core	8.0	13.0	−0.955 219	0.339 467
1 msp_0002	Core	2.0	8.0	−1.201 260	0.229 651
2 msp_0003	Core	28.0	32.0	0.506 555	0.612 467
3 msp_0004	Core	3.0	6.0	−0.571 684	0.567 536
4 msp_0005	Core	28.0	33.0	−0.738 123	0.460 439
5 msp_0006	Core	1.0	2.0	−0.151 967	0.879 213
联邦结果					
服务商名称	模块名称	Nnotnull1	Nnotnull2	统计值	*P* 值
0 msp_0001	Core	8	12	−0.723 650	0.469 280
1 msp_0002	Core	2	8	−1.186 787	0.235 312
2 msp_0003	Core	28	32	0.665 758	0.505 566
3 msp_0004	Core	3	5	−0.361 825	0.717 438
4 msp_0005	Core	28	33	−0.607 866	0.543 276
5 msp_0006	Core	1	2	−0.151 967	0.879 213
6 msp_0007	Core	28	30	1.345990	0.178306

优化基因组数据

基于基因组学的精准医疗始于 10 多年前。基因大数据在开展乳腺癌研究、建立癌症基因组图谱，以及改进筛查和诊断方面都有着广阔的前景。近年来，在基因型和表型大数据领域，许多先进机器学习和人工智能技术的研究工作取得了前瞻性的成果。利用大量的遗传和健康数据来训练人工智能模型，并用它们进行疾病、药物反应和人格特征等预测，将会对人类健康产生重大影响。

与此同时，DNA 测序在近几年变得越来越便宜，越来越完善，也越来越快速。随着越来越多的人因疾病诊断或单纯的好奇（如寻祖）等原因进行 DNA 测序，近年来，许多政府机构、非营利组织和商业公司都建立了各自的基因数据库。它们一方面觊觎这些数据的价值，另一方面又必须对这些数据进行保护。

随着大量的基因检测公司、医院和制药公司对个人遗传基因数据的价值贡献的兴趣日益浓厚，我们迫切需要构建一个基因和健康数据的市场来协调各相关方的利益。然而，高质量遗传和表型数据的可用性仍是制约精准医疗发展的瓶颈，而现有的数据库更像一个个无法扩展的孤岛。从不同的个人、医院、生物样本库或其他组织收集有用的数据是非常困难的，这不仅因为基因和医疗数据的复杂性，更因为数据中包含高度敏感的个人信息。在美国和欧盟相关法律法规的监管下，这些机构更难满足快速发展的人工智能模型训练的大量数据需求[65]。

为验证这一概念，安全 AI 实验室与一家顶级研究机构的生物信息学家合作，开展了一个将单核苷酸多态性与阿尔茨海默病的致病基因进行关联的实验，而开放数据共享是该实验在医疗保健领域发展的最大瓶颈之一。在一个有着超过 148 种无效药物的诊断中，有很大机会通过共享数据来进行学习。为解决这一问题，安全 AI 实验室设计了一种通过使用差分机器学习来保护数据和算法的系统。

线性回归。基于单核苷酸多态性样本，可以使用简单的线性回归来预测基因表达。因此，安全 AI 实验室使用 TensorFlow 工具，实现了基于差分隐私的简单线性回归分析，并将结果与公开结果进行了对比。

实验的第一部分包括模拟单核苷酸多态性和基因表达，以了解差分隐私在简单线性回归下的表现形式。为此，我们从 0、1、2 三个数字中随机抽样，得到了一个随机矩阵[①]，以关联基因表达，其背后的数学原理可以通过 DataLoader 函数了解到。

项目使用的差分隐私优化器设置了梯度裁剪和噪声倍增参数。前者用于避免每次迭代时添加的噪声可能导致的梯度发散，后者是添加到梯度上的高斯噪声量。

无论数据集的规模如何，每次实验后得到的隐私预算都是保持不变的。这是因为隐私预算只取决于噪声乘子和迭代次数，而这两个因素在实验中是恒定不变的。

为了确保模型的正确性，实验使用了 sklearn 库拟合多个线性回归，并比较了使用 sklearn 库和 TensorFlow 工具分别得到的 R^2。首先，我们设置相关参数，即迭代次数及可以保证鲁棒的线性回归的学习速率。在本实验中，分别将其设置为 700 和 0.025。接下来，我们将设置相同参数的差分隐私线性回归模型，并进行鲁棒性检验。

差分隐私。表 6-2 显示了在使用差分隐私或不使用差分隐私技术时 R^2 的计算结果。ε 列表示得到的隐私预算。Non-DP R^2（高于 0.98）的行显示为粗体。由此可见，加入了差分隐私的模型能非常好地保持非差分隐私模型所达到的精度水平。例如，在显示为“17”的行中，R^2 约为 0.99，而差分隐私的 R^2 约为 0.95，后者的模型仍然是可接受的。

此外，有趣的是，我们在对非差分隐私指标和差分隐私指标进行对比时，发现无论在何种精度水平下，都不存在任何异常值。即使在显示为“1 ～ 12”的行中，不执行差分隐私的不准确模型仍然与执行差分隐私的模型（如显示为“10”的行）方式一致。总之，非差分隐私精确模型与差分隐私模型之间的精度水平是保持不变的。

① 矩阵中的每一个元素都是 0、1 或 2。——译者注

表 6-2　不同规模数据集试验结果

行	N	P	R^2	带差分隐私的 R^2	调整后的 R^2	调整后带差分隐私的 R^2	ε
0	100	10	−0.064 6056	−0.048 516 8	−2.485 39	−2.491 76	1 678.16
1	10 000	10	−0.267 697	−0.349 098	−0.959 825	−0.853 831	1 678.16
2	100	10	−0.295 457	−0.275 067	−1.738 12	−1.773 01	1 678.16
3	1 000	10	0.045 8412	0.049 566 8	−0.050 419 6	−0.050 045 4	1 678.16
4	9 000	50	0.184 25	0.163 755	0.006 011 31	−0.001 327 26	1 678.16
5	8 000	50	0.148 088	0.139 863	−0.008 826 83	−0.011 269 8	1 678.16
6	1 000	50	0.196 575	0.201 879	−0.265 586	−0.262 803	1 678.16
7	6 000	50	0.263 374	0.235 547	0.028 797 9	0.014 309 1	1 678.16
8	2 000	50	0.287 974	0.255 239	−0.040 002 9	−0.060 168 7	1 678.16
9	7 000	50	0.180 181	0.145 559	−0.002 846 24	−0.014 535 7	1 678.16
10	3 000	50	0.055 7282	0.004 573 17	−0.089 028 8	−0.092 398 6	1 678.16
11	5 000	50	0.196 79	0.154 595	−0.014 207 4	−0.029 850 4	1 678.16
12	4 000	50	0.129 962	0.110 302	−0.047 031 2	−0.052 061 9	1 678.16
13	2 000	100	0.999 979	0.937 276	0.999 942	0.835 699	1 678.16
14	5 000	100	0.984 944	0.921 579	0.966 963	0.833 413	1 678.16
15	1 000	100	0.987 018	0.908 197	0.947 883	0.646 069	1 678.16
16	1 000	200	0.989 929	0.928 192	0.959 082	0.717 311	1 678.16
17	2 000	200	0.993 989	0.949 445	0.984 135	0.869 552	1 678.16
18	5 000	200	0.984 925	0.940 317	0.966 723	0.871 213	1 678.16
19	10 000	200	0.997 443	0.941 439	0.990 374	0.785 694	1 678.16
20	10 000	300	0.995 602	0.923 871	0.988 088	0.801 229	1 678.16
21	10 000	400	0.986 459	0.933 809	0.970 206	0.858 222	1 678.16
22	10 000	1,000	0.953 615	0.884 144	0.831 262	0.593 529	1 678.16
23	10 000	1,500	0.988 21	0.921 476	0.970 204	0.797 798	1 678.16
24	10 000	2,000	0.998 812	0.941 151	0.997 369	0.873 415	1 678.16
25	10 000	5,500	0.871 685	0.812 581	0.509 662	0.306 422	1 678.16
26	10 000	6,000	0.913 386	0.807 328	0.775 507	0.528 297	1 678.16

分子库

分子库是开放算法架构的又一突破性扩展。随着制药公司的不断扩张和新药的研发，研发部门产生了许多具有明确特性的分子。然而，这些分子中的绝大多数将永远不会被利用。同时，制药公司也很难利用这些分子库，因为它们无法在不披露分子结构和原始数据的情况下，证明这些分子的价值。在分子库的开放算法沙箱盲盒中使用开放式试验链体系架构进行协同学习，将助力药物研发取得更具突破性的创新。

传统随机临床试验的目的是验证药物在大多数患者中的安全性、使用剂量和疗效。然而，“大多数患者”这个模糊的标准已经被证实对于治疗窗口期较窄的新药来说，会存在更多问题。因为来自这一群体的信号与统计学上的噪声无法区分。

将开放算法纳入审批流程，将综合不同的临床试验结果，并增强来自这些少数群体的信号，从而得到更加具体和全面的疗效分析结果。这样不但可以防止药品上市后出现严重的不良反应，而且有助于提高药物疗效。例如，在跨多个临床试验的相似组上进行开放算法查询，不仅能检测到种族特性，还能在精准医疗中突显基因特性。

《健康保险携带和责任法案》（*Health Insurance Portability and Accountability Act*）和《通用数据保护条例》等法规可能会让数据分析涉及很多隐私风险。然而，开发算法架构通过将分析转移到数据库中，从根本上改变了原有的计算范式。开放算法架构不仅解决了当前的监管问题，还可能带来数字世界中针对更高细粒度和更高敏感度数据隐私监管方面的革新。

BUILDING THE NEW ECONOMY

章末总结

医疗信息技术中的隐私挑战与解决方案

本章分析了医疗信息技术中所面临的数据隐私方面的挑战以及可能的应对策略和解决方案。随着数据对社会发展的驱动作用日益突出，卫生倡议和计划（如精准医疗计划）需要访问的数据也更多、更详尽。

我们认为，开放算法等范式为解决隐私问题提供了一个极具可行性的框架。开放算法范式是我们提出的以隐私为中心的数据架构的核心，该架构侧重于通过系统的设计来得出分析结论。这与目前盛行的简单导出数据或跨机构间进行数据复制的模式截然不同。对于开放算法而言，同意执行算法也同样重要，这也与当前广泛应用的“同意复制数据即被视为同意执行”的做法完全不同。

当前，如果想在社区中广泛采用“排查病毒密接人员”的手段来减少病毒的传播，那么诸如隐私等问题就必须得到妥善处理。

BUILDING
THE
NEW
ECONOMY

第7章

狭义银行和法定代币，重塑银行业

本章描述了法定数字货币（FBDC）的概念，并将其与狭义银行的概念相结合，提出了一种方法，即通过建立专门的狭义银行来提高法定数字货币的可接受性和流通性，将其使用群体从一小部分初始发起人扩展到更广泛（但仍然有限）的潜在用户群体，如中小企业和个人。**这个想法是应用分布式账本技术，让旧的狭义银行概念焕发新的生机，并将狭义银行作为数字生态系统的核心。**经过适当设计后，狭义银行可被用于包括发行法定数字货币在内的多种项目。虽然前面已经详细描述了狭义银行的概念，但此处仍需强调这类银行的资产和负债几乎完美匹配，因此它不受市场和流动性风险的影响。总的来说，狭义银行的资产只有中央银行的现金或短期政府债券，而其负债包括存款和股权。过去，资产仅仅指黄金，到后来衍变为黄金和纸币的组合；现在，资产主要指的是中央银行存款的电子余额。

虽然狭义银行这个概念并不新鲜，但目前我们都不能肯定是否曾经建立过真正意义上的狭义银行。目前，几乎所有银行本质上都采用部分准备金制度，并通过维持长期资产和短期负债进行期限转换，从而使自身面临潜在的挤兑、违约等风险。

我们赞同亚里士多德的观点，即“按照惯例，货币作为一种需要或需求的替代品而被引入社会，这就是我们称其为货币的原因。因为它的价值并非来源于自然，而是来源于法律，是可以被随意改变或废除的”[1]。鉴于此，我们希望法定数字货币能够符合所有可适用法律的要求，包括客户身份识别制度和反洗钱法规的要求。如今，一个无须中央授权即可运行的分布式账本系统已经为人们所熟知。中本聪[2]在他具有开创性意义的白皮书中首次描述了比特币，比特币的出现激发了1000多种加密货币的诞生，这些货币都有着不同程度的创新性和实用性（如果有的话）。

这些货币被创造出来后，会变成本地代币，并留在区块链上，因而受控于共识机制——这类共识机制是由维护和操作该分布式账本的代理商来确定的。到目前为止，我们尝试过将现实世界的资产（首先是法定货币）通过适当的方式纳入区块链，但都没有成功[3]。如果我们不能找到令人满意的方案来解决这个关键问题，区块链就不可能成为主流支付基础设施的一部分。

我们认为，集团类发起人（如大型银行）在通过预先审查并能够满足客户身份识别制度和反洗钱法规要求的前提下，中央银行可以协助其将法定货币数字化，并同意将部分参与银行的准备金以1:1的比例转换为数字代币。这是伦敦软件公司 Clearmatics 所采用的方法[4]。但是，对更大的潜在用户群体，如作为最初发起者的银行集团成员、一些非银行金融机构，以及中小企业和可能的个人来说，中央银行的直接参与反而会带来问题。

本书提出了一个解决方案，即建立专门的狭义银行，其业务操作尽可能精简和安全，以控制运营风险。狭义银行将保留用户提交的法定货币，并以发行数字代币作为反馈。这些代币将利用分布式账本机制，快速和有效地在用户群体中流通，从而创建可随意转换为法定货币的原生代币。需要强调的是，在这一过程中，运营风险始终存在，它不仅存在于我们打算建立的这套体系中，还存在于普通现金和银行存款体系，以及其他所有可能的体系中。

本章作者：亚历山大·利普顿
托马斯·哈德乔诺
阿莱克斯·彭特兰

分布式账本和加密货币

数十年来，人们很少甚至从未关注支撑金融生态系统内部运作的基础设施，因此，该部分基础设施远远落后于市场的实际需求。这一问题之所以在全球金融危机期间尤为突出，是因为金融危机给基础交易设施带来了巨大压力，将其推向了崩溃的边缘。目前，金融基础设施集中在各银行维护的私有集中账本上，这些账本通过中央银行的账本进行协调，详见 B. 诺曼（B. Norman）、R. 肖（R. Shaw）和 G. 斯佩特（G. Speight）[5] 等人的文章。

尽管几个世纪以来，支撑金融生态系统内部运作的传统金融基础设施体系都很好地服务于金融行业，但其一直饱受国内外交易问题的困扰。在目前的框架下，即使是简单的现金转账也运转得非常缓慢，更不用说证券交易了，并且，该系统在某些情况下还存在一定的风险。

图 7-1 展示了典型的境内银行交易，交易方为爱丽丝和鲍勃，他们各自在本国两家银行持有账户。图 7-2 展示了典型的跨境交易，交易方为爱丽丝和鲍勃，他们各自在不同国家的两家银行持有账户。

幸好，与加密货币、分布式账本等概念相关的技术跃进吸引了关键决策者和技术专家的注意力，他们更加关注金融行业基础设施转型的迫切需求。与此同时，他们还指出了如何实现这种改革。

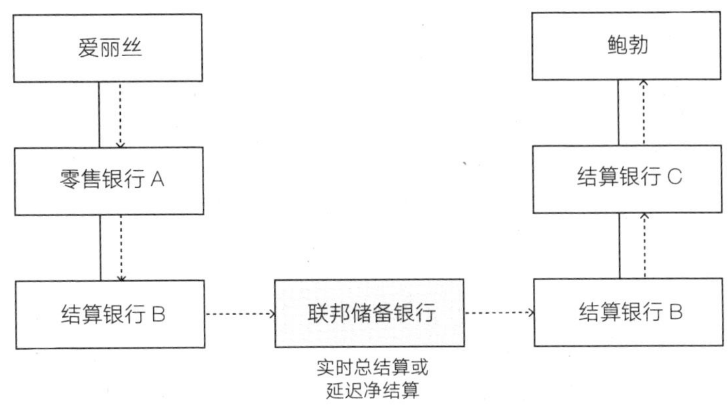

图 7-1　典型的境内银行交易

注：爱丽丝和鲍勃之间的交易草图，爱丽丝给鲍勃转了 100 美元。

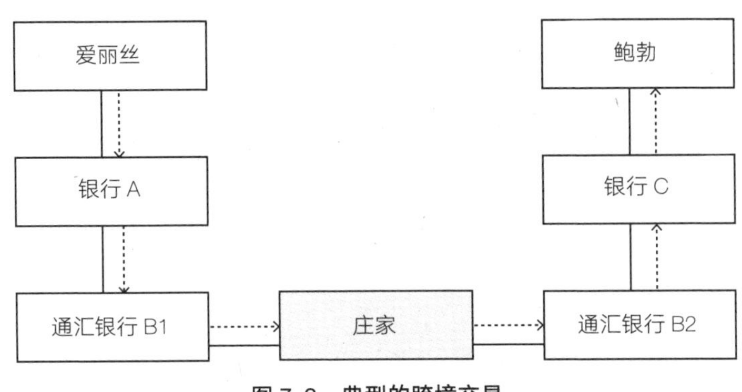

图 7-2　典型的跨境交易

注：爱丽丝和鲍勃之间的交易草图，爱丽丝给鲍勃转了 100 英镑。

分布式账本的设计

公共账本和私有账本。分布式账本可以通过多种方式来设计。首先，关键的问题在于是否需要分布式账本。如果答案是肯定的，那么还需要回答另外两个问题：（1）分布式账本应该是免许可账本还是许可账本，或者说应该是公共账本的还是私有账本？（2）由什么主体，通过什么机制来维护它的完整性？我们认为，记录法定数字货币的账本应该是一个半许可账本，这样一来，任何人都能够参与其相关业务，而狭义银行至少应该知道哪些参与者将法定货币兑换为代币，或者将代币兑换为法定货币。在此期间，也许参与者可以保持匿名，但其匿名程度还有待讨论。很明显，对其他用户而言，参与者的身份必须是保密的。但是，在有限且明确的条件下，执法机构有权揭露参与者的真实身份。

共识机制。鉴于利益分配不一致的参与者都参与了分布式生态系统，因此必须设计一种机制来帮助他们达成共识。有人已经讨论过，这种机制必须能够容忍有意或无意的拜占庭错误[6,7]。迄今为止，最成功且实际实施过的共识机制，就是基于竞争性的工作量证明共识机制[8]。然而，就其本质而言，这种机制需要消耗大量能源，不适合大规模应用。因此必须考虑其他解决方案，包括权益证明、烧毁证明、年龄证明和随机选择验证器等[9,10]。

对于大型的应用，我们更倾向于使用验证器或指派公证员，运行完整的节点，并按照多数投票的方式验证交易，瑞波协议中就是如此[11]。

比特币体系的背景

分布式账本技术吸引了业界和公众的广泛关注。比特币的成功表明，在现实生活中，没有中央权限的分布式账本也可以以一种连贯、拜占庭容错机制的方式运行。虽然从技术角度来看，比特币所采用的技术方式令人印象深刻，但其原始形态并不适合高级融资业务。原因很简单，因为该系统是匿名的，无法满足客户身份识别制度和反洗钱法规的要求，但它们至关重要。并且，该技术方式在设计上缺乏扩展性，是因为它仅能支撑每秒处理不超过 7 笔的交易，并且会消耗大量电力。

此外，比特币的波动性非常强，这使得它无法用于交易，用于借贷则更不可行。一些观察家甚至认为，比特币存在的主要目的是为非法活动提供便利[12]。此外，从结构上看，比特币是一种原生代币，存在于分布式账本上，而法定货币和其他金融资产并不存在于分布式账本上，因此比特币无法解决交货与付款的问题。

虽然从理论上讲，将比特币从一个公钥地址转移到下一个地址是很容易的，但根本不可能确保货币、商品和服务能在相反的方向上移动①。由于没有合适的法律来规范这些行为，所以整个系统在运行过程中容易出现各种不法行为。图 7–3 展示了爱丽丝和鲍勃之间的典型交易，他们各自都拥有能通过公钥识别的比特币匿名账户[13]。

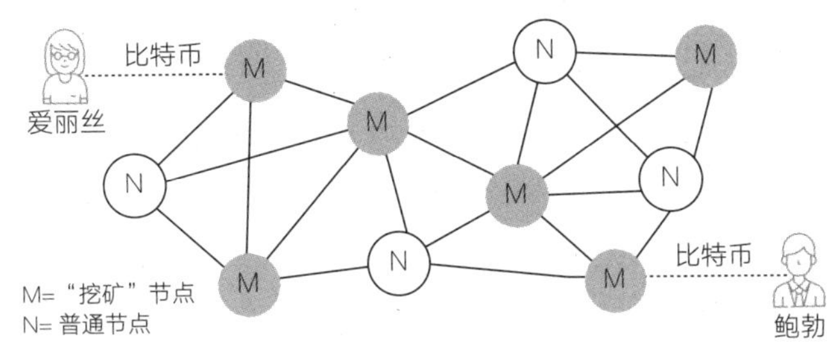

图 7–3　爱丽丝和鲍勃之间的典型交易

注：爱丽丝向鲍勃转移了一个比特币。

法定数字货币体系

尽管比特币有缺点，但比特币体系可以作为原型，用于构建更适合银行间交易和实现其他金融目的的分布式账本。在实现这一目的之前，需要解决以下几个问题：

- 为了满足客户身份识别制度的要求，账本如果不是完全私有的，那么必须至少是半私有的。
- 为了满足反洗钱法规的要求，必须在隐私和问责制之间取得适当的平衡。

① 作者的意思是无法保障比特币的转移能够达到其目的，其目的就是获得现金、商品或服务。——译者注

- 需要设计一种强效的方法来维护账本的共识机制，这种方法能够支撑每秒处理数百笔甚至数千笔交易。
- 最重要的是，必须找到一种合适的方法来解决交货与付款的问题[14]。

负责账本完整性的验证器或公证员需要提前备案并得到授权，并应该得到一小笔服务费用，该费用可以从他们批准的交易金额中按一定比例来支付。这种服务费用必须以法定数字货币计价，这样一来，验证器或公证员就更愿意主动维护这个金融生态系统的完整性了。为了确保我们所提倡的体系具有拜占庭容错机制，验证器或公证员必须创建自己的账本版本，并将其提交给其他验证器，然后进行几轮投票，直到获得 2/3 的多数票为止。在这方面，我们所采用的方法有点类似于瑞波协议中采用的方法[15]，并且可以被视为著名的拜占庭容错算法的变体。

为了能够更加高效、便捷地处理交易，每个公证员都会被分配到所有地址的特定子集。在此体系中，法定数量的验证器或公证员将验证账本中的相应子集，并基于这些经过了验证的部分重新构建完整的账本。

下面介绍在分布式账本中注入新币的唯一机制。参与者必须在狭义银行或者某个商业银行持有传统的法定账户，并通过该账户将想要的法定货币数额转移到狭义银行。狭义银行依次发出法定数字货币，并将法定数字货币从其公钥地址转移到参与者提供的公钥地址。因此，参与者实际上是狭义银行的股东，而不是存款人。相反，当账本中的参与者想要将其持有的法定数字货币兑换成法定的其他货币时，他们会将法定数字货币从自己的公钥地址转移到银行的公钥地址，这样一来，法定的其他货币就会按 1:1 的比例存入参与者自己的账本账户或另一家银行的指定账户。一旦法定数字货币诞生，它就开始了从一个地址（由公钥表示）到下一个地址的旅程。在这种体系中，由公证员维护分布式账本的完整性。

在另一种体系中，数字货币实际上是有编号的，这些编号由狭义银行在 D. 乔姆、A. 菲亚特（A. Fiat）和 M. 纳奥（M. Naor）[16]引入的盲签名框架中维护，而狭义银行并不知道参与者持有的数字货币对应的编号。每次转手一个币时，新的持有者就会把它的编号送去狭义银行进行检查，狭义银行会将这个编号与它保存的旧币清单进行比较。如果这个币没有被交易过，那么它的信息将会被抹掉，一个带有新的随机编号的币会被发给指定的所有者。如果这个币已经被花掉了，那么交易将被终止。为了防止伪造和欺诈，这些编号自然由狭义银行使用其密钥进行盲签名。

图 7-4 展示了爱丽丝和鲍勃之间的一笔典型交易，他们拥有各自的法定数字货币账户。这里需要强调的是，法定数字货币是数字交易币的特殊存在，后者是基于麻省理工学院目前正在开发的实物商品资产池创造的[17,18]。

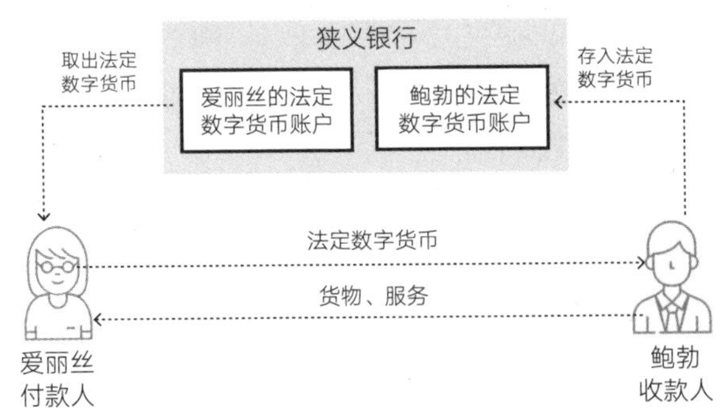

图 7-4　爱丽丝和鲍勃之间的一笔典型交易

注：爱丽丝向鲍勃发送了 100 个单位的法定数字货币。

狭义银行的时代

狭义银行的发展史

现代银行起源于中世纪的鼎盛时期，在文艺复兴时期和现代早期蓬勃发展，其运营形式主要采用部分准备金制度。从一开始，部分准备金制度下的银行就很容易倒闭。例如，在佛罗伦萨，巴尔迪、佩鲁齐、美第奇等银行都倒闭了。

富有远见的金融改革者和监管者几百年来都在追逐狭义银行的理念[21,22]，并且时不时地尝试建立狭义银行。例如，在1361年，威尼斯参议院禁止银行出借储户的钱，从而导致威尼斯的银行业务规模缩小。然而，这项禁令被系统规避了，随之而来的是相关银行倒闭。倒闭的银行中最大的是皮萨诺和提埃波罗银行，它于1584年倒闭，后来转变为国有银行，但在1619年再次发生违约。1609年，阿姆斯特丹银行被特许成为狭义银行，但不久之后，阿姆斯特丹银行开始秘密借出其准备金，它后来于1791年倒闭并被市政府接管。

最终，追求自身利益的银行的业务范围变得比文艺复兴时期、现代早期或现今运行的银行要狭窄得多。在19世纪，英国和美国的商业银行遵循真实票据原则，主要提供短期贷款服务。银行贷款主要被用于融资的短期营运资本和提供商业贷款，期限一般为2～3个月，以借款人的个人财富或在途货物作为抵押[23,24]。

然而，到了20世纪，受到1913年美国联邦储备银行创立的鼓舞，商业银行逐渐偏离了真实票据原则，开始提供长期贷款服务，为一些借款人建立循环信贷额度，并开始过度强调“期限转换”能力，而忽略了银行应有的审慎性。令人沮丧的是，在1929年的大萧条期间，银行显然无法成功履行其义务，这一情况促使业界想要建立狭义银行。

在英国，F. 索迪（F. Soddy）提倡建立狭义银行[25]。在美国，一群有影响力的经济学家提出了一项计划，呼吁废除部分准备金银行，详见F. 奈特（F. Knight）等人[26]、A. G. 哈特（A. G. Hart）[27]、P. 道格拉斯（P. Douglas）等人[28]和欧文·费舍尔[29]的文章。根据R. J. 菲利普斯（R. J. Phillips）[30]的总结，他们的核心建议如下：

- 美国联邦储备银行应该完全归政府所有。
- 成员银行的存款应完全得到保障。
- 存款人的付款要求应通过发行联邦储备券作为法定货币来满足。

- 应该暂停金本位制度。
- 所有成员银行的资产应进行清算，并解散所有现有银行。
- 新的狭义银行只接受活期存款，现金和在美联储的存款必须达到 100% 的准备金要求。
- 应该设立处理储蓄存款的投资信托基金。
- 现有的银行机构应在美联储的监督下运作，直至解散并创建新银行为止。

到了 20 世纪 40 年代，在部分准备金银行的巨大政治压力下，那些试图将部分准备金银行转换为狭义银行的做法遭到了否决，但这一想法始终没有被遗忘。经过 20 世纪八九十年代的储贷危机之后，该想法又得到了很多人的支持[31-40]。

果然，在 2008 年爆发全球金融危机之后，将部分准备金银行转换为狭义银行的想法再次变得非常受欢迎[41-52]。

永远不会违约的银行

狭义银行的主要特征是其资产组合仅包括可销售的低风险证券和超过其存款基数的中央银行现金，所以这类银行只会受到运营故障的影响①。使用最先进的技术，可以将这种影响最小化（但无法消除），从而在最大程度上为用户提供安全的支付系统。相应地，狭义银行的存款等价于货币，它也不需要采用可能对整个系统造成负面影响的存款保险制度，相关的道德风险就更不存在了。

很明显，保持法定货币和数字代币之间 1∶1 等价的唯一方法，是在第三方

① 狭义银行采用完全准备金制度，要求不低于 100% 的存款准备金（狭义银行在中央银行的存款）。在这种模式下，狭义银行将其所有存款转存入中央银行，而不能发放贷款。因此，从金融的角度看，在狭义银行的存款是完全没有风险的。——译者注

托管账户中保留足够的法定货币。但是，除非这家银行是专门设立的，或者我们可以直接在中央银行开户，再将这些钱存入中央银行的账户，否则我们无法既把所需金额存入银行，又指望它随时都是安全的。事实上，储户可以视为银行的初级无担保债权人，因此，如果银行违约，储户无法指望自己的存款完好无损。即使这些存款的很大一部分可以收回，但这笔钱也要等到破产问题解决后才能拿到，而这一过程可能会耗费很长时间。与此同时，中央银行虽然乐于接纳持牌银行机构，以及少数经过精挑细选并值得信任的非银行金融机构（如中央清算对手方），但不能也不会允许更多公司或个人开户，尤其不允许匿名开户。原因有很多，比如无法满足客户身份识别制度和反洗钱法规的要求，以及一些潜在的政治问题。

因此，我们需要建立一个不会违约的银行，至少不会因为市场和流动性风险违约。同时，我们需要认清这样一个事实，那就是无论付出多少努力，都不可能建立一个完全不受运营风险影响的银行，即使通过适当的设计可以将这些风险降低到可接受的程度。

狭义银行的种类

彭纳齐总结了以下几种狭义银行的设计方法[53]：

- **100% 准备金制银行。**100% 准备金制银行的资产为存在中央银行的准备金和货币，其负债是活期存款和股东权益。根据不同情况，这些存款可以是无息存款、付息存款或计息存款。如果中央银行支付的利率为负，则可能需要引入后面的设计方法。100% 准备金制银行的资金来自存款、债务和股东权益。

- **国库货币市场共同基金。**国库货币市场共同基金的资产为短期国债或以短期国债作为抵押的回购协议，其负债是对资产具有一定比例要求权的可索取股本。国库货币市场共同基金仅通过股权融资。

- **优质货币市场共同基金。**优质货币市场共同基金的资产为短期联邦机构证券、短期银行存单、银行承兑汇票、高评级商业票据，以及低风险抵押品支持的回购协议，其负债为对资产具有一定比例要求权的即期股票。和以前一样，优质货币市场共同基金仅通过股权融资。

- **抵押型活期存款银行。**抵押型活期存款银行的资产为具备低信用风险和低利率风险的货币市场工具，且被完全（或者超额）抵押，其负债为对抵押品具有担保债权的活期存款。

- **公共事业银行。**公共事业银行与抵押型活期存款银行类似，二者的区别在于抵押品除了货币市场工具外，还可以包括零售贷款。撇开银行业务固有的运营风险不谈，狭义银行的可靠性从完全稳定的 100% 准备金制银行演变为在最理想的情况下稳定的公共事业银行。

部分准备金银行的资产负债表与狭义银行的资产负债表之间的差异如图 7-5 所示。

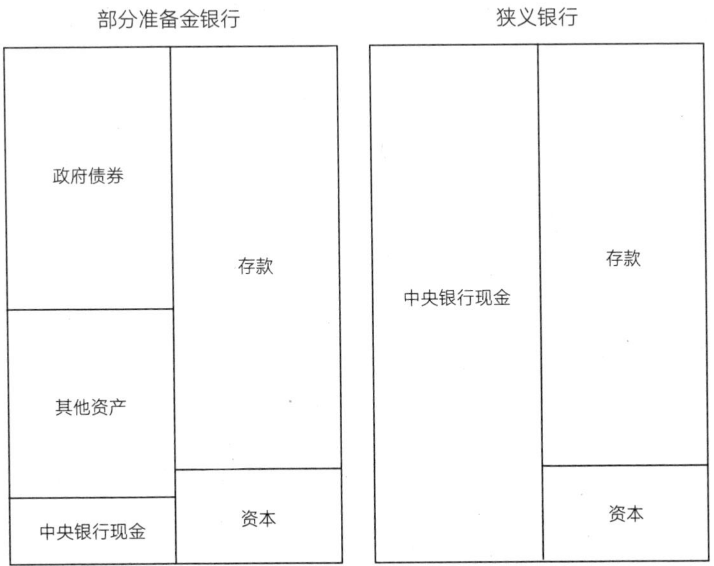

图 7-5　部分准备金银行和狭义银行资产负债表的差异

开展狭义银行的业务

从市场角度来看，经营一家狭义银行相对容易，所需的资本也相对较少。根据现行巴塞尔协议（*Basel rules*），其规模仅由杠杆决定。因此，它理应具备坚不可摧的安全性和可靠性。这些安全性和可靠性的需求可以通过审慎地构建相应的账本软件和硬件来满足。当然，除了运营以外，狭义银行还必须满足客户身份识别制度和反洗钱法规的要求。很明显，要有效地完成这项任务，必须充分利用人工智能、机器学习和大数据分析技术。在这方面，麻省理工学院目前正在开发的一种新的技术框架具有很强的发展潜力。该框架名为 Trust::Data，是一种基于身份和数据共享的新框架，详见阿莱克斯·彭特兰等人的文章[54]。

狭义银行的盈利能力较差这一问题是长期存在的。部分准备金银行主要是通过获取净息差，即向借款人收取的利息与向储户支付的利息之间的差额来维持生计，而狭义银行似乎被剥夺了这一最重要的收入来源。从某种程度上来说的确如此，因为在当前的经济环境下，包括美联储在内的一些中央银行确实为超额存款支付了大量利息。狭义银行可以通过证券赚取利息，并收取合理的交易服务费用。虽然它们的营业利润率肯定很低（按照 2020 年的标准），但它们的资本要求、运营成本（因为有高效的基础设施）和监管负担也很低。因此，狭义银行可以产生极具竞争力的股本回报率，这一回报率与部分准备金银行产生的回报相比是非常可观的。

弗里德曼的这段话抓住了问题的本质：“我的观点只在一个方面与最初的‘芝加哥计划’有所不同，但我认为这一点非常重要：我主张对 100% 准备金支付利息，这一举措不仅将提高 100% 准备金制度带来的经济效益，而且还能够让 100% 准备金制银行更加愿意遵守规则，并逐步转型为狭义银行，而此前 100% 准备金制银行系统性地规避这些规则正是最让人头疼的问题。如何确定利率是另一个让我最不确定的问题，而我以前对它的关注度远远不够[55]。”

如果不同司法管辖区的狭义银行组成姊妹银行网络，它们就可以通过外汇交易赚取大量合理的交易费用。原则上，狭义银行可以隶属于无保险资金的贷款机构，也就是所谓的贷款分支机构。因此，贷款机构可以自行其是，由市场力量监管。

很明显，要全面开展狭义银行业务，金融生态系统就要进行大规模的转型。但是，在转型之前，应该详细分析此类转型所涉及的众多细微的利弊问题。虽然下文列出了一些利弊，但我们目前只想引入一个能与部分准备金银行共存的狭义银行，并没有雄心壮志要让狭义银行完全取代部分准备金银行。打个比方——狭义银行与部分准备金银行可以像电动汽车与传统汽油动力汽车那样共存。虽然从长远来看，电动汽车可能会取代汽油动力汽车，但短期内它们是可以和平共存的。为了避免有关银行体系从部分准备金制度向狭义体系转型的学术争论，我们主张根据实际需要来创建狭义银行，以实现我们的明确目标。我们预计，部分准备金银行和狭义银行将在很长一段时间内共存。

狭义银行的利与弊

很多著名经济学家都提倡建立狭义银行，因为它的好处不言而喻。

首先，在资产构成方面，与部分准备金银行不同，狭义银行的资产和负债完全一致，因此存款保险、贴现窗口贷款、严格监管和资产负债表控制等传统稳定机制对它来说根本没有必要，而没有这些机制，部分准备金银行就不可能存在。需要强调的是，狭义银行也需要其他类型的监管，因为狭义银行与其他组织一样，也面临运营风险，特别是来自电子攻击的风险。

其次，由于贷款是由非银行机构在没有保险的基础上发放的，因此政府对银行贷款和其他活动的干预即使不能完全消除，也可以大大减少。

最后，存款保险业务的规模会缩小，并最终逐步消失。

狭义银行并非没有批判者。一些经济学家认为，狭义银行并不是能够消除金融行业不稳定性的灵丹妙药，因为贷款分支机构也会面临与部分准备金银行相同的问题。虽然这一观点从某种程度上来说是正确的，但很明显，狭义银行可以作为基石支撑稳定可靠的支付系统，即使在最极端的条件下也能独立运作。

这样一来，整个金融生态系统的压力将明显低于部分准备金银行体系。为了吸引投资者，贷款分支机构必须保持自己强大的资本缓冲能力，并寻找长期融资的机会。尽管如此，这些措施本身可能并不足以在所有情况下确保金融系统的稳定性，因此，中央银行仍应该以最终贷款人的角色存在于该体系中。此类银行将向未投保的贷方，包括狭义银行的附属机构，提供所需的流动性，来应对流动性差但可靠的抵押品，从而避免系统性的信贷崩溃。相比之下，目前金融当局通过存款保险、贴现窗口和隐性政府担保来支持私人银行。

具体而言，W. 迈尔斯（W. Miles）认为，存款和贷款的分离会导致代理成本的升高和贷款供应的稳定性降低[56]。但这种情况不太可能会发生，因为在没有储户提供缓冲的情况下，为了生存下来，贷方（银行）需要进行更加高效地运作。B. 博松（B. Bossone）强调，狭义银行给金融系统稳定性带来的好处，远不及它造成的负面影响，例如，切断银行资金与经济活动的联系，以及其造成的“市场不完整性”[57]。他认为，断联及不完整将由金融企业来弥补，但这些金融企业的运作与部分准备金银行的运作一样具有风险，因此金融生态系统的整体稳定性并不会得到改善。从我们的角度来看，最有趣的是，B. 博松并不反对自愿创建狭义银行，也不反对在现有的银行控股公司中分离出狭义银行子公司[58]。

另外，在金融不稳定时期，部分准备金银行向狭义银行转型也会带来一定的风险。幸好这种风险并不会那么严重，是因为狭义银行可以吸收的实际流动资金数量受其资本规模的限制。

作为金融生态系统一部分的狭义银行

银行行为的现有趋势

在全球金融危机加剧的过程中，银行试图通过在降低资本比率的同时，选择风险逐渐增加的资产组合，尽可能地保持杠杆率。然而，在2008年以后，银行的行为又发生了巨大的转变。美联储的资产与负债分别如图7–6和图7–7所示。对比这些数据可以看出，全球金融危机后，银行业的资产负债结构发生了巨大的变化。在这一变化中，最引人注目的方面之一是商业银行在美联储的超额存款准备金急剧增加。在这个过程中，我们观察到了一些有趣但又令人困惑的发展。在全球金融危机爆发前，美联储以狭义银行的形式运行，商业银行以部分准备金银行的形式运行，在危机之后，情况发生了逆转，虽然并没有完全逆转。这一事实表明，银行还是更愿意保持足够的现金缓冲能力，一部分原因是它们在保持高流动性方面投入了额外保费，另一部分原因是缺乏贷款需求，而美联储对超额准备金支付的诱人利率显然也起了一定作用。

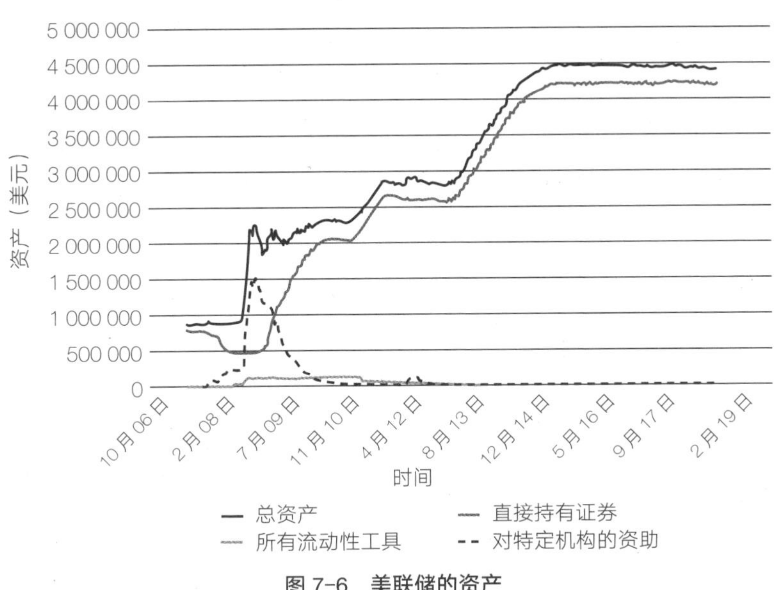

图 7-6　美联储的资产

资料来源：美联储。

鉴于以上这些事实，很明显，建立狭义银行不能也不应该颠覆银行业生态系统的整体平衡。因为无论如何，它的发展趋势与主流趋势保持基本一致。

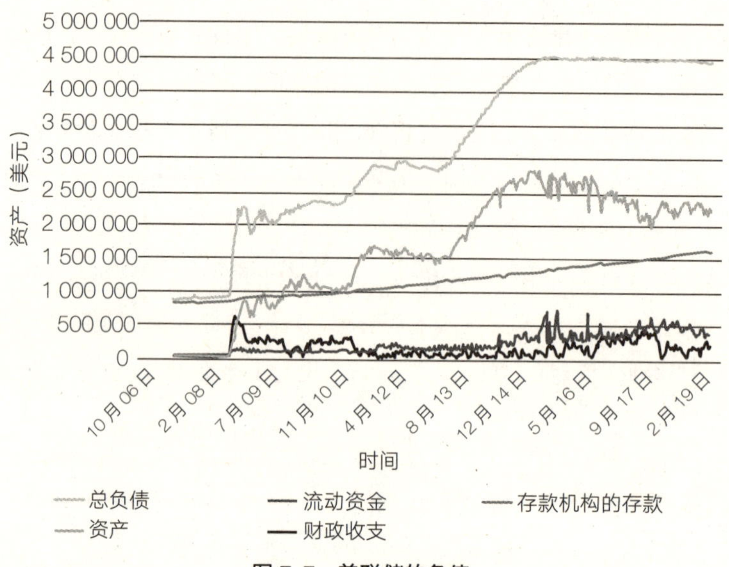

图 7-7　美联储的负债

注：自 2008 年以来，商业银行的超额存款准备金急剧增加。

资料来源：美联储。

狭义银行能为我们做什么

对那些高度重视资金稳定性的主体而言，一个设计合理的狭义银行，是天然的资金存储库，无论是出于个人偏好（如富有的个人和组织），还是出于必要（如中央清算对手方）。当然，狭义银行是法定数字货币的天然发放机构，它还可以做很多其他事情。例如，它可持有非经营性存款，而传统商业银行往往不希望持有这类存款，也无法从中获利。另外，狭义银行还可以托管投行提供的初始保证金作为其常规场外交易衍生业务的一部分。这些资金自然是通过法定数字货币支付的，并通过合理的资产结构来保证其安全性。此外，如果有必要的话，狭义银行作为中立的托管机构，可以提供增值服务，如计算所需抵押品的规模并管理其分配。狭义银行也能成为非常有用的数字身份来源。

贷款分支机构，未来信用货币的创造者

如果所有银行机构都变成狭义银行，那么信贷创造将由贷款分支机构和其他贷款方（如共同基金或对冲基金）来完成。事实上，自全球金融危机以来，相当一部分的信用贷款是由非银行机构发放的，而许多银行将大量超额准备金存放在中央银行，这些银行实际上与狭义银行非常相似。通过将自己重组为以交易为中心的狭义银行和贷款分支机构，部分准备金银行会更具成本效益，更加灵活和稳定。

通过这样的方式，狭义银行可以为其存款人提供高水平的安全保障、相对轻松地应对监管负担、获取较低的资本缓冲、从其交易活动中获得稳定和可观的收入流，并从中央银行为银行准备金支付的利息中获益。如果将外汇，尤其是将加密货币的发行纳入其中，交易现金流的数量可以增加很多倍。

同时，由于狭义银行只需要很少的资本缓冲，满足杠杆率约束和覆盖运营风险所需即可，因此它们可以为投资者提供非常有吸引力的股本回报。回想一下，非风险杠杆率是通过将一级资本总额除以银行的平均综合资产总额来计算的。对狭义银行来说，其杠杆率归根结底就是用中央银行准备金除以短期政府债券得到的商。根据《巴塞尔协议 III》的规定，银行的杠杆率必须保持在 3% 以上。

鉴于资产负债表的简单性和先进 IT 系统的高效性，狭义银行可以利用技术来实现进一步的发展，如利用分布式账本和区块链技术提供出色的银行交易服务，并且能够与以交易为导向的金融技术初创企业竞争[59-62]。

与此同时，狭义银行的无保险贷款分支机构不受制于公用事业类交易服务的要求，它可以通过提供传统和创新的信贷金融产品，更好地服务于实体经济的需求。鉴于贷款分支机构没有存款形式的廉价资金来源，它们不得不保持适当的资本缓冲水平，并选择与其风险偏好相符的优质资产，以吸引投资者的储蓄和其他形式的资金。贷款分支机构将根据其投机活动的水平进行分层。在所有与存款保险相关的便利条件都被剥夺的情况下，贷款分支机构将在这场游戏中摘下面具，接受投资者的审查。

因此，将部分准备金银行拆分为狭义银行和贷款分支机构，将增加两者的投资价值，这一过程就像自然界中的核裂变一样，会释放出巨大的能量。

狭义银行对整个生态系统的有限影响

尽管建设狭义银行不受市场和流动性冲击的影响，但它也可能面临运营风险。因此，狭义银行也需要资本缓冲。该缓冲的大小由杠杆率决定，一般为其资产的 3% ～ 4%。

狭义银行的可用资本数量有效地限制了它从部分准备金银行吸引到的中央银行资金数量。因此，狭义银行对整个金融体系的潜在系统性影响是有限的。另外，因为狭义银行没有贷款服务，它不可能“凭空”造币，所以从这个角度来看，其影响也是有限的。

然而，狭义银行会在其他方面对整个金融生态系统产生巨大影响。首先，这将给银行生态系统带来诚信竞争，并迫使传统银行向储户支付合理、公平的利息。其次，这将使法定数字货币在其原本狭窄的运用范围之上实现扩张。

最后，在近代历史上，狭义银行将首次为个人和机构储户提供一个交易场所，其储户即使在最极端的情况下，也特别关心自己存款的可用性和稳定性。在机构储户中，中央清算对手方占大部分，因为它们具有各种负外部性，而且它们的一些最大的清算对象同时也是它们的银行。因此，清算对象潜在的违约情况可能会导致此类中央清算对手方的双重损失。

狭义银行业务与我们熟悉的金融体系有着天壤之别，这自然会引发许多货币政策问题，尤其是货币创造的方式及其责任人。一个主要的问题是，在很大程度上，货币将由中央银行创造或销毁，而中央银行必须有很强的能力才能正确地做到这一点。事实上，沿着这类思路创造货币可以作为达成中央计划的一种途径。鉴于中央计划几乎不可能有效执行，因此风险可能超过收益。银行将不再是信用的自然来源，因此信贷市场的行为将受到重大影响。在狭义银行体系全面施行之前，必须对所有这些影响进行详细分析。

中央银行数字货币和法定数字货币

原则上，通过使中央银行数字货币成为现实，分布式账本可能成为真正的变革性力量，这将导致金融生态与过去截然不同。在一些文章中，可以找到关于这个主题的各种观点，其中一些观点是相互排斥和矛盾的[63-74]。

如果中央银行开始发行中央银行数字货币，它不仅可以放弃实物现金，转而使用电子等价物，最终还可以偿还大部分政府债务[75]。这对整个社会极具影响力。从逻辑上讲，中央银行数字货币可以排除部分准备金银行业务的存在理由，并允许经济主体直接在中央银行开户，从而显著提高金融生态系统的弹性。这样一来，这些措施将极大地削弱银行部门“凭空”造币的能力，并将这一至关重要的能力转移给中央银行。然而，中央银行无法满足客户身份识别制度和反洗钱法规的要求。如果它们需要将资产负债表开放给大部分经济主体，而不仅是持牌银行和选定的金融机构，那它们就必须解决这个问题。虽然朝这个方向发展不可避免，但目前还无法确定实现转型的时间和规模。

实际上，我们不认为中央银行的资产负债表会向所有经济主体开放。因此，我们认为法定数字货币作为一种私有货币，是一种比中央银行数字货币更方便的法定货币数字化解决方案。法定数字货币由专门构建的狭义银行发行，就像法定货币一样可靠。同时，对应的银行可以满足客户身份识别制度和反洗钱法规的要求，并能有效应对复杂的政治格局。此外，作为由不同司法管辖区的姊妹银行构成的网络组织，狭义银行可以简化外汇交易的流程，并降低其成本。

新的数字身份

随着区块链和分布式账本技术的出现，以及它们在加密货币中的广泛应用，基于客户身份识别制度和反洗钱法规的数字身份问题已成为人们关注的焦点。现行互联网身份系统的主要缺点是，用户在使用身份执行交易时缺乏隐私保护。

这一缺陷同样也存在于基于区块链的货币中，因为可以通过对记录在区块链上的交易中使用的公钥进行逆向工程和分析来揭露交易者的身份。

我们认为需要设计新的“加密身份”，它不仅可以保证交易的机密性，更重要的是，它还符合客户身份识别制度和反洗钱法规的要求。这种加密身份基于高度私密和准确的个人数据，并且能够满足客户身份识别制度和反洗钱法规的相关要求，对其所有者做出真实判断或声明。此外，为了确保交易的机密性，这类身份只有在特定条件下才能进行匿名验证，这意味着非参与者无法了解参与者的身份。当然，在满足客户身份识别制度和反洗钱法规的特定要求下，也可以进行逆向工程和分析来揭露交易者的身份。通过这种方式，可以为给定的数字身份建立一条来源链或可验证链，这样一来，从区块链上的交易到数字身份的合法所有者都能够得到验证。

区域区块链和分布式账本技术目前仍处于起步阶段，为了以与数字身份相关的、具有变革性的方式实现区块链的全部优势，还需要额外的基础设施技术。托马斯·哈德乔诺和 E. 马勒（E. Maler）的报告对身份技术以及区块链与身份管理的相关性进行了广泛的行业述评[76]。

广泛使用的数字货币最大的危害之一是，它可能会催生具有压制性监控权的政府。如果政府可以跟踪所有公民的交易记录，就能够对他们的生活施加前所未有的控制。为了避免这种情况发生，小额金融交易（如目前用现金进行的交易）必须是匿名的，非匿名交易的情形应该很少。例如，在严重的刑事案件调查或类似的情况下（这类情况往往有着压倒一切的社会必要性），社会可能会采用严格审查和高成本的方法，例如法院命令，来推翻这种匿名性。

幸好有一系列加密方法可以加强匿名程度，如完全不可破解的匿名技术、付款人匿名但收款人不匿名的方法，以及除提供法院命令外所有信息都匿名的技术框架。举例来说，狭义银行可以遵循 D. 乔姆提出的机制，在分布式账本上发行有编号和盲签名的货币单位，由指定的公证员或银行自己维护这些账本的真实性。客户身份识别制度和反洗钱法规的相关要求可能只针对大额存款或取款，就像今天的现金交易一样。

BUILDING THE
NEW ECONOMY

章末总结

拓宽法定数字货币适用范围，中小企业的新机遇

本章介绍了一种有效的机制，可用于拓宽法定数字货币的适用范围，使法定数字货币的适用群体从最初的银行发起人，扩展到包括中小企业在内的更广泛的潜在用户群体。为实现这一目标，我们认为有必要建立专门的狭义银行。狭义银行不仅可以安全地持有抵押品，还可以解决最重要的客户身份识别制度和反洗钱法规问题。法定数字货币作为一种稳定的加密货币，可以促进国内外贸易，并为简化和促进商业和零售交易提供多种可能性。

BUILDING THE NEW ECONOMY

第 8 章

基于代币，打造自我稳定的生态系统

任何经济体系的核心问题，都离不开其稳定性和弹性。运用分布式数据资源和分布式加密方法，有助于解决多种安全问题，但从比特币疯狂的价格波动历史中可以看出，即使使用分布式功能和其他安全方法，也不一定能保证金融系统的稳定性。

更让人担忧的另一个问题是中心化和垄断。在过去十年间，只有少数公司为极具中心化特征的万维网做出了贡献。相较于其他公司，谷歌和 Facebook 公司直接影响了占比 70% 以上的互联网流量[1]。

此外，互联网中支配者的存在也会对整个金融生态系统产生一定的影响。例如，2016 年，数字广告领域将近 60% 的支出流向了谷歌和 Facebook 公司。同年，亚马逊公司的销售额占美国电子商务总销售额的 43%。

它们在数字产业的垄断地位对新闻行业、政治生态，乃至全社会都产生了重要影响[2]。因此，我们认为，打破这些大型网络公司的垄断，也许是解决中心化、与之相伴的数据丑闻，以及其他负面影响等问题的唯一的方案[3]。

但是，要如何判断一家公司是否规模过大？网络环境何时变得不稳定？监管机构应该在何时介入，并采取什么样的干预措施？要回答这些问题，我们需要建立一套相关的标准，而这套标准在很大程度上应该独立于正在接受审查的系统。所有这些网络的核心都是比例增长定律，即公司的增长率与其规模成正比。

更具体地说，当我们在考虑一种代理商体系时，其中任何特定的代理商与其他代理商建立连接的速率，应该与其已经存在的连接数量及其内在适应值成正比。众所周知，一大类相互作用的系统都具有这样的特征[4]，但这些系统存在中心化的风险[5]，因为如果移除这些占主导地位的代理商，整个系统就会崩溃①。

本章作者：沙哈里·索明（Shahari Somin）
戈伦·戈登（Goren Gordon）
阿莱克斯·彭特兰
埃雷兹·什穆埃尔（Erez Shmueli）
亚尼夫·阿特舒勒（Yaniv Altshuler）

---

① 比例增长模型可能会导致富者愈富效应，进一步强化主导者的垄断地位，进而产生文中所谓的中心化问题，有兴趣的读者可以参考文献 A. -L. Barabási, R. Albert, Emergence of scaling in random networks, Science 286 (1999) 509-512。内在适应性与已有连接数之间可以产生复杂的相互作用，基于内在适应性的演化生长模型也可能导致中心化问题，有兴趣的读者可以参考文献 G. Caldarelli, A. Capocci, P. De Los Rios, M. A. Munoz, Scale-free networks from varying vertex intrinsic fitness, *Phys. Rev. Lett*. 89 (2002) 258702。具有中心化特征的系统，例如无标度网络，会因为少量重要节点的移除而导致整个系统结构的崩溃或者功能的剧变，有兴趣的读者可以参考文献 L. Lü, D. Chen, X.-L. Ren, Q.-M. Zhang, Y.-C. Zhang, T. Zhou, Vital nodes identification in complex networks, *Phys. Rep*. 650 (2016) 1-63。——译者注

如今，大多数网络经济都包括分布式通信网络，如互联网，但交易通常还是发生在中心化和传统的企业管理软件中，会计和审计系统的工作仍然需要人类参与其中。如今，一个最纯粹的网络经济实例是在分布式网络上进行通信和执行交易，包括标准的会计和审计功能。对效率、透明度、成本和安全性的需求正在推动所有金融生态系统去拥抱分布式特性更高和全面数字化的网络技术，仅在外围留下一些专有、私有的或法律要求的功能。

这种完全分布式的数字系统通常被称为分布式账本技术或区块链技术。这类系统的应用包括爱沙尼亚使用已久的政务基础设施、中国的新型智慧城市项目所采用的基础设施、新加坡 Ubin 项目中采用的贸易和物流基础设施、中国和新加坡正在部署的国家数字货币系统，以及比特币等民间数字货币系统。这类系统正在全球范围内激增，并催生了新的金融生态系统。这些新的金融生态系统给政策制定者和监管机构带来了新的挑战，因为它们可能会对经济和社会产生影响，甚至从根本上改变传统的金融和社会结构。

我们可以把以太坊看作这种新经济的一个典型例子，该系统于 2015 年 7 月推出[6]，截至 2021 年，已拥有 140 万用户和 250 亿美元的资本。以太坊网络中有一个公有账本，用于记录所有与以太坊相关的交易。以太坊账本不仅能够存储所有权，类似比特币，它还能够以“智能合约”的形式存储执行代码。这导致了大量新型代币的产生，这些代币是由各种服务供应商提供的可交易证券，所有交易均通过相应的智能合约进行。并且，尽管以太坊账本已加密，但所有的交易都可以公开查询。因此，以太坊网络生态系统是一个独特的金融生态系统，具有规模大、高度多样化的特点，并且系统中的所有交易历史从一开始就是公开的。

本章将从稳定性和弹性的角度分析以太坊金融生态系统的动态特性。研究表明，尽管以太坊金融生态系统在用户、服务、可交易通证（称为代币）和账户（称为钱包）等方面都与传统金融网络存在巨大差异，但它仍然具备传统金融网络至关重要的稳定性和弹性特征。下面将利用 2016 年 2 月至 2018 年 6 月所有发生在以太坊内的交易来进行分析，包括 17 611 649 个钱包，以及它们执行的 88 985 493 笔代币交易。

为了完成这项任务，我们将观察参数 γ，即幂律分布中的幂指数，如以太坊网络中参与者交易对手数分布的幂指数。尽管网络规模呈指数增长，并且服务、投资及用户情况也一直在变动，但我们依然将显示参数 γ 是如何描述网络随时间变化的动态与整合过程。另外，用参数 γ 刻画的以太坊经济动态还可以用一个阻尼振子模型来描述，该模型可以用来预测经济网络未来的动态。

预测以太坊网络或其他数字经济体未来动态的能力可以作为一个有用的参数，供政策制定者设计相关法规和机制，来控制网络内部的不稳定性。此外，进一步研究显示，我们将描述控制垄断行为所需的干预措施，并论证这种方法是反垄断监管机构用于防止垄断的好方法，并且同样可以应用于其他金融网络[7]。

以太坊的交易网络

以太坊网络大概是第一个能够执行智能合约的网络[8]。智能合约是使数字协议正式化的计算机程序，可自动强制执行商定的条件，从而在执行合同的同时确保其正确性。用于监管此类合同的“数字法”将在结语中进行讨论，读者也可以在 http://law.mit.edu 上找到相关资料。

如今，通过统计物理学工具模拟社会动态的尝试越来越多[9]。R. 弗里希（R. Frisch）[10]引发了这一潮流——他建议使用阻尼振子模型来模拟战后经济或灾难，前提是存在一个受到扰动的平衡状态。通过对连接各个参与者的交易网络进行建模，网络科学使我们对这些动态产生了新的见解。这类分析方法已被有效地应用于社交网络[11]、计算机通信网络[12]、生物系统[13]、运输[14]、应急事件检测[15]和金融交易系统[16]。

本章的第一个目标是探索具有多样性的以太坊网络随时间变化的动态，因此我们可以先观察以太坊网络交易数据按周滚动的窗口，其一段时间内的活跃钱包数量和交易数量如图 8-1 所示。很明显，这些数据总体呈指数增长趋势，但细节上具有高度不可预测性。这种在多个属性上都表现出来的不规则行为可能暗示以太坊网络本身的不稳定性。

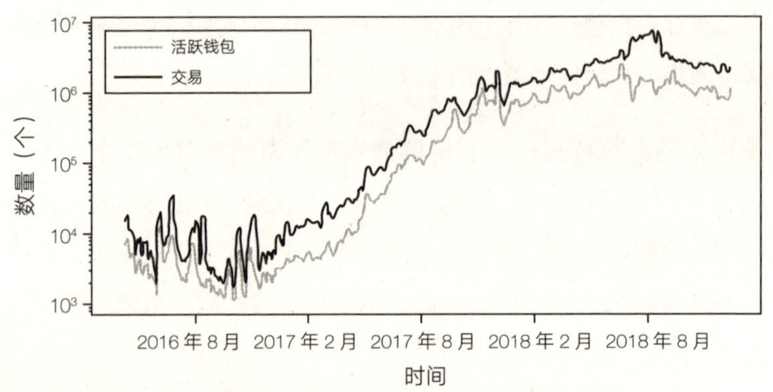

图 8-1　以太坊网络一段时间内的活跃钱包数量和交易数量

然而，类似交易数量或钱包数量之类的传统指标只能反映出经济网络的表象，而我们感兴趣的是它的动态以及预测其稳定性。为了实现这一目标，我们首先探究了网络的度分布，并验证了以太坊网络与其他真实网络具有相同的网络属性。我们构建了一个有向图，其中包含了两年半内（2016 年 2 月至 2018 年 6 月）的所有交易。该网络由 6 890 237 个顶点和 17 392 610 条边组成。出边描述了钱包 u 将代币出售给其他钱包的交易，而入边代表了钱包 u 从其他人那里购买代币的交易。顶点 u 的出度表示从 u 购买代币的不同钱包数，它的入度表示向它出售代币的不同钱包数。

尽管代币具有异质性而整个系统又是呈现指数增长的，但其度分布还是准确地符合幂律，这与其他金融网络类似[17,18]。两年半内对以太坊网络的动态变化分析如图 8-2 所示，以太坊网络有几个连接非常广泛的中枢节点（钱包），而更多节点的度比较小，按幂律衰减①。

为了将网络理论应用于对以太坊网络的含时动力学建模，我们进一步验证了该网络的时间快照也符合幂律。由此，我们生成了周交易图，并对其进行了分析。每个周交易图均包含一周中所有以太坊网络中发生的交易。与图 8-2 所示的整体幂律拟合相似，每个周交易图也遵循幂律模式，它们的拟合优度（由 R^2 测量）下限为 0.8，并收敛到 1.0（完美拟合）。

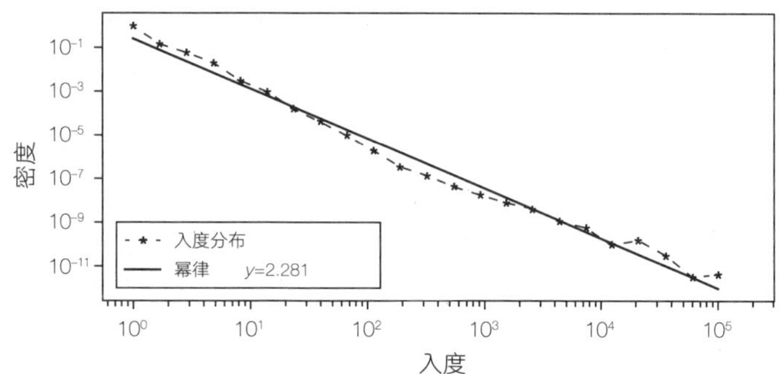

图 8-2　两年半内对以太坊网络的动态变化分析

注：网络节点代表钱包，边线代表买卖交易。节点的出度反映了从该节点接收可交易证券（代币）的唯一钱包数量，反之亦然。出度和入度都符合幂律分布，这一点和我们在分析手机、引文数据和许多其他现实世界网络时所呈现的结果类似，详见 M. E. J. Newman, “The Structure and Function of Complex Networks,” *SIAM Review* 45 (2003) 167-256。

① 原文说按照指数衰减，系作者错误，实际上作者已经指出度分布是符合幂律的，因此是按照幂函数衰减。——译者注

我们以周为单位分析快照网络，并计算对应的入度分布幂指数γ_t^{in}和出度分布幂指数γ_t^{out}，其中 t 指快照时间，结果如图 8-3 所示。很明显，入度指数和出度指数随时间的演化都可以建模为阻尼谐振子。

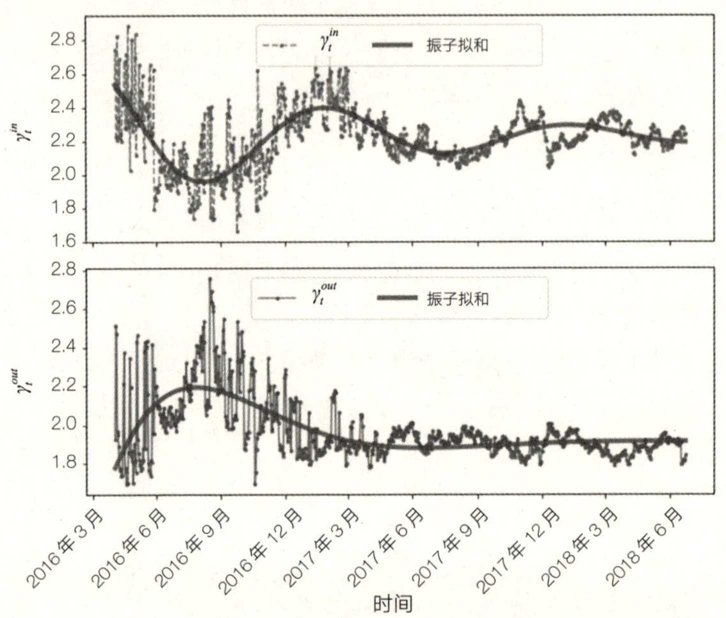

图 8-3　以太坊网络随时间的演化过程展示了网络所经历的底层整合

注：上图和下图分别显示了γ_t^{in}和γ_t^{out}随时间的演化，两者都遵循阻尼谐振子模型，逐渐趋向于稳定状态。

阻尼振子模型具有恒定的稳定状态，由 5 个参数控制：（1）λ，控制振幅的指数衰减；（2）角频率；（3）γ_∞，系统收敛到的稳定状态；（4）A，最大振幅；（5）ϕ，振动的相位。

分析结果证实，两年半以来，以太坊生态系统经历了一次底层整合过程。在该过程中，以太坊网络的基本特征逐渐达到了平衡态，如γ_t^{in}和γ_t^{out}。虽然从许多表象，如汇率、活跃钱包数量和活动量来看，以太坊网络的变化似乎是不可预测的，但当我们把它看作一个动力学过程来观察时，就会清晰地看到以太坊网络经历了一个稳定的整合过程，逐步达到平衡态，并且一直保持到了现在。

由此可以得出结论：根据统计数据，以太坊网络的变化过程和其他社会网络的变化过程一致[19]。与其他人际网络的演化原则类似，由不相关的代币组成的高度异构集合（这些代币有着不同的来源和功能），最终会展现出变得单一的网络行为。目前还没有已知的理论可以解释这一现象产生的原因，除非交易网络中的所有要素都受到相同的动力学驱动，而该动力学由所在市场的特性决定。我们的结果因此支持以下观点：以太坊网络已浓缩为单一社区。

以太坊网络的预测与监管

为了更好地理解以太坊网络的动态特性，理解幂律分布的幂指数 γ 的含义很有必要。在双对数坐标下，度分布的斜率（即 $-\gamma$）直观地反映了位于网络边缘的节点所连接的钱包数量与网络中枢纽节点所连接的钱包数量之间的比例。例如，较小的 γ 意味着这个比例较小①。

我们注意到，以太坊网络的动态特性大致可以分为两个相，并且在 2017 年 4 月左右有过一次相变。当时，由于新用户的涌入，位于边缘的钱包数量开始呈指数增长。在第一个相中，参与者相对较少，网络中买家和卖家的数量与枢纽节点的度还具有可比性。与此同时，γ^{in} 和 γ^{out} 出现了显著的反向振荡，在超过平衡态一段距离后，都还不能立刻回调，这标志着一个具有潜在危险的欠阻尼振动的情况。γ^{in} 和 γ^{out} 这种超过了平衡态还无法立刻回调的情况，可能代表了许多个体进入社区进行少量购买交易的从众行为。

然而，在第二次相中，卖家和买家的数量开始呈现指数增长。在这一阶段，最大的出售中枢节点（出度最大的那节点）变得过于庞大，随之而来的却是网络中活跃卖家数量的大幅减少，这与 γ^{out} 的值相对较低有关，也与当时阻尼更大的振动幅度有关。我们还注意到，当网络中买家的数量与最大入度之间仍存在

① 较小的 γ 意味着度分布曲线下降得更缓慢，因此允许存在度值相对于平均值而言更大的枢纽节点，也就意味着节点之间的“贫富悬殊”更大。——译者注

较大差异时，γ^{in} 在第二个相中就会继续呈现振荡行为，并且其值会大于 2。

一旦得到了以太坊网络阻尼振子模型的参数，就可以利用相应的解析模型进行预测。例如，我们可以用前 18 个月的数据来拟合阻尼振子模型，再基于拟合参数预测下一年的 γ。

γ^{in} 的预测结果如图 8-4 上图所示，从图中可以看出，使用网络增长第一相所训练出来的振子模型，可以准确预测最后一年的阻尼振动。而图 8-4 下图显示，使用该模型也可以很好地预测未来 γ^{out} 的动态，但其结果不如对 γ^{in} 的预测准确。

对 γ^{in} 的预测更准确的原因之一是在这条竖线之后，钱包数量①开始呈指数增长。艾伯特-拉斯洛·巴拉巴西（Albert-László Barabási）②[20] 对这一特性进行了描述。他认为，在自然产生的无标度网络中，不同网络是呈不规则变化的，因为它们最大度的增长比网络规模 N 增长得更快③。

到目前为止，分析表明，一旦交易活动量变大，以太坊网络的动态就会趋于稳定。那我们是否可以用这个例子来更好地理解，使用什么样的监管政策才

① 钱包数量就是网络中节点的总数，也就是网络规模 N。——译者注

② 巴拉巴西是全球复杂网络科学研究奠基人，是用科学解释成功本质的第一人。他的研究成果包含在《巴拉巴西成功定律》《链接》《爆发》《巴拉巴西网络科学》《给科学家的科学思维》等书中。这些书均已由湛庐引进，分别由天津科学技术出版社、浙江人民出版社、北京联合出版有限公司、河南科学技术出版社、天津科学技术出版社出版。——编者注

③ 作者引用的结论和其试图解释的现象关系凌乱，表述也不清晰，估计并未完全理解其间的细微差异。在网络规模快速增长后，γ^{in} 表现出明显大于 γ^{out} 的波动性（γ^{out} 波动性的快速减退导致了阻尼振子模型失效），是因为当网络高速增长时，最大入度的增长速度依然可以很快，但是最大出度的增长速度无法同样快（尽管两个平均度一样），所以出度分布更容易稳定。举个例子，微博用户从 500 万增长到 5 亿，原来最受欢迎的明星（入度最大）的粉丝数目可能从 10 万增长到 1 亿，倍增率甚至高于系统，但是原来最积极关注其他人的用户（出度最大）所关注的人数不太可能从 1 000 增加到 10 万。因为出边的建立是需要消耗资源的，如在以太坊购买代币，在微博上关注其他用户，而入边的建立消耗性较低（被关注），这就带来了出度和入度演化的不对称性。当然，针对具体网络，还需要深入分析具体的动态特性。——译者注

会加强这种稳定性并防止垄断的发生？答案是肯定的。这种网络视角为我们提供了一种崭新的方式，来理解如何能够更有效地预测即将发生的金融问题，以及施行什么样的金融监管政策可以高效地预防这些问题。

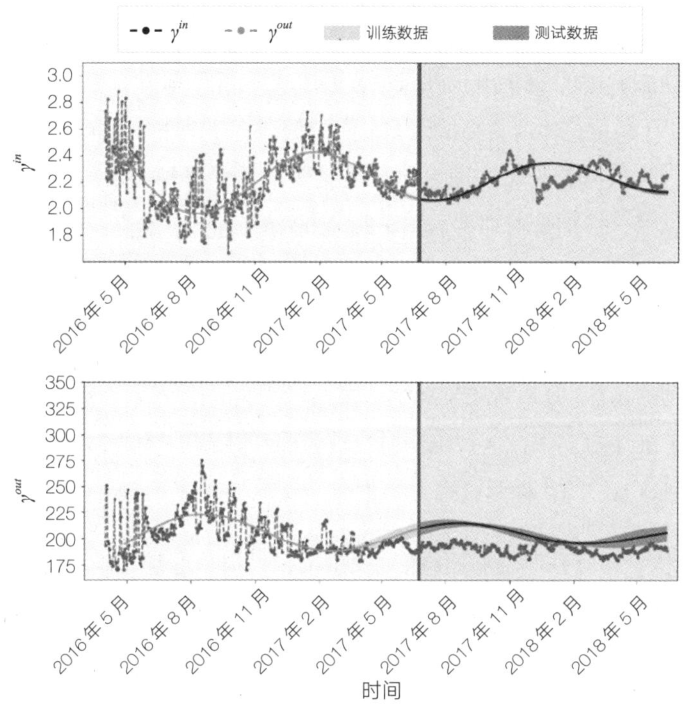

图 8-4　预测入度（上图）和出度（下图）γ 指数随时间的变化

注：训练数据截至 2017 年 6 月 25 日，并用竖线表示。测试数据包含最后一年数据的 γ^{in} 和 γ^{out}，从竖线开始到 2018 年 6 月。

例如，S. 勒拉、阿莱克斯・彭特兰和 D. 索内特[21] 使用了类似这里展示的一种模型用于分析以太坊动态，并提出了一种方法，将一系列相互作用的代理商群体映射到一个相空间中，在这个相空间中，我们可以测量与有害的中心化之间的距离。这使我们可以事先注意到那些拥有过度主导地位的代理商，并构建早期干预的机制。这个距离与我们在以太坊网络中展示的针对 γ^{in} 和 γ^{out} 的振动阻尼因子非常相似。

S. 勒拉、阿莱克斯·彭特兰和 D. 索内特的研究表明，在足够活跃的经济体系中，出于某种运气，捡到大便宜的交易者可能会突然出现，这种套利机会也可能就随即消失了。换句话说，适应性自身的动态特性变化得很快①，因此系统不稳定性不会爆炸式增长。然而，在节奏较慢的经济体系中，这种自我修复并不一定会发生。

系统动态特性的变化出现在第一个相（交易相对较少，度分布波动较大）向第二个相（系统整体变得更活跃，危险的振荡逐步消失）过渡的阶段②，在这种情况下，外部监管者（如国家）可能想要干预并维护系统的稳定性。然而，对个体的惩罚，特别是对那些合格的代理机构的惩罚，不仅看起来不公平，并且最终是无用的，因为赢家通吃情况的出现是适应性分布整体作用的结果。

事实上，增长的动力学产生了两种截然不同的渐近机制：适应者致富机制和赢家通吃机制③。在后者中，系统在很大程度上依赖少数代理商，并由他们控制。在量子统计力学中，这种机制对应玻色–爱因斯坦凝聚[22]。在社会经济学语境中，占主导地位的代理商被称为“龙王”[23]。

从 γ^{in} 和 γ^{out} 如何随时间变化的角度出发，可以很好地理解这两个机制之间的数量差异。适应者致富机制对应着幂律分布，在这种机制下，代理商所产生的影响分布在一个较为广泛的范围内。在赢家通吃机制下，分布符合带截断的幂律，其中一个或多个代理商的度大于截断点，并且不成比例地支配着系统。

---

① 系统自我修复的速度快于系统失稳的速度。——译者注

② 可以类比统计力学中的相变现象。——译者注

③ 适应者致富机制请参考文献 G. Caldarelli, A. Capocci, P. De Los Rios, M. A. Munoz, Scale-free networks from varying vertex intrinsic fitness, *Phys. Rev. Lett.* 89 (2002) 258702，赢家通吃机制请参考文献 A.-L. Barabási, R. Albert, Emergence of scaling in random networks, *Science* 286 (1999) 509–512。——译者注

章末总结

探索赢家通吃机制的系统性解决方案

我们的常见对策是阻止那些主要代理商的进一步增长，但这个解决问题的策略是不可持续的。相反，我们应该加大对弱势代理商的支持，以创建一个整体更为平衡的适应值曲面，从而形成一个更健康、更稳定的系统。

目前，政府通过累进税、反垄断法和类似的立法途径来解决中心化的问题。然而通过对网络动态的分析，我们可以看出，这种幼稚的方法只解决了过度主导的企业带来的问题，并没有解决根本问题，即金融网络的结构从根本上还是不平衡的。与其惩罚那些最有竞争力的公司，还不如通过提高表现不佳的代理商的相对适应值，来促进更加平衡的竞争。

在实际应用中，最重要的是，试图通过驯服少数规模最大或最合适的代理商来控制系统是无效的。抑制主导节点的增长或者重连主导节点的连边可能会延迟，但不会影响赢家通吃机制的主导地位，就像爆炸渗流一样[24]①。相反，为了有效地防止赢家通吃情况的出现，必须考虑整个系统的适应值曲面。

① 一般渗流模型的相变是连续的。在爆炸渗流中，会通过一些机制推迟相变，但这反而会导致更剧烈的非连续相变。——译者注

BUILDING THE NEW ECONOMY

第三部分

数据和人工智能：运用多种方法解决社会问题

BUILDING
THE
NEW
ECONOMY

第9章
打造可信数据和可信人工智能的生态系统

随着经济和社会从一个交互方式是物理的且基于纸质文档的世界，转向一个主要由数字化的数据和人工智能管理的世界，事实证明，现有的管理安全性、透明度和问责制的方法不够有效，大规模欺诈、数据外泄以及对使用人工智能的担忧是很常见的。**如果我们能够创建一个由可信数据和可信人工智能组成的生态系统，为每个人提供安全、可靠和以人为本的服务，就可以释放巨大的社会效益，包括更好的健康服务，更强的金融普惠性，以及更多地参与政府事务也更好地被政府所服务的人群**[1]。

为了避免这一关键的生态系统遭受损害，我们应时刻保持警惕。当系统在运行过程中出现偏向性时，就无法提供公平的服务，并将最终导致该系统的失败。这时，我们需要果断地转向普遍的数据最小化策略，并对数据在人工智能计算中的使用进行通用审计。当前的防火墙、事件共享和攻击检测方法，作为网络安全的长期解决方案是不可行的，对人工智能意外影响的临时评估也不能充分解决问题。我们需要采用本质上更加强大的方法。

我们接下来将要介绍一种已经构建好的更有效的技术，并将该技术在世界各地分散部署，这种技术将用于创造一个本质上更安全、更公平的数据和人工智能的生态系统。例如，欧盟的数据保护机构正在支持一种名为开放算法[2]的简化且易于部署的版本，用于在某些国家和地区进行试点测试。开放算法背后的逻辑是，算法被发送到现有数据库，在现有的防火墙保护下执行，并且只共享加密的结果，而不是复制或共享数据，这最大限度地减少了攻击数据库或将数据转移至未经批准的用途的机会。开放算法还可以与差分隐私、同态加密或安全多方计算相结合，以确保数据的安全性[3]。

也许同样重要的是拥有一个开放算法风格的系统，这意味着可以持续记录和审计数据的使用和算法的性能。因此，它可以根据商定的标准监控人工智能算法在公平、隐私和安全方面的性能。此外，如果出现关于使用和性能的新问题，回答这些问题的数据会立即出现在开放算法系统的日志中。

但是，如果没有以人为本的治理，仅使用诸如开放算法之类的技术解决方案是不够的。要想做到以人为本的治理，该项技术必须满足以下条件：（1）拥有以用户为中心的数据所有权和管理能力；（2）开发安全且能保护隐私的机器学习算法；（3）部署透明和负责任的算法；（4）在机器学习中引入公平性原则；（5）克服机器学习中偏见和歧视的不良影响。必须将人类置于讨论的中心，因为人类既是通过算法做出的决策的参与者，也是主体。如果确保能够满足这些要求，我们应该能够激发人工智能驱动决策的积极潜力，同时最大限度地降低对个人和整个社会的风险，并控制可能产生的意外后果。

我们认为，**实现以人为本的治理的最佳方式是构建数据合作社。数据合作社是个人自愿达成的合作协议，每个人的数据可以为造福他们的社区做出贡献。**这些贡献可以是简单的地图或统计数据，也可以是由最先进的人工智能方法生成的特定结果。重要的是，数据合作社不要求个人放弃其数据的所有权，只要求他们的数据可用于约定的特定用途。

关于数据合作社，有以下几个关键方面需要说明。首先，数据合作社的成员对其数据拥有合法的所有权，他们可以将这些数据收集到个人数据存储库中[4]，也可以在个人数据存储库中添加、删除数据以及暂停对数据存储库的访问。数据合作社成员可以选择在合作社或私有数据服务器上维护他们自己的单个或多个个人数据存储库。

但是，如果这种数据存储库由数据合作社来托管，则将由数据合作社本身来执行对数据的保护（如数据加密）和管理，这对数据合作社成员来说是有益的。此外，数据合作社对其成员负有法律上的信托义务[5]，这意味着数据合作社由成员拥有并控制。此外，数据合作社的最终目标是使其成员受益，并为其成员赋权。正如本书前几章所强调的那样，信用社和工会可以为数据合作社带来启发，使其能够作为代表个人数据权利的集体机构。

这种数据合作社是避免数据经济中的不对称和不平等，实现由政治和道德哲学家约翰·罗尔斯（John Rawls）[6] 提出的“财产所有制民主”概念的一种手段。特别是，有人认为，在一个以多个数据合作社为特征的社会中，更有可能实现罗尔斯提出的机会平等原则[7]。在这一原则下，个人可以平等地获得发展其才能所需的资源。在本书中，这一资源为数据。

本章作者：阿莱克斯·彭特兰和托马斯·哈德乔诺

数据合作社的生态系统

图 9–1 展示了数据合作社生态系统的架构。数据合作社生态系统的主要实体包括作为法人实体的数据合作社（数据合作社的成员构成了数据合作社的主体，并从他们中选举出合作社的领导），以及与数据合作社互动的外部实体（包括问询者和第三方）。作为组织机构，合作社可以选择运营自己的 IT 基础设施，也可以将这些 IT 功能外包给第三方（包括外部运营商或 IT 服务提供商）。在外包的情况下，服务级别协议和合同必须包括“禁止运营商访问或复制成员数据”的条款。需要强调的是，这项禁令的约束力必须延伸到外包运营商从其购买或分包其部分服务的所有其他实体。

我们可以通过美国各地的信用社来类比数据合作社生态系统。许多小型信用社联合起来，通过将 IT 服务外包给一个共同的服务提供商来分担 IT 成本，该服务提供商在业内被称为信用社服务组织。因此，佛蒙特州的信用社可以与得克萨斯州的信用社和加利福尼亚州的信用社联合起来，共同与一个信用社服务组织签订合同，约定由其提供基础的 IT 服务。这些服务包括在云上部署的公共计算平台、共享存储云、共享应用程序等。在信用社内，除个人计算机外，不得安装任何内部设备，这些个人计算机用于连接由信用社服务组织运营的平台。尽管三家信用社使用同一个平台，但信用社服务组织可以为每个信用社定制不同的用户界面，以便为其成员提供一定程度的差异化服务。信用社服务组织有可能会通过第三方来分包平台功能或应用程序。例如，它可能通过使用亚马逊云科技的虚拟化技术来运行其平台，也可能从另一个不同的实体处购买存储服务。目前，这种将功能或服务分包给其他服务提供商的做法非常普遍。

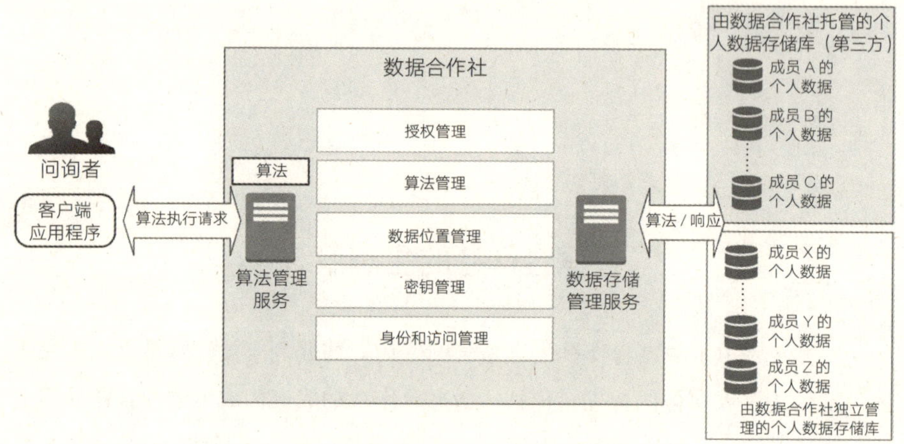

图 9-1 数据合作社生态系统的架构

在数据合作社选择外包 IT 服务的情况下，它们与 IT 服务提供商的服务合同必须包含禁止性条款，严禁第三方云服务提供商访问属于数据合作社成员的个人数据。

保护成员的数据隐私

我们建议使用麻省理工学院的开放算法，以确保个人数据存储库中成员数据的隐私安全[8]。从本质上讲，开放算法范式要求不得将数据从其数据存储库中移出或对其进行复制，而是将算法传输到数据存储库中以供执行。

以下关键概念和原则构成了开放算法范式的基础：

- **将算法迁移到数据。** 不是将数据“拉”到集中位置进行处理，而是将算法传输到数据存储库，并在那里执行算法。
- **数据不得离开其存储库。** 严禁从数据存储库中导出或复制数据。可以采用附加的本地数据丢失保护措施，如同态加密，以防止数据被窃取。
- **审查算法。** 算法必须经过审查，并被认定是免受偏见、歧视、侵犯隐私和其他意外后果影响的安全算法。
- **仅提供安全答案。** 当执行完一个或多个算法并返回结果时，作为默认的粒度，仅返回聚合层面的答案。任何旨在产生针对特定数据主体（个人）答案的算法，必须在主体完全知情并同意后才能被执行[9]。

为了确保数据分析不会泄露个人数据，人工智能社区多年来开发了一系列保护隐私的机器学习方法。这些方法的开发受到密码学研究工作的启发，其目的是保护在学习任务中使用的输入数据和模型的隐私。这些方法包括差分隐私[10]、联邦学习[11]和加密计算[12]。

差分隐私通过提供与数据集内表示的组相关的模式的描述，公开给定的数据集信息，同时保持个人信息的私密性。例如，政府机构使用不同的隐私算法来公开统计群体的信息，同时确保针对个人调查答复的机密性。为了达到上述效果，差分隐私添加了一定数量的统计噪声，从而模糊了数据集中的特定个人。

联邦学习是一种机器学习方法，它使用不同的实体或组织协作训练模型，同时将训练数据分散在本地节点中。因此，每个实体的原始数据样本都存储在本地并且从不交换，而所学的模型参数则被交换以生成全局模型。值得注意的是，联邦学习并不能完全保证敏感数据（如个人数据）的隐私安全，因为在算法训练期间，原始数据的某些特征可以被记忆，从而能够被提取出来。而差分隐私可以保护在联邦学习场景中单个组织或节点的隐私安全，从而弥补联邦学习的局限性[13]。

加密计算旨在通过允许学习模型对加密数据进行训练和评估来保护学习模型本身。因此，训练该模型的组织机构无法看到或泄漏非加密形式的数据。加密计算的方法包括同态加密、函数加密、安全多方计算和影响匹配等。

算法执行的同意问题

欧盟制定的《通用数据保护条例》的贡献之一是，在监管层面上正式承认获取数据需要得到数据主体的知情同意[14]。更具体地说，该条例要求处理数据的实体必须能够“证明数据主体已同意处理其个人数据”(第7条)。与此相关的是，该条例第7条同样规定了“数据主体有权随时撤回其同意”。在关于“尽量减少复制不必要数据”方面，该条例明确要求获取数据需要“限于与处理这些数据的目的有关的必要内容（数据复制最小化原则)”(第5条)。

在《通用数据保护条例》的背景下，我们认为麻省理工学院的开放算法实质上解决了该条例提出的各种问题，因为开放算法从未将数据从其存储库中移出或复制。

此外，由于开放算法要求选择算法并将其传输到数据端以供执行，因此开放算法中的数据主体同意问题变成了请求数据主体允许对其数据执行一个或多个经审查的算法问题。数据合作社作为成员组织，其任务是用通俗的语言向其成员解释每个算法的意义和目的，并向他们传达对其数据执行算法的好处。

对于那些可能托管合作社成员数据的服务提供商和运营商的间接访问，要让数据合作社“说同意”，还有附加要求。更具体地说，当一个实体使用由第三方（如在云中运行的客户端或应用程序）运营的服务，并且该服务处理了与数据合作社活动相关的数据、算法和计算结果时，我们认为，该第三方必须获得明确的授权。

在授权和许可管理上，目前大多数托管应用程序和服务提供商使用的是当前流行的访问授权框架，该框架以 OAuth 2.0 授权框架为基础[15]。OAuth 2.0 模型相对简单，因为它可以识别授权工作流中的三个基本实体：第一个实体是资源所有者，即代表其成员的数据合作社；第二个实体是授权服务提供者，它可以是数据合作社或外包服务提供商；第三个实体是使用客户端（应用程序）的请求方，也就是需要这些数据的个人或组织，即问询者。在数据合作社出于自身目的执行内部分析的情况下，问询者就是数据合作社本身。使用用户托管访问的许可管理示意图如图 9-2 所示。

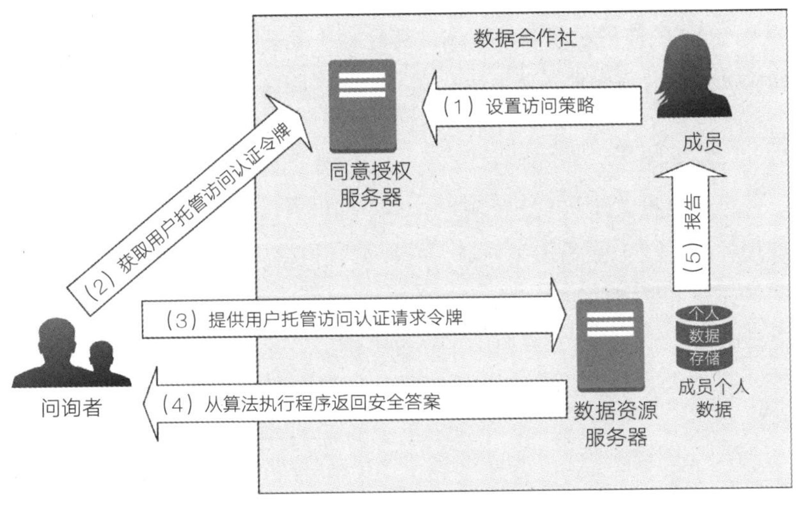

图 9-2 使用用户托管访问的许可管理示意图

虽然 OAuth 2.0 模型近 10 年在行业中备受青睐，例如，它在移动应用程序中广泛应用，但它基于三方实体的观点过于简单，没有考虑到当今托管应用程序和服务已变得流行的现实。实际上，OAuth 2.0 模型三方（问询者、授权服务提供者和资源所有者）中的每一方都可以由不同的法律实体来运营。例如，客户端应用程序可以在云中运行，因此通过客户端应用程序传递的任何信息或数据都可以被云服务提供商访问。

早在认识到 OAuth 2.0 模型具有固有局限性时，相关人士就致力于扩展该模型，目的是将三方配置扩展为五方或六方配置，同时保留相同的 OAuth 2.0 令牌和消息格式。自 2009 年以来，这项工作一直在“坎塔拉倡议”标准组织的“用户托管访问”框架下进行。顾名思义，用户托管访问旨在为作为资源（数据）所有者的普通用户提供以一致的方式跨用户访问资源的能力，这些资源可能实际分布在互联网上的不同存储库中。用户托管访问实体紧跟 OAuth 2.0 框架中定义的实体，并对其进行扩展。更重要的是，用户托管访问模型引入了新的功能和令牌，使其能够处理复杂的场景，明确将托管服务提供商和云运营商识别为必须遵守相同同意服务条款的实体。

承认服务运营商作为第三方法人实体。用户托管访问体系结构明确地调用向基本 OAuth 2.0 实体提供服务的实体，其目的是将法律义务延伸到这些实体，这对于实施《通用数据保护条例》中规定的“知情同意”至关重要。

因此，在如图 9-3 所示的作为 OAuth 2.0 模型扩展的用户托管访问实体示意图中，客户端由两个独立的实体组成：（1）问询者（如个人），他操作托管的客户端应用程序；（2）服务提供商 A，它保证客户端应用程序在其基础设施上可用。当授权服务器对问询者进行认证并向其颁发访问令牌时，服务提供商 A 也必须通过单独认证，并被授予唯一的访问令牌。

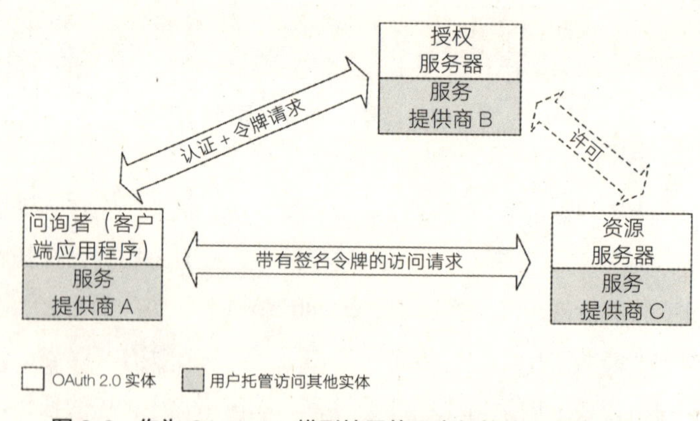

图 9-3 作为 OAuth 2.0 模型扩展的用户托管访问实体示意图

这意味着运营客户端应用程序的服务提供商 A，必须接受由授权服务器提供的服务条款和数据使用协议。同样，问询者（个人或组织）也必须接受服务条款和数据使用协议。

多次握手是一种渐进的法律约束机制。用户托管访问体系结构的另一个重要贡献是认识到给定端点，如授权服务器上的 API 提供了连续让访客接受服务条款和数据使用协议（在用户托管访问中被称为约束性义务）的机会。

更具体地说，用户托管访问使用在客户端和授权服务器之间运行的多次握手协议，以锁步方式逐步约束客户端。当客户端（客户端—运营商）选择通过向授权服务器的端点发送协议中的下一条消息来继续握手时，客户端已默示同意该端点的服务条款。这类似于每次进行下一阶段握手时，客户端都会逐步同意合同中的附加条款。

基于身份相关算法的断言

数据合作社的一个潜在作用是，应成员的请求，向外部实体提供有关该成员的分析计算的汇总结果。这一工作流必须由成员发起，该成员使用其在个人数据存储库中的数据作为生成关于他们的断言的基础——这需要执行一个或多个合作社审查算法。在这种情况下，合作社通过以标准格式（如 SAML 2.0[16] 或 Claims[17]）发布签名断言，为其成员 [18] 充当属性提供者或断言提供者。当会员寻求从外部服务提供商处获得商品和服务时，这一点特别有用。

例如，特定成员（如个人）可以向金融机构寻求贷款（如汽车贷款）。作为风险评估过程的一部分，金融机构需要该成员一段时间内，如过去 5 年中的收入和支出证明。风险评估的过程需要权威和真实的信息来源，以了解成员过去 5 年中的金融行为。如今，在美国，提供真实信息来源的是所谓的信用评分或信用报告公司，如 Equifax、TransUnion 和 Experian 公司。

然而，在这种情况下，成员可以求助于他的数据合作社，并请求数据合作社在其个人数据存储库中的各种数据集上执行各种算法，包括数据合作社私有的算法。在算法执行结束时，数据合作社可以发布权威且真实的断言，并使用其私钥签名。数字签名表示数据合作社支持其关于给定成员的断言。然后，数据合作社或成员可以将合作社签名的断言传输给金融机构。请注意，执行算法的循环（循环后就会创建断言并传输到金融机构）可以根据需要重复多次，直到金融机构满意为止，这一过程如图 9-4 所示。

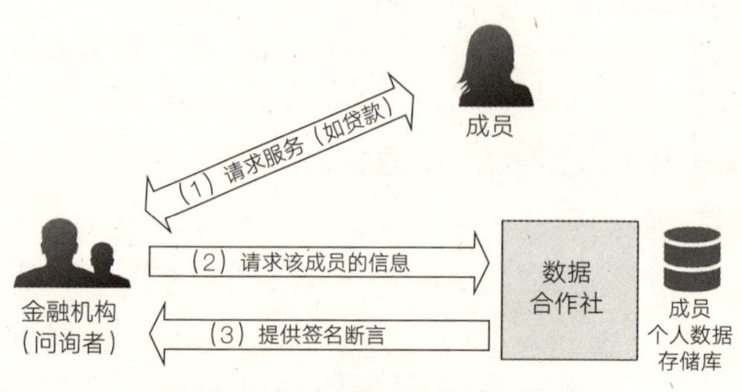

图 9-4　如何从数据合作社获取断言

关于这种依赖数据合作社的方式，有诸多要点需要说明：

- **成员驱动。**成员数据的算法执行和断言发布必须由成员调用或发起。如果没有成员的明确指令，数据合作社不得执行此计算并发布关于成员的断言。
- **短期断言。**断言的有效期应被限制在服务提供商指定的时间内。这减少了服务提供商囤积或向第三方转售从数据合作社所获得的断言的机会。
- **仅限于特定目的。**断言应带有附加的法律条款，表明该断言仅用于特定目的，如成员对特定贷款类型和额度的申请。
- **合作社签名。**数据合作社作为断言或声明的发布者，必须对断言进行数字签名。这不仅代表了用于发布断言的成员的同意，也传达了数据合作社作为一方实体，对成员数据执行算法的权限。
- **断言的可移植性。**断言数据的结构应该是独立的、可移植的，并且不与任何特定的基础设施绑定。

- **包含使用条款。**合作社发布的断言容器（如 SAML 2.0 或 Claims）必须对断言中所含的信息使用条款载有明确的法律声明。容器本身甚至可能带有来自数据合作社的版权声明，以阻止服务提供商将签名的断言传播给第三方。

一旦数据合作社发布了断言，就有多种方式可将断言提供给外部的第三方，这取决于相关实体的隐私限制。在前述案例中，成员可能希望断言仅特定服务提供商（如贷款提供者）可见，因为该事件（贷款）涉及私人交易。如果服务提供商出于法律原因（如税收目的）需要保留合作社的断言副本，服务提供商可以返回一份同意断言使用条款的带有签名的数字收据[19]。

在其他情况下，成员可能希望包含静态个人属性（如年龄或出生年份）的某类断言随时可用，不受隐私保护条款限制。例如，成员可以使用基于此类属性的断言来购买与年龄限制相关的商品（如酒精制品）。在这种情况下，签名的断言可以从数据合作社广为人知的端口读取，也可以从成员的个人网站读取，还可以从成员携带的移动设备中读取。因此，断言的可移植性很重要。

BUILDING THE
NEW ECONOMY
章末总结

对抗人工智能算法，赋予个人数据权利

如今，我们面临的情况是人们的个人数据正被人工智能算法所利用，但没有足够的利益返回给个人。这与 19 世纪末和 20 世纪初的情况类似，当时已创建信用社和工会等集体机构，因此创建代表个人数据权利的集体机构的时机似乎已经成熟。

我们认为，对成员负有信托义务的数据合作社，为通过集体使用个人数据来赋予个人权利提供了一个有希望的方向。数据合作社不仅可以让成员获得来自专家和基于社区的建议，使成员理解如何管理、组织和保护对其个人数据的访问，还可以运行内部分析算法，使集体成员受益。这种集体的力量提供了一种强大的工具，可以帮助集体的成员获得更好的服务和更高的回报。

BUILDING
THE
NEW
ECONOMY

第 10 章
创建稳定价值的数字货币

稳定币最初只是加密货币社区中的一个小众概念，现在其影响力已经蔓延到跨国企业集团、政策制定者和中央银行领域。

从摩根大通的杰米·戴蒙到 Facebook 公司的马克·扎克伯格，稳定币已进入当今顶级 CEO 的议事日程。由于 Libra 等项目被媒体广泛报道，稳定币受到了监管机构更多的审查[1]，并且随着“稳定币”一词的传播，其含义开始变得模糊。这是有问题的，因为不明确的定义可能会使我们容易受到欺骗性创新的影响——欺骗性创新指重新使用不同的外包装引入已经存在的服务。我们应该扪心自问，稳定币是应该继续存在，还是只是新瓶装旧酒。

本章主要通过回顾关于稳定币起源的历史背景，以及描述推动采用稳定币的关键因素，来讲解稳定币。此外，我们还介绍了关于稳定币的现有术语和分类法，并检查了它们的颠覆性潜力。在此基础上，我们提出了稳定币的新定义，并且介绍了另外一种分类法；简要讨论了稳定币的不同使用案例，以及创建稳定币的潜在经济激励；还谈到了监管方面的考虑，并简要总结了推动稳定币未来发展的关键因素。

本章作者：亚历山大·利普顿
艾蒂安·萨登（Aetienne Sardon）
费边·舍尔（Fabian Schär）
克里斯蒂安·舍普巴赫（Christian Schüpbach）

金钱在现代生活中无处不在，但人们很少敢去质疑它。由于金钱已经存在了 5 000 多年，所以人们很容易把它误认为是一个固定的概念，但实际上它一直在不断地发生变化。随着社会的发展，人们与金钱的互动方式和交易方式也在发生变化。随着新的货币形式的兴起，人们对货币的理解正受到质疑。我们不禁询问自己，货币的未来是什么样子的？

稳定币一直被认为是一种新兴的、更快且更容易获得的、透明的货币形式的潜在候选者。随着 Facebook 公司提出 Libra 稳定币项目，这个话题引起了相当大的关注度。但新技术（如分布式账本技术）的出现，巧妙地将人们的注意力从如何创造价值转移到如何使用这项技术上。

为了避免沦为欺骗性创新的牺牲者，政策制定者、现任者、挑战者和普通公众都应该对稳定币有一个正确的理解。

设计补充货币体系的概念并不新鲜，其中最成功的例子之一是瑞士的 WIR 银行，其前身为瑞士经济圈。WIR 银行由维尔纳·齐默尔曼（Werner Zimmermann）和保罗·恩茨（Paul Enz）[2] 于 1934 年创立。WIR 是 Wirtschaftsring-Genossenschaft 的缩写，意为“互助经济支持圈”，在德语中表示“我们”[3]。WIR 银行的目标是减轻大萧条的负面影响，解决相关的中产阶级危机，并在自由货币（Freigeld）理论[4] 的基础上改革货币体系。为了实现这些目标，WIR 银行推出了自己的 WIR 货币（CHW），它允许参与者在不使用传统法定货币的情况下交换商品和服务。

如今，WIR 网络由超过 62 000 家中小型企业组成。2012 年，WIR 银行的营业额接近 20 亿美元。虽然 WIR 网络现在也向私人用户开放，但其重点仍然是中小型企业。加入 WIR 网络的主要好处有三个：第一，加入的公司平均业务增长 5%，这很可能是由于忠诚度效应[5]促成的；第二，与传统银行贷款相比，WIR 网络的参与者可以用更低的利率获得贷款；第三，WIR 网络的成员可以体验到更强大的团结感和社区意识[6]。

参与 WIR 网络的公司承诺以与瑞士法郎 1：1 的比例接受用 WIR 货币支付其商品和服务。加入 WIR 网络后，公司可以申请高达 10 000 CHW 的零息贷款[7]。如果公司希望离开该网络，则必须完成剩余 WIR 货币的使用。虽然 WIR 货币与稳定币的概念有相似之处，但二者也存在一个显著的区别，即在二级市场上买卖 WIR 货币是被严格禁止的[8]。在本章中，我们将确定二级市场的存在是稳定币的关键特征之一。

稳定币的起源

如果不考察稳定币的起源，就不可能对其进行全面的讨论。在当今存在的众多稳定币项目中，有一种稳定币脱颖而出，那就是 Tether 公司发行的 USDT[9]。USDT 作为最早，也是迄今为止使用最广泛的稳定币之一，尽管存在争议，但其在稳定币的发展史中发挥了重要的作用。

截至 2019 年 12 月，流通的 USDT 超过 41 亿枚。每枚价值 1 美元，其发行公司 Tether 公司声称 USDT 100% 由流动性储备支持。然而，对于其储备短缺的多方面指控仍然存在，审计过程中的严重缺陷助长了这些指控[10]。对 USDT 储备的怀疑一再表现为其在二级市场的价格较低。例如，2017 年初，USDT 的二级市场价格曾跌至 0.91 美元（见图 10-1）。尽管如此，迄今为止，USDT 仍是交易最活跃的稳定币。事实上，就交易量而言，USDT 完全可以轻松地与比特币或以太坊等其他加密资产进行竞争[11]。

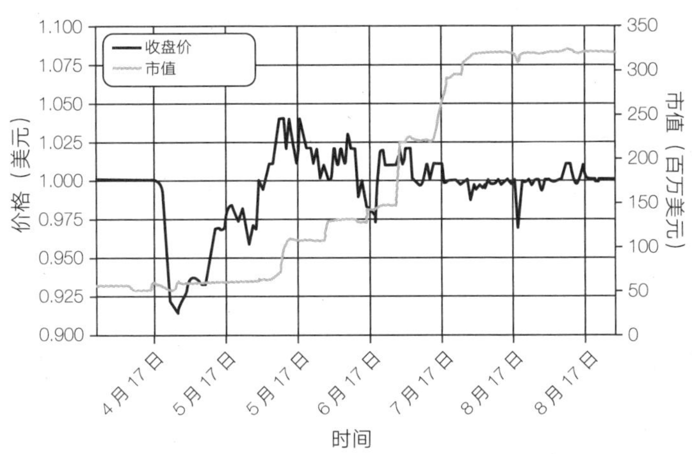

图 10-1　USDT 的历史价格和市值

USDT 最初被称为 Realcoin，由布洛克·皮尔斯（Brock Pierce）、克雷格·塞拉斯（Craig Sellars）和里夫·柯林斯（Reeve Collins）于 2014 年创立。在创立 Tether 公司之前，三位联合创始人中的两位参与了一个名为万事达币（Mastercoin，后来更名为 Omni）的项目。万事达币的使命是允许用户在比特币协议的基础上创建自己的虚拟货币[12]。为此，万事达币基金会在比特币的基础上开发了一个附加层，这后来成为支持 2014 年 10 月发行的第一个 USDT 的技术基础。

Tether 公司增长的关键驱动因素之一，是其在加密货币交易所上市和分销。Bitfinex 公司作为最大的加密货币交易所之一，在推广 USDT 方面发挥了举足轻重的作用。虽然两家公司的管理人员都否认了这一说法，但众多迹象表明，Bitfinex 公司和 Tether 公司关系密切[13]。

当 USDT 于 2015 年首次在 Bitfinex 交易所开始交易时，其营业额微不足道。然而，随着加密货币的吸引力增强，USDT 这种稳定币也获得了更多关注。截至 2017 年年中，Tether 公司的市值已超过 1 亿美元。与此同时，Bitfinex 公司用户的美元提款请求开始大幅延迟[14]。此后不久，有传言称 Bitfinex 公司的美元电汇业务已被切断[15]。同时，众多加密货币交易所，如 Kraken、Binance 和 Huobi 决定让 USDT 上市交易[16]，这使 USDT 能够在加密货币交易生态系统中快速传播。USDT 允许用户通过提供另一种结算机制来规避传统电汇业务流程。尽管用户无法提取美元，但 USDT 允许他们在交易所之间转移与美元挂钩的代币，且不会受到加密货币价格波动的影响。

2018 年，加密货币崩盘后，有人发表了一篇论文，称 USDT 被用来夸大和操纵比特币价格[17]。有人认为，继续分销 USDT 并推广使用稳定币来增加交易量，可能符合加密货币交易所的既得利益。此外，稳定币为加密货币交易所提供了机会，使其能够减少对不稳定银行关系的依赖[18]。

鉴于对 USDT 这类稳定币的强烈需求，从 2017 年底开始，新客户不断涌入市场也就不足为奇了。例如，2018 年，TrustToken、Paxos、Gemini 和 Circle 公司都推出了与美元挂钩的稳定币。这些项目提高了稳定币的可靠度和可信度，也为其储备管理提供了更高的透明度[19]。请注意，所有这些稳定币主要是为其在加密货币系统中应用而设计的。稳定币项目的激增也促进了人们对稳定币的稳定机制的探索。例如，一个名为 Maker DAO 的项目构建了一种去中心化稳定币，其储备将由其他加密货币组成，并通过以太坊智能合约完全在链上进行管理。另一个名为 Basis 的项目筹集了 1.33 亿美元，目标是推出一种算法加密货币协议，该协议声称可以创建一种稳定的数字货币，且不需要任何资产支持。但值得注意的是，因为面临美国的证券监管，Basis 团队后来决定关闭该项目[20]。

在加密货币社区发展稳定币的同时，大公司开始尝试区块链技术——主要用于大规模交易。例如，瑞银集团在 2016 年发表了一篇论文，介绍了所谓的公用事业结算币，金融机构可以使用它来提高跨境支付和结算的效率[21]。2018 年，麻省理工学院提出了交易币的概念，认为如果多个发起人组成一个共同体，他们就可以标记个人资产，并在此基础上建立数字现金系统。发起人将资产贡献给共同体拥有的资产池，作为交换，他们从共同体获得交易币。共同体资产池由狭义银行来管理，以确保交易币以实际资产基础作为支撑。共同体可以使用其交易币作为资产基础，向零售用户发行电子现金代币[22]。在 2019 年初，摩根大通宣布它将成为第一家创建由数字货币代表法定货币的美国银行。虽然这些项目不一定能与像 USDT 这样的稳定币相提并论，但它们的发展的确受到人们对新型数字货币形式日益增长的兴趣推动。

2019 年 6 月，Facebook 公司正式推出一种名为 Libra 的新型全球数字货币计划[23]。Libra 项目一经发布，立即引发了监管机构的强烈反对。例如，法国财政部长布鲁诺·勒梅尔（Bruno Le Maire）表示："任何私人实体都不能拥有货币权力，货币权力是国家主权[24]。"随后不久，欧洲中央银行和国际清算银行分别在 2019 年 8 月和 10 月出版刊物，讨论与稳定币相关的潜在风险。

稳定币的新定义

本节将首先简要讨论稳定币的词源，然后回顾标准稳定币定义的优缺点，接下来将指出稳定币术语使用上的一些难点，最后简要回顾克莱顿·克里斯坦森（Clayton Christensen）在稳定币背景下提出的颠覆性创新理论，并给出稳定币的新定义。

从比特币到稳定币

在 2008 年之前，"币"一词明确地与实物硬币联系在一起。然而，比特币的出现导致这个词的语境被重构。有人或许想知道，为什么比特币在当时没有被命名为比特现金（Bitcash）或比特钱（BitMoney）[25]。随着比特币的出现，"币"这个词的语义发生了变化，其用途现已扩大到数字经济领域。

随着加密货币项目数量的增加，人们对数字货币术语的热情也随之提高。从莱特币（Litecoin）到狗狗币（Dogecoin）——创造数字货币变成了一件时髦的事。随着大量根基上不稳定的数字货币的出现，区块链社区开始探索区块链是否也可以用于创建更稳定的加密货币，即稳定币。

来自谷歌趋势（Google Trends）的数据显示，稳定币一词最早出现于 2013

年末。稳定币恰好在人们对万事达币的搜索量激增时出现（见图 10-2）。正如上一节所述，万事达币为 USDT 的创立奠定了基础，并使以前模糊的稳定币概念成为现实。因此，无论是从概念上还是从词源的角度来看，万事达币和稳定币都是紧密交织在一起的。

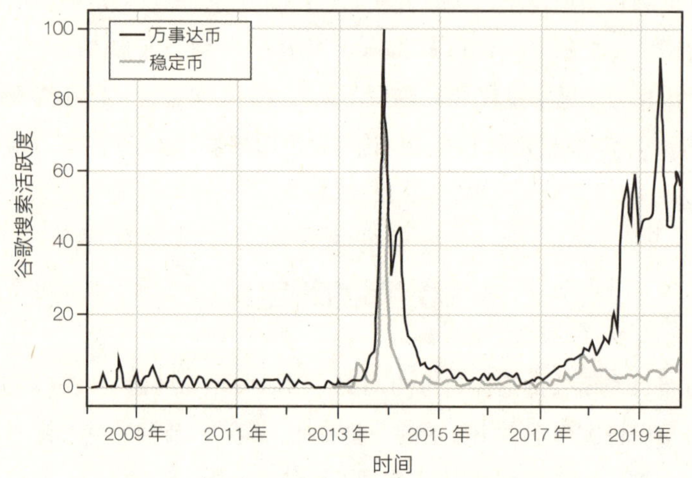

图 10-2　万事达币和稳定币的谷歌搜索情况对比

稳定币的定义

虽然存在许多不同的稳定币定义，但我们在此要强调欧洲中央银行给出的定义，它将稳定币定义为“数字价值单位，它不是任何特定货币（或一篮子货币）的一种形式，而是依赖于一套稳定的工具，将其在此类货币中的价格波动幅度降至最低”[26]。

虽然这是一个相当宽泛的定义，但它反映了以下三个要点：

- 该定义是技术中立的，它排除了现有的仅使用分布式账本技术进行记录的不同形式的货币。这有助于区分作为真正的新货币形式的稳定币（如 DAI 币）和由新技术驱动的商业银行货币（如摩根币）。

- 该定义强调，必须通过某种形式的稳定机制，来降低稳定币相对于现有货币的波动性。
- 该定义指出，稳定币有自己的市场价格，这意味着用锚定货币单位表示的稳定币价格不一定等于 1①。

其他定义在措辞上经常模糊了稳定币和“关联”资产之间的界限。例如，国际清算银行表示，“稳定币具有加密资产的许多特征，但通过将其价值与资产池的价值相关联来寻求稳定币价”。“关联”一词表示了稳定币和“关联”资产之间存在某种形式的等价性，但实际上两者均应被视为单独的资产，并且应能够被分离。在这方面，稳定币与其“关联”资产的关系就像衍生品与其基础资产的关系一样。尤其需要注意的是，大多数稳定币都会包含一些交易对手风险。

为什么使用稳定币这一新术语

如前所述，作为一种真正的新型资产的稳定币，与代表现有货币形式的资产之间存在一条模糊的界限。我们主张避免为已经被充分理解和已经存在的概念（如商业银行货币）引入新术语。相反，我们赞成使用“稳定币”一词来标记和识别真正创新的货币形式，这些货币形式存在于既定货币体系之外，可能不受中央银行控制，因此有可能从根本上改变和颠覆现有货币体系[27]。

克里斯坦森的颠覆性创新理论提供了一个有用的工具，来帮助识别潜在的颠覆性稳定币，并将它们与用新技术重新包装的传统金融服务区分开。根据克里斯坦森的理论，创新有两种形式：持续性创新和颠覆性创新[28]。

持续性创新旨在为已建立的用户群改进现有产品。通常，推出更高质量的产品是为了高端市场的需求，从而获得更多利润。

此外，大多数现有用户最初都认为颠覆性创新比不上持续性创新。颠覆性

① 在图 10-1 中，以美元作为锚定货币的 USDT 的价格在 1 美元上下波动，但不严格等于 1。也就是说，稳定币是相对稳定，而不是绝对的按比例稳定。——译者注

创新要么从低端市场起步，要么从新市场起步。在第一种情况下，颠覆者为原本接受低服务水平的低端用户推出了足够好的产品；在第二种情况下，颠覆者推出了在现有市场上不存在的真正的新产品，把原本不使用该产品的用户转变为消费者。颠覆性创新与持续性创新的轨迹如图 10-3 所示，可以看到，颠覆者随后转向高端市场，提供主流用户所需的产品质量，同时保留推动其早期成功的优势。当主流用户开始使用新产品时，就发生了颠覆性创新。

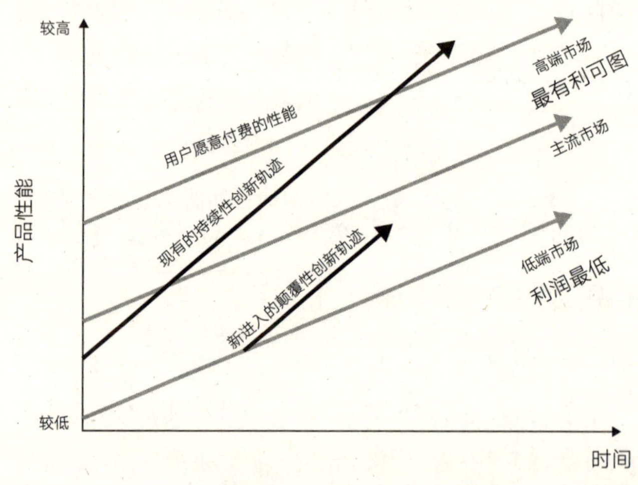

图 10-3 颠覆性创新与持续性创新的轨迹

资料来源：C. M. Christensen, M. E. Raynor, and R. McDonald, What Is Disruptive Innovation, *Harvard Business Review*, December 2015。

为了理解克里斯坦森的颠覆性创新理论如何付诸实践，下面以 USDT、摩根币、交易币和 Libra 4 个例子来说明：

- USDT 呈现出颠覆性创新的特征，原因如下：首先，它起源于被现有企业忽视的低端市场，并提供了一款足够好的产品，可以帮助加密货币用户在不需要使用传统支付系统或银行服务的情况下，以足够接近美元的方式进行交易；其次，USDT 开始向高端市场发展，它在 100 多家交易所上市，包括 Coinbase 等保守交易所，主流和高端机构用户（如自营交易公司）都开始使用 USDT。目前，USDT 还在扩大规模，以支持其他区块链网络（如以太坊、Liquid、Tron）和货币（如欧元、人民币）。

- 摩根币展现了持续性创新的品质，支持这一观点的原因有以下两个：首先，摩根币旨在优化银行间清算和结算业务，虽然这种业务在摩根币问世之前已经存在，但摩根币的推出使该流程变得更快速、更高效；其次，摩根币的目标用户群显然定位于高端市场，而不是主流或低端用户，因为摩根币只面向机构用户。由此可见，摩根币遵循了现有的持续性创新轨迹。

- 交易币代表了一种颠覆性创新，其主要目标是让资产支持的货币获得新的生机。在其成熟状态下，数字交易币可以充当当今亟需的法定储备货币的替代品。

- Libra 的创新品质取决于其走向市场的战略。如果 Libra 最初专注于低端市场，然后又转向高端市场，则可能被视为颠覆性创新。根据其网站上的介绍，Libra 的愿景是为 17 亿没有银行账户的人群提供支付服务。没有银行账户的人群属于低端市场用户，往往容易被现有企业忽视。Libra 的每一位创始成员都拥有全球影响力和雄厚的财力，他们有能力将其愿景变为现实。如果 Libra 兑现承诺，有朝一日在无银行账户的用户市场占据主导地位，它就有极大潜力进军高端市场，最终颠覆传统的支付服务。

虽然错过潜在的持续性创新可能只会产生很小的影响，但未能发现颠覆性创新会对现有企业的生存构成威胁。随着分布式账本技术的兴起，金融服务领域已经挤满了看似创新的支付解决方案。与此同时，人们越发难以将真正的创新支付解决方案与以创新为幌子来重新包装的旧系统区分开来。因此，我们提倡应该更谨慎地使用“稳定币”一词来标记那些真正具有颠覆性潜力的新型货币。同时，我们建议避免使用该术语重新标记那些现有的或仅有极小改进的产品。

为稳定币提供新定义

我们的目标是为稳定币提供一个简洁的定义，该定义能够捕捉其基本特征且易于使用。我们确定了稳定币的三个基本属性，这些属性有助于将稳定币与其他形式的货币进行区分。

稳定币是具有以下三个属性的数字价值单位：

- **稳定币不是一种货币形式；**
- **无须与发行人直接交互即可使用稳定币；**
- **稳定币可以在二级市场上交易，且就其锚定货币而言，具有较低的价格波动性。**

使用该定义有三个优点：第一，它是技术中立的，聚焦于稳定币的基本概念元素，而不是其实现细节；第二，它与现有货币形式的定义，如欧洲中央银行的定义互斥，这一属性使得该定义可用于识别真正具有颠覆性潜力的新型货币；第三，它突出了稳定币有别于以往人们已知的支付系统的独特之处，无须与发行人进行任何直接交互，如点对点传输，即可使用稳定币，并且可以在二级市场上以较为可靠和“稳定”的价格进行交易[29]。

稳定币的分类法

大多数分类法根据稳定币抵押机制的不同来对其进行分类。例如，一些人建议将其区分为法定的、商品的、加密的和无抵押的稳定币[30]。另一些人则建议将其区分为链上、链下和无抵押稳定币[31]。还有一些人主张将其区分为完全法定抵押、部分法定抵押、加密超额抵押、动态稳定和资产抵押稳定币[32]。由于侧重于抵押类型的分类法已经众所周知，我们将避免重复采用这种方法。

本书不将重点放在稳定币的抵押情况上，而是指出了一个简单但具有启发性的二分法：是否需要有效的法律体系来保证稳定币的法律索取权，或者说在没有任何机构的情况下稳定币是否也能运作。前者以借据的形式发行，如果发行人未能兑现承诺，可能会被追究责任。后者依赖于自我维持，因为其稳定机制不依赖于任何机构和有效的法律体系。稳定币经常被审查的某些要点，如其系统的去中心化和开放程度，与持币者是否拥有法律索取权高度相关。例如，如果某种稳定币不具有法律索取权，则其系统很可能是去中心化的，具有较低的问责性和较高的开放性。由于稳定币系统通过其网络效应发挥作用，因此不太可能因为自身的原因受到限制，而更可能会受到监管机构和法律的约束。另一方面，如果法律和监管机构允许，稳定币系统很有可能会开放。

稳定币的公允价值应等于其预期可赎回金额。市场对稳定币可赎回的信任可能基于不同的原理。作为对现有分类法的扩展，我们提供了一种额外的分类法来反映不同的赎回原理，该分类法将稳定币分为三类。

- **基于索取权的稳定币。**稳定币可以有两种形式的索取权。第一种形式，持币者直接拥有法律强制执行权，基于该权利，持币者可根据参考资产（如法定货币或商品）的预定金额或价值来赎回其资产。例如，Circle 公司在其对 USDC 币的条款中指出，“将 USDC 发送到另一个地址后，会自动将赎回 USDC 并兑换美元资金的权利转移并分配给该持有人和任何后续持有人”[33]。此外，预付费支付系统中的电子货币或商业银行货币也属于这一类别。第二种形式，持币者可能受益于可传递的索取权，这意味着他们可能无权自行赎回稳定币，而必须通过第三方来赎回。例如，Libra 提出的双层稳定币系统，其中一些特权用户（授权经销商）有权赎回其资产，而其他用户没有该权利，这一机制以可传递的索取权为基础。

- **基于信任的稳定币。**这些持币者相信发行人具有良好的商业信用，认为稳定币的可赎回性不需要基于任何法律权利。发行人通常宣传其发行的稳定币具有储备支持，但会在其条款和条件中排除赎回权。例如，TrustToken 公司在其法律条款中声明：“公司本身不保证任何赎回或将 TrueCurrency 代币兑换为法定货币的权利。”[34]

- **基于技术的稳定币。**这类稳定币使用技术自动调节价格稳定，如使用智能合约来存储和管理加密资产抵押品。这种体系不依赖于法律索取权或用户对发行实体的信任，相反，用户对可赎回的期望是由他们对底层技术本身和技术实施的信任所驱动的。例如，链上抵押和算法稳定币就属于这一类。

为了使上述观点能够适用于更广泛的背景，我们参考了国际货币基金组织的货币树（见图 10-4）。货币树确定了 5 种不同的支付方式：银行货币、电子货币、投资货币、中央银行货币和加密货币。根据本章前面介绍的定义和分类法，基于索取权和信任的稳定币将包括投资货币和部分电子货币。基于技术的稳定币符合国际货币基金组织对“托管币”的定义[35]。由此可见，这个分类框架和国际货币基金组织的分类法至少具有部分一致性——特别是在基于是否存在索取权的区分方面。

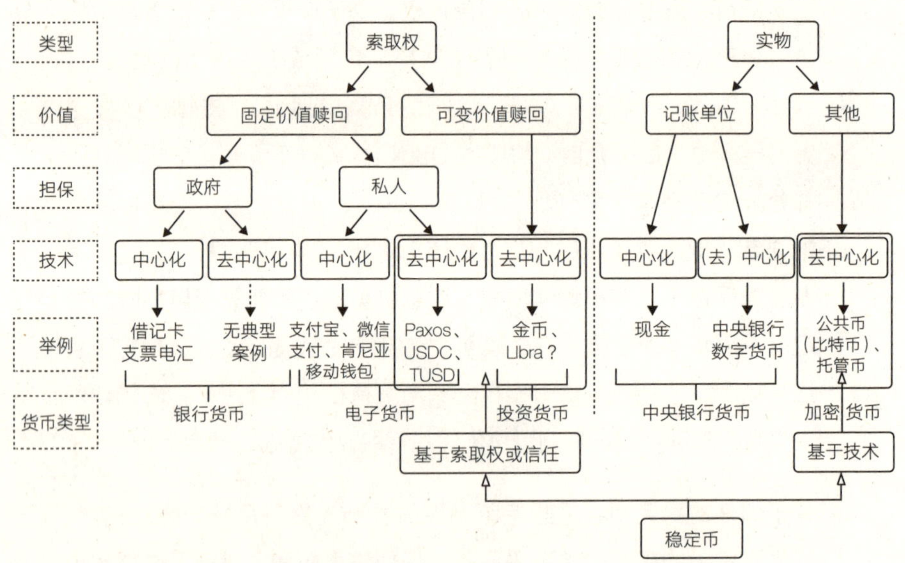

图 10-4 将稳定币放入国际货币基金组织的货币树示意图

资料来源：T. Adrian and T. Mancini-Griffoli, “The Rise of Digital Money,” July 2019。

稳定币的用例

在已经讨论过的稳定币的许多可能用例中，到目前为止，至少已经实现了以下用例：

- **跨境支付和套利。**稳定币已被用于跨境支付（尤其是在加密货币交易所之间），为交易者提供了利用套利机会的工具，从而提高市场效率。
- **交易和结算。**稳定币已被用作一种交易工具，可以快速将波动性较大的加密货币转换为更稳定的货币替代品，反之亦然。从加密货币交易所的角度来看，稳定币允许交易所为其用户提供类似于美元的交易和结算功能，从而不再依赖传统电汇。因此，稳定币能够让交易所降低对脆弱的银行合作伙伴关系的依赖。值得注意的是，大多数稳定币钱包都由加密货币交易所控制，这表明用户主要在交易所综合钱包之间转移稳定币，很少将稳定币从中提取出来。例如，最近的一份报告显示，只有大约 300 个实体控制着 80% 以上的 USDT，其中含有大量加密货币交易所[36]。
- **去中心化金融应用。**这类应用包含各种各样的用例，包括去中心化交易所、借贷市场、衍生品和链上资产管理[37]。稳定币在这些应用中发挥了重要作用。此外，像 DAI 这样的稳定币允许用户持有杠杆交易头寸[38]。并且，用户还可以锁定他们的 DAI 代币，在如 AAVE、Compare 和 dYdX 这样的平台上赚取利息。

稳定币的其他用例，如支付、工资和汇款，到目前为止还没有得到太多关注。类似地，将稳定币集成到去中心化应用程序中，或作为基于智能合约的金融合约中的现金部分处理，也尚未得到更广泛的采用。

稳定币的收入来源和成本结构

稳定币发行人可以从多种收入来源中获利。收入的构成可能会因具体稳定币设置的不同而产生巨大差异。例如，基于技术的稳定币和基于索取权的稳定币，其收入来源可能截然不同。无论稳定币类型及其收入侧重点如何，我们可以确定稳定币具有以下 5 个收入来源：

- **利息收入。**稳定币发行人通常会将准备金产生的所有利息收入分配给自己。发行人没有义务将利息收入转移给持币者，在某些情况下，这一行为甚至会被禁止。例如，Circle 等电子货币机构已被禁止支付利息。发行人在管理准备金时的自由程度取决于稳定币的法律结构，一般来说，发行人有动力为提供正利率的货币发行稳定币。例如，TrustToken 公司支持对美元、英镑、澳元、加元等发行稳定币，这些货币都提供正利率，其利率范围为 0.75% ～ 3.95%[39]。但是，最近这些货币的利率大多已几乎降为 0。根据准备金的规模，利息收入可能相当可观。例如，假设 USDT 有 41 亿美元的准备金，根据 Tether 公司的说法，“只有 Tether 可以控制和决定用于支持 USDT 的准备金的构成”[40]。让我们进一步假设，USDT 的流动性管理机构将其 80% 的准备金分配给年利率为 1.7% 的美元货币市场基金，这将会产生每年 5 580 万美元的收益[41]。

- **交易费用。**稳定币发行人可以对每笔交易收取费用。例如，USDT 的智能合约有一项功能，允许它收取高达交易额的 20 个基点的费用，且在每笔交易中该费用不能超过 50 美元[42]。假设平均每日交易数量为 100 000 笔，平均每笔规模为 5 000 美元[43]，如果 Tether 公司收取 1 个基点的交易费用，每年将会产生 1 825 万美元的收入。然而，到目前为止，Tether 公司尚未收取任何交易费用，因为这样做会降低市场使用 USDT 的积极性，从而可能导致 Tether 公司的准备金缩减，使利息收入减少。此外，交易费用仅适用于链上交易，而不包括任何交易所内交易。到目前为止，利息收入似乎已经超过了交易费用的潜在收入。正如它们在代码中所体现的那样，Tether 公司很可能将交易费用视为最后的手段（“如果有必要支付交易费用”[44]）。

- **发行和赎回费用。**稳定币发行人可以对稳定币的发行（铸造）和赎回（销毁）收取费用。例如，Tether 公司对每笔存款收取 0.1% 的费用，对每次取款从 0.1% 取款额和 1 000 美元中取较高者收费[45]。显然，发行人可以通过收取费用来调控资金从稳定币体系中流入和流出。如果发行人在准备金规模或资产负债表方面有限制（如对电子货币机构的资本要求或发行人的银行合作伙伴给出的限制），则有必要通过收费来控制资金的流入和流出。同样，在流动性短缺的情况下，发行人可通过征收更高的取款费用来阻止资金外流。

- **交叉销售。**稳定币发行人可以交叉销售基于其稳定币的附加服务。例如，有的加密货币交易所与稳定币发行人密切相关，如前面介绍过的 Bitfinex 和 USDT。发行稳定币可以作为吸引和促进平台交易的一种手段。此外，交易所也可以开拓自己的稳定币市场，这样做可能会产生额外的收入。

- **二级代币。**基于技术的稳定币系统通常被设计为双重代币模型，其中一种代币被用作稳定币，另一种代币提供与稳定币系统交互的特殊功能。第二种代币通常被设计为随着稳定币的使用而增值。稳定币系统的创建人定期将这些代币中的一部分分配给自己，以从这种价值增值中受益。例如，DAI 有一种特殊的管理代币 MKR，需要用它来结清抵押债务头寸。每当用户想要重新访问其锁定的加密资产时，都需要以 MKR 代币的形式支付利息，这些代币随后会被销毁。由于 MKR 代币的供应量随着时间的推移而下降，因此在其他条件不变的前提下，这可能会导致其价格上涨。

与收入来源一样，稳定币的成本结构因稳定币的类型而有所不同。特别地，成本结构将在很大程度上取决于其发行实体是否受到监管。总的来说，我们确定了以下 7 个成本组成部分：

- **法律、监管和合规性。**可能需要阐明各种相关的法律法规。根据发行人（如电子货币机构）的监管状态，也许会产生许可费用。每个提供稳定币的司法管辖区可能都需要许可证。此外，还需要考虑合规性。例如，确保遵守客户身份识别制度和反洗钱法规的要求）。
- **IT 开发。**当使用公共分布式账本技术时，稳定币发行人将从底层技术的开放性和互操作性中受益。开发成本主要在于建立智能合约。相比之下，集成到钱包或交易所等第三方系统不需要付出额外的努力，如遵守以太坊平台上的 ERC-20 等标准。
- **IT 审计。**当稳定币基于公共分布式账本技术时，相应智能合约的正常运行至关重要。通常，稳定币发行人会要求安全专家对智能合约进行审计，以确保合约没有任何安全漏洞，并能够按预期工作。
- **财务审计。**根据稳定币发行人的受监管状况，对其财务报表的审计可能是强制性的。一些发行人可能会自愿进行财务审计，以向用户保证其是以负责任的方式来管理准备金的。
- **银行服务。**根据稳定币的性质，发行人可能依赖银行服务来存储其准备金。
- **密钥管理。**稳定币的发行和赎回涉及某种形式的审批流程。特别是对于使用公共分布式账本技术的稳定币而言，安全地管理潜在管理员和发行人的密钥至关重要。
- **保险。**当稳定币由黄金或现金等实物资产作为支撑时，通常需要将相应的存储纳入保险范围内。

根据稳定币的类别，在其成本结构中，固定成本可能倾向于比可变成本更高，从而可以提供一种有吸引力的、可扩展的商业模式。毫不意外，一些稳定币发行人在离岸地点成立公司以规避监管要求，他们同时仍然可以从分布式账本系统提供的无国界的全球交易中受益。

如何监管稳定币

从监管的角度来看，到目前为止，还没有对稳定币的统一定义。为了反映当前情况，我们简要回顾一下瑞士金融市场监督管理局关于稳定币的声明、美国发布的《稳定币即证券法案（2019）》（*Managed Stablecoin Are Securities Act of 2019*），以及欧洲中央银行的立场。

瑞士金融市场监督管理局指出，目前瑞士尚未出台专门针对稳定币的明确法规。然而，瑞士金融市场监督管理局遵循技术中立的原则，指出针对许多已提出的稳定币项目，它们会根据《银行法》（*Banking Act*）或《集体投资计划法案》（*Collective Investment Schemes Act*）的规定来判断其能否获得许可。此外，由于稳定币通常用作支付手段，因此几乎总会适用《反洗钱法案》（*Anti-Money Laundering Act*），从而会要求其严格遵守客户身份识别制度的规定进行交易监控，并落实其他保障措施。最后，如果要创建一个非常重要的支付系统，则可能需要根据《金融市场基础设施法案》（*Financial Market Infrastucture Act*）的规定来判断其能否获得许可。瑞士金融市场监督管理局基于业务实质已将稳定币划分为 8 类，其中绝大多数类别的业务模式已被现有法规覆盖。例如，如果稳定币与法定货币挂钩，这可能构成现有银行法律规定的吸收存款业务（如 USDT）。如果稳定币与一篮子法定货币挂钩（如 Libra），适用的法规则取决于由谁来承担与货币篮子管理相关的市场风险。

如果由发行人承担相关风险，就构成了现有银行法律规定的吸收存款业务。如果由代币持有者承担风险，则稳定币会被视为集体投资计划[46]。瑞士金融市场监督管理局将大部分稳定币纳入现有法律法规这一事实证实了我们的观点，即在许多情况下，稳定币并不是一种新的货币形式。与瑞士金融市场监督管理局

"实质重于形式"的看法类似，美国政策制定者提倡对稳定币采取"相同风险，相同规则"的措施。在美国发布的《稳定币即证券法案（2019）》中，将"受管制稳定币"定义为一种数字资产，其价值需要参考一篮子资产的价值来确定，持有者有权根据一篮子资产的价值获得报酬。根据现行的《1933年证券法》（*Securities Act of 1933*），这些"受管制稳定币"将被视为证券[47]。

最终，欧洲中央银行也表明立场，其对于稳定币的监管措施与瑞士金融市场监督管理局和美国政策制定者类似。尽管欧洲中央银行确实承认，一些稳定币可能未被涵盖在当前监管制度的范围内，但在许多情况下，它们所带来的风险与其"非分布式账本技术竞争对手"相同。欧洲中央银行特别指出，作为代币化基金发行的稳定币可能属于电子货币，因此这种稳定币已经被欧盟现有的第二版《电子货币指令》（*Electronic Money Directive*）所涵盖。欧洲中央银行还指出，新技术的使用可能常常被误认为是引入了新的资产类别，然而，那些真正属于新加密资产的稳定币可能仍然会面临与其治理和监管相关的重大不确定性[48]。

值得注意的是，对稳定币的监管不仅与潜在的许可要求相关，还可能对其会计处理方式产生影响。例如，就银行资产负债表的资产端而言，瑞士金融市场监督管理局建议对加密货币资产赋予800%的风险权重，无论这些资产是存放在银行还是存放在交易账户中[49]。根据其具体性质，稳定币可能会被视为加密货币，从而引发更高的资本要求。由于还没有官方声明，目前最好的建议可能是，每一家打算通过用稳定币进行交易的银行，最好向监管机构核实该代币的监管资格。同样，从稳定币发行人的角度来看，资产负债表负债端的会计处置可能会因稳定币的具体性质不同而产生很大差异。虽然可能很容易向公众解释作为电子货币的这部分稳定币，但解释一些更新奇的稳定币可能会相当具有挑战性。

稳定币未来的发展

稳定币领域内外的一些因素将推动稳定币进一步发展。政策制定者、现任者、挑战者和用户都将影响稳定币的发展。

在加密货币领域，创建一个新的、重要的去中心化应用程序或加密资产，可能会对稳定币产生突然的需求冲击。例如，如果需要稳定币与去中心化应用程序进行交互，或者用稳定币作为唯一的接入点来购买有前景的新加密资产，那么对稳定币的需求可能会激增。

同样，采用去中心化交易所也可能导致对稳定币的需求增加，以促进交易。相反，如果发生重大事件，如检测到分布式账本系统中的严重漏洞，或者某个占主导地位的加密货币交易所存在大规模安全漏洞时，稳定币的使用量可能会减少。根据此类事件的严重程度，政策制定者可能不得不对使用稳定币的企业执行更严格的规定。如果对稳定币产生政策冲击，如引入特定的许可要求，可能会降低稳定币项目的吸引力，在最坏的情况下，可能会导致发展停滞。

除了监管环境外，整体经济环境可能也会对是否采用稳定币的决定产生影响。例如，如果利率正常化，风险更高的资产类别的需求量可能会下降，同时也会导致那些持有零利率稳定币的用户的机会成本更高。另一方面，在金融危机的背景下，用户可能会突然被加密货币等替代货币形式所吸引。加密货币交易所交易活动的增加，可能会对稳定币的普及产生积极影响。最后，引入中央银行数字货币这一举措可能会从根本上改变整个货币体系，而中央银行数字货币可能会抢占稳定币的市场地位。

BUILDING THE
NEW ECONOMY

章末总结

稳定币的未来情景：货币体系的颠覆者

稳定币是一种模糊的货币概念。虽然稳定币起源于加密货币世界，但现在已经成为一种独立的概念。尽管如此，为了更深入地了解稳定币领域目前已解决以及将来可能待解决的问题，我们还需要了解稳定币最初问世的途径和原因。

稳定币伴随着私有货币发行民主化理念的兴起而诞生。同时，加密货币交易所需要一种法定货币的替代品，以减少它们对脆弱的银行合作伙伴关系的依赖。**事实证明，稳定币是一种既能促进加密货币交易生态系统生长，又能最大限度减少对传统银行服务的依赖的绝佳解决方案。**随着 USDT 越来越受欢迎，人们对稳定币的热情逐渐高涨。与此同时，随着稳定币一词的广泛传播，稳定币的含义开始变得模糊。

不准确的术语可能使人们容易受到欺骗性创新的影响，导致人们高估新瓶装旧酒的支付系统的重要性，并可能忽略货币体系中更深刻的变化。正如前文所述，克里斯坦森的颠覆性创新理论提供了一种有用的工具，用于区分稳定币是属于真正的新资产类型，还是新瓶装旧酒。基于这些见解，我们提供了一个新定义，该定义提炼了稳定币的基本特征。具体来说，我们主张稳定币不是现存的货币形式，不需要稳定币与发行人之间有任何直接关系，且稳定币可以在二级市场上以相对稳定和可预测的价格进行交易。

此外，我们还提出了一种易于使用且富有表现力的分类法，重点关注是否存在法律索取权，从而区分基于索取权、基于信任和基于技术的稳定币。通过与现有分类法进行比较，我们还将这种分类法置于更广泛的背景中，并发现该分类法与国际货币基金组织的货币树有很强的一致性。

我们还简要回顾了稳定币的当前用例，重点介绍了跨境支付、跨加密货币交易所结算和去中心化金融应用。我们认为，稳定币的概念已经超越了其源头——加密货币的概念。然而，稳定币的使用仍然在很大程度上植根于加密货币领域。

通过分析稳定币的收入和成本结构，我们发现，准备金的利息收入为稳定币发行人提供了巨大的上升潜力。鉴于其主要的固定成本结构，稳定币构成了高度可扩展的商业模式。毫不意外，为了降低成本，许多发行人在离岸地点成立公司，他们同时仍然受益于当今分布式账本系统的全球影响力。

本章通过回顾瑞士金融市场监督管理局、美国政策制定者和欧洲中央银行的声明，简要地考虑了监管机构的观点。我们发现，大多数监管机构均持技术中立的观点，旨在将稳定币纳入现有法规。

此外，我们还简要展望了未来可能的情景，作为对稳定币研究的结尾。我们发现，基于索取权和基于信任的稳定币建立在现有货币形式的基础上，而基于技术的稳定币则与传统货币创造圈脱钩。

总而言之，我们得出结论，稳定币是一个不断变化的概念，具有从根本上改变金融体系的巨大潜力。随着分布式账本技术提供的无国界且易于集成的基础设施的广泛应用，稳定币有可能在全球范围内迅速扩展，并颠覆现有的支付系统。稳定币挑战了我们对货币的固有看法，并带来了一种看似反常的现象，即稳定币可以像货币一样使用，但它实际上并没有被贴上货币的标签。对于稳定币是否会与现有支付体系共存，还是作为现有支付体系的一种补充形式，或是彻底替代现有支付体系，仍有待观察。但无论如何，我们都应该力求使用更简洁的、技术中立的语言，从而能够专注于未来货币形式的真正的颠覆性潜力，以更有目的性的方式使用分布式账本等新技术。

BUILDING
THE
NEW
ECONOMY

第 11 章

分布式系统的互操作性

区块链和分布式账本技术是个新兴领域，它面临的关键问题之一是各个区块链网络之间缺乏互操作性[1]。S. 哈伯（S. Haber）和 W. 斯托尼塔（W. Stornetta）[2]最初对区块链提出的理念成为目前绝大部分区块链系统的基础架构。这个理念最初从比特币系统开始得到应用——比特币系统首先采纳了这个理念，并将其应用到数字货币环境上。纵观互联网和一般计算机网络（如局域网、广域网）的发展历史，世界是不太可能建立在一个统一的全球区块链系统之上的。未来世界的样貌可能是由一个个区块链系统组成的岛屿群，就像组成互联网的自治系统一样，这些岛屿群通过现代化的方式连接在一起，以形成紧密的联盟。

区块链网络和互联网路由域有本质的不同，体现在区块链共享账本记录中包含的签名信息具有显而易见的经济价值。就互联网协议路由域而言，路由协议和网络元素（如路由器）的目标是在尽可能短的时间内引导数据包通过该域。因此，数据包或协议数据单元往往是临时的，而且它们本身没有任何价值。实际上，一些路由协议可能会复制一些数据包，并通过不同的路由器传递数据包，以便于提高整个应用层消息的传递速度。

在区块链技术的世界里，许多区块链协议和网络方面的顶尖开发平台都尝试成为开展交易的唯一平台。从互联网发展的历史来看，我们认为这种观点太狭隘，甚至太幼稚。区块链世界中许多引领性的声音往往忽视了互联网架构的基本目标，也没能理解这些目标是如何引导互联网取得今天的成功的。这个目标是由美国国防部高级研究计划局规划和领导的：在 20 世纪 60 年代至 70 年代的冷战时期，人们迫切需要开发一种新的通信网络架构，使通信在面临攻击时也能留存下来。接下来，我们将回顾和讨论这些目标。

本章的目的是通过借鉴互联网几十年来发展的经验教训，总结出区块链系统的互操作性、生存性和易管理性的特点。我们的总体目标是为促进互操作性的发展，建立一套互操作区块链架构的设计理念，并制定一套提升互操作性的设计原则[3]。

本章作者：托马斯·哈德乔诺
亚历山大·利普顿
阿莱克斯·彭特兰

设计互联网架构

在探讨区块链系统未来的发展方向之前，先让我们回顾和思考一下互联网架构的设计目标。互联网架构是 20 世纪 70 年代早期由美国国防部高级研究计划局在一个项目中提出的。20 世纪 80 年代末，对互联网的定义是“一个分组交换通信设施，其中许多可区分的网络通过分组交换通信处理器连接在一起，该处理器即网关，它们实现了具有存储和转发功能的分组转发算法”[4]。

互联网架构的目标

值得一提的是，高级研究项目代理网络（阿帕网，即互联网的前身）的设计以及互联网青睐军事价值——如生存性、灵活性和高性能的定位，而非商业价值——如低成本、便捷性和对消费者的吸引力的定位[5]，反过来又促进了互联网的发展和使用。互联网的设计始于 20 世纪 60 年代至 70 年代，设计初衷是服务于军事。阿帕网作为一个早期的分组交换网络，是第一个实现了 TCP/IP 协议簇的网络。

美国国防部高级研究计划局当时的观点是，互联网架构有 7 个目标，前 3 个是基础的，其余 4 个是第二个层级的目标。以下是互联网按其重要性排序的基本目标。[6]

首先是生存性，即便网络或网关丢包，互联网通信仍然会继续。

生存性是互联网最重要的目标，特别是当它被应用于军用分组交换通信设施时，这个目标就变得更为重要。这就意味着当两个实体正在通过互联网进行通信时，如果出现故障导致互联网暂时中断，互联网能够重新配置以重建服务，此时正在通信的实体不用重建或重置它们对话的高层状态[①]，就能够继续通信。因此，为了实现生存性这一目标，就必须保护正在进行的对话的状态信息。

更重要的是，在实际应用中，这意味着如果同时出现实体本身丢失的情况，则与该实体相关的状态信息也会丢失。这个对话状态的概念与后面讨论的端到端原则有关。

其次是服务类型的多样性，即互联网必须支持多种类型的通信服务。“多种类型”意味着互联网架构的传输层应该支持不同类型的服务，各种服务通过对速度、时延和可靠性的不同需求来加以区分。实际上，正是为了实现服务类型多样性的目标，互联网被分成 TCP 层和 IP 层，并在 TCP 层使用字节而不是数据包进行流控制和确认。

最后是网络多样性，即互联网必须适应网络多样性。互联网架构必须能够整合和利用多种网络技术，包括军事和商业设施。

互联网架构的另外 4 个目标是资源的分布式管理、成本效益、易于连接主机以及资源使用可计量[②]。经历了几十年的发展后，第二层的目标已经以不同的方式实现了。例如，资源使用的计量机制从最基本的管理信息库演变成当前复杂的流量管理协议和工具。**成本效益一直是消费者互联网服务提供商和企业网络的商业模式的一个重要指标。**

① 指在应用层不需要额外的操作。——译者注

② 此处也隐含了可以定量评价和追溯责任的意思。——译者注

端到端原则

20世纪80年代，关于互联网架构发展的一个关键争议是，应该把处理消息传输可靠性的功能，如重复消息检测、消息排序、有保障的消息传递、消息加密等放在哪个地方。实际上，在数据通信系统传输可靠性措施的领域有大量研究，如何权衡性能指标成为研究的关键。也就是说，可靠性方面的底层功能需要由网络实现，而不是由终端的应用程序实现。

反对底层功能由网络实现的观点被称为端到端原则。其基本论点是，底层子系统如果支持分布式应用，则会把它的时间浪费在本该由应用层执行的任务上[7]。举个例子，对重复消息的抑制任务应该由应用层完成，因为应用程序最擅长的就是如何检测自己的重复消息。

端到端原则的另一个用例是数据加密。如果要由网络层执行加密和解密，则需要授信网络和数据传输系统去安全地管理加密密钥。此外，当数据进入网络时，即要在网络里加密时，数据将是明文的，因此容易被盗窃和攻击。最终，加密消息的接收方应用仍然需要验证消息源的真实性，而且该应用还需要进行密钥管理。因此，执行数据加密和解密的最佳地点是终端应用。通信子系统不需要对所有通信数据进行自动加密，也就是说，加密是端到端的功能。

端到端原则是互联网安全架构的一个基本设计原则。除此之外，它还影响了互联网后续安全的发展方向，包括IP安全子层[8]的开发及其伴随的密钥管理功能的发展[9]。今天，网络行业的整个虚拟专用网子部分都是基于端到端原则发展出来的——在未来几年，仅全球的虚拟专用网市场规模就将达到700亿美元。当前，为保护超文本传送协议（HTTP）Web流量（浏览器）而使用的安全套接字层[10]也是建立在端到端原则的前提下的，即客户端—服务器数据加密是由浏览器（客户端）和HTTP服务器执行的端到端功能。

自治系统原则

互联网发展中的另一个关键概念为自治系统（又称路由域），它是能够提供可扩展能力的连接单元。更具体地说，自治系统的经典定义是一个或多个网络的连接组，可通过 IP 前缀进行区分，它有明确定义的路由策略，并由一个或多个网络运营商负责运行[11]。自治系统的概念提供了一种分层聚合路由信息的方法，使得路由信息的分布成为一项可管理的任务。这种划分为域的方式为每个域的所有者或运营商提供了使用其所选择的路由机制的独立性（见图 11-1）。因此，自治系统内部的 IP 数据包路由被称为域内路由，而自治系统之间的或跨自治系统的路由则被称为域间或跨域路由。许多路由服务提供商（包括消费者互联网服务提供商、骨干网服务提供商和其他参与的公司）的共同目标是支持在速度、时延和可靠性方面不同类型的服务。

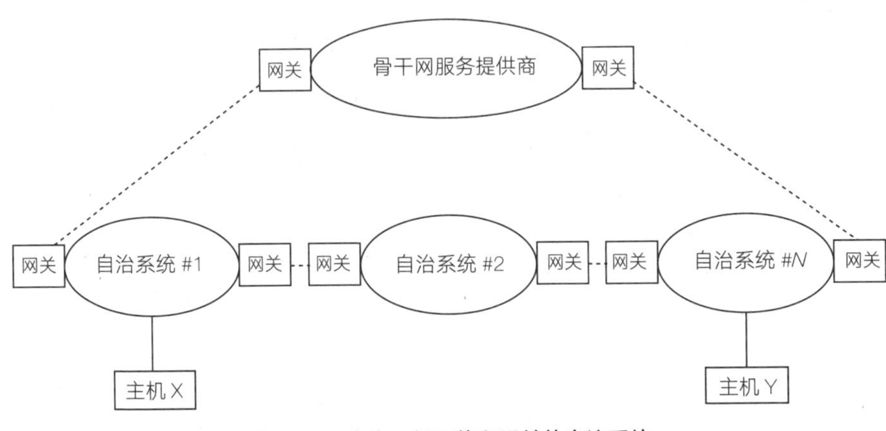

图 11-1　作为一组网络和网关的自治系统

资料来源：V. G. Cerf and R. E. Khan, “A Protocol for Packet Network Intercommunication,” *IEEE Transactions on Communications,* 22 (1974): 637–648。

域内路由的目标是使用域内路由协议在路由器之间共享最佳路由信息，如距离向量 RIP[12] 或链路状态 OSPF[13]。所选择的路由协议必须解决许多问题，包括可能出现的循环和流量分配中的不平衡。如今，路由器通常由自治系统的合法所有者（如互联网服务提供商或公司）拥有和运营。这些所有者通过签订对等协议，以实现跨多个点或跨域的端到端的服务。互联网服务提供商的主要收入模式为向不同用户群提供不同层次的服务。

关于自治系统的范式和在过去 40 年里该范式对互联网发展的积极影响，有以下几个要点：

- **自治系统的范式导致了规模化。**自治系统范式、无连接路由模型和互联网的分布式网络拓扑结构，允许每个自治系统单元在本地解决性能问题。这反过来又促进了端到端的吞吐量，并促使连接的端点量达到一定的服务规模。因此，当前有必要把全球互联网视为基于对等协议而连接的自治系统岛屿。

- **具有分布式拓扑结构的域级控制。**每个自治系统单元通常拥有多个支持相同域内路由协议的路由器。多个路由器的可用性意味着通过域的多个路由路径具有可用性。尽管有分布式网络拓扑结构，这些路由器仍然是集中控制的，如通过域的网络管理员进行控制。作为一个控制单元，自治系统通过域所有者的集中管理，实现了较高程度的可管理性、可见性和对等能力。

- **域内的每个实体或设备都是唯一可识别的。**自治系统中的所有路由器和其他设备，如桥接器和交换机，对网络运营商来说都是唯一可识别和可见的，这是路由功能的核心前提。域内设备的可识别性和可见性通常仅限于该域，域外的实体无法知晓域内存在哪些路由器。

- **自治系统的可达性。**自治系统通过一种特殊类型的路由器——网关进行交互，网关是为跨域分组路由而设计和配置的。这些特定类型的协议（如外部边界网关协议[14]）提供了跨域的数据包传输机制。由于各种原因（包括隐私和安全），这些面向外部的网关协议通常只发布域内路由器和主机的可达性状态信息，而不发布内部路由条件。

- **自治系统由合法实体拥有和操作。**所有的路由自治系统（路由域）现在都由已知的实体拥有、运营和控制。互联网服务提供商将它们的自治系统号码和路由前缀提供给互联网路由注册中心。互联网服务提供商可以通过互联网路由注册中心来制定路由计划。该中心的一个代表是美国互联网号码注册中心[15]，它是世界上几个互联网路由注册中心之一。

在下一节，我们将在区块链系统的上下文中重新回顾互联网架构的基本目标，以确定区块链互操作性的一些基本需求。

区块链系统的设计理念

20 世纪 70 年代至 80 年代，一些局域网系统（如 IBM SNA[16]，DECnet[17]）出现并服务于企业。然而，这些局域网系统之间不能交互操作，它们的技术方法边界非常明显（如物理层协议[18]）。如今，又出现了类似的场景，即人们提出了多种区块链的设计方案，如比特币[19]、以太坊[20]、超账本[21]、分布式账本[22]等，每一种技术都有不同的设计理念和方法。大多数系统共享一些通用术语，如“交易”“挖矿节点”，但这些系统之间很少或根本没有互通。

从互联网架构的第一个基本目标开始，我们就总结出一个经验：**互操作性是生存性的关键，即互操作性是区块链技术整个价值主张的核心。**如果区块链系统和技术要成为未来全球商业的基础设施，那么在机制层面和价值层面，区块链系统间的互操作性均为必须满足的要求[23]。

本章主要关注区块链系统在机制层面的互操作性，互操作性是系统之间技术互信程度的一个度量指标。反过来，上层应用也需要技术信任，以实现价值层面的互操作性，从而能够通过技术互信的手段来量化风险，并创建法律框架。设计糟糕的区块链系统将会增加商业风险，反之亦然。最后，业务互信可以建立在这些法律框架上，从而使得交易业务在全球多个区块链系统之间无缝进行。

本节将提出并讨论区块链互操作性面临的一些挑战，同时将互联网架构的基本目标作为一种指南，来设计具有互操作性的区块链系统的理念基础。

为了阐明互操作性在区块链系统中的意义，我们用美国国家标准与技术研究所对区块链的定义，来展示可互操作的区块链架构的含义，该定义为“一个可互操作的区块链架构由可区分的若干区块链系统组成，其中每个组成部分代表唯一的分布式数据账本，基本交易会在多个异构区块链系统间执行，记录在区块链中的数据是可访问、可验证和可引用的，并可被国外的交易以语义兼容的方式引用”[24]。下面，我们将重新阐述生存性、服务类型多样性和区块链系统多样性。

生存性

如前所述，互操作性是生存性的关键。在互联网架构中，美国国防部高级研究计划局[25]认为，生存性意味着即使网络和网关丢包，通信仍然能继续进行。在实际工程中，这意味着分组交换模型会在无连接路由的模式下使用。

在区块链系统的背景下，生存性也意味着在面对各种攻击时，系统仍然能继续操作。对区块链系统可能的攻击类型前面已经讨论过，这些攻击多种多样，从经典的网络层攻击，如网络分区、拒绝服务、分布式拒绝服务，到针对特定架构的更复杂的攻击，如共识算法[26]，再到针对“挖矿节点”的特定攻击，如代码漏洞、病毒。与互联网上的应用类似，我们也可以从区块链上交易的应用及其用户的视角审视生存性：即使区块链受到攻击，用户交易也应该尽可能地继续进行。

因此，我们建议重新阐述区块链系统生存性的含义，即应用层的交易完成（确认）独立于已经完成交易的区块链系统。此外，交易由多个子交易组成，就像互联网的消息由多个 IP 数据包组成一样。因此，区块链应用层的交易由多个分类账级交易（子交易）组成，其中每个子交易可以被用于不同的区块链系统，如区块链 A 中的资产转移子交易和同时间段的区块链 B 中的支付子交易和税收子交易。

通过多个域路由的数据包的过程对用户的通信应用程序（如电子邮件、浏览器）来说是不透明的。这在区块链中被重新定义，即区块链系统的子交易通常对用户应用程序是不透明的。因此，可靠性和“尽最大努力交付”的任务变成了“确保应用层交易在合理时间内完成”的任务，并且在这个任务中，应用程序本身有可能已经忘掉了不同分类账级子交易被最终确认的实际区块链。

为了打消用这种方式解释生存性的顾虑，下面先举一个最简单的例子：应用将交易“数据”（签名的哈希值）发送到区块链，以便将其记录在区块链的分类账上。我们暂时忽略无许可区块链和被许可区块链的两种分类方法，忽略区块链的特定逻辑语法。在这里，应用并不关心哪个区块链记录了数据，一旦确认了交易，应用程序和其他实体随即可以找到交易区块，并验证数据是否已被永久记录。图 11-2 说明了这个场景，该应用程序将数据字节（哈希值）传输到区块链系统 1，并等待区块链确认可用。在超过预定的等待时间之后，应用程序将相同的数据字节传输到其他的区块链系统，即区块链系统 2。应用程序会继续运行整个流程，直到获得它所需的确认信息为止。

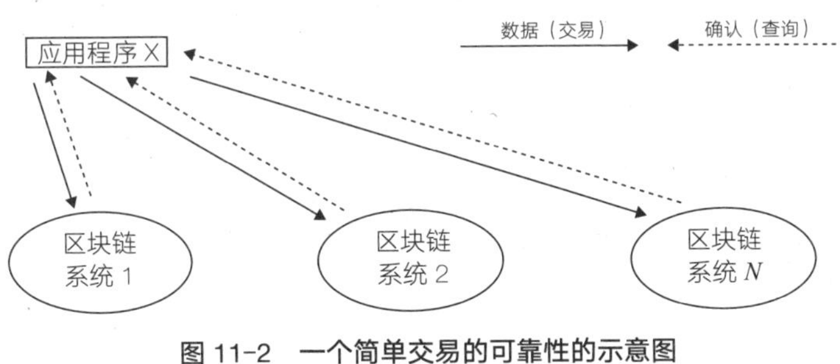

图 11-2　一个简单交易的可靠性的示意图

尽管这个例子可能显得过于简单和低效，并且具有对多个区块链进行确认的副作用，但它强调了一些与互联网架构发展初期出现过的类似问题：

- **应用感知程度。**应用需要在多大程度上感知区块链系统的内部结构，才能利用区块链并与其互通？如今，大部分钱包应用都必须维护关于密钥应用于哪个区块链系统的配置信息。相比而言，当今的电子邮件客户端应用还不知道数据包、媒体访问控制协议数据单元、路由等的构造，它通过高级协议（如 POP3、IMAP、SMTP）和定义好的应用程序接口与邮件服务器进行交互，而电子邮件客户端只需要知道目标电子邮件地址即可将邮件送达。

- **区块链系统的可识别性和可寻址能力。**对可互操作的区块链架构而言，每个区块链自治系统需要从命名和寻址或路由的角度进行区分。这就产生了一些新的挑战，如允许一个节点同时参与多个区块链系统的情况。从密钥管理的角度来看，在几个不同的区块链系统中多次使用同一公钥对也是一个问题。

- **可靠性功能的定位。**在可互操作的区块链系统中，可靠性的正确概念是什么？可靠性的功能定位是什么？也就是说，再次传输相同数据字节（交易）的功能应该是应用程序的一部分、区块链系统的一部分，还是尚未定义的"中间层"的一部分？相比之下，在 TCP/IP 协议簇中，TCP 具有许多流控制特性，这些特性隐藏了来自更高层应用程序的可靠性问题。

- **语义互操作性。**如果未来出现具有不同应用的区块链自治系统，如资产注册、货币交易，那么需要什么样的机制来向外部系统传递区块链的功能目标及其特定应用的语义？相比而言，HTTP 和 RPC 进程间通信都在 TCP/IP 层上运行。以上这些代表了不同类型应用对不同资源的访问范例。

- **衡量速度和性能的客观基准。**外部实体如何获取区块链系统当前的性能或吞吐量信息？用什么度量方法来比较不同的系统？

服务类型多样性

互联网架构的第二个目标是支持不同类型的服务，这些服务以不同的速度、时延和可靠性来区分。可靠的双向数据传递模型适用于互联网上的各种应用程序，但每个应用（如远程登录、文件传输）都需要不同的速度和带宽资源。在互联网设计的早期，人们就发现需要多个传输服务，并且架构需要同时支持可靠性、延迟性或带宽的要求。这导致 TCP（提供可靠的序列数据流）与 IP 分离，后者使用数据报的公共构建模块提供"全力以赴"的交付。创建用户数据报协议（User Datagram Protocol, UDP）[27] 是为了解决某些应用程序希望直接访问数据报的构造以确保可靠交易的问题。

对于区块链系统，我们建议从各种应用的不同需求的角度来重新解释服务类型的概念。下面定义了三种基本的服务类型：

- **即时直接确认。**指应用程序需要第一时间从目标区块链系统获得确认。交易确认必须在目标区块链进行，因此速度和时延是这类应用程序主要关注的问题。图 11-3（a）是这类服务的概括。即时直接确认的情况类似于经典的基于 TCP 的登录服务，即用户在特定的计算机系统登录，只需要极短的时间（如毫秒、秒）进行确认。数字货币应用程序（如货币交易系统）就是需要直接和即时确认的、低时延系统的典型例子。
- **延迟居间确认。**指应用程序需要居间区块链系统提供“临时”的确认，然后将交易“移动”到其目标区块链系统。这类服务如图 11-3（b）所示，该应用将获得两次确认。第一次是来自居间区块链系统的临时确认，第二次是由目标区块链系统进行的最终确认。因为有两次确认，因此有两个时延值。从实践的视角看，应用认为第一次时延很短暂，可以接受；而第二次时延需要较长的时间，如分钟级，这类似于经典电子邮件系统所使用的存储和转发方法。这类应用的例子是非关键公证应用程序，它寻求记录静态不变的数据，如出生证明上的出生日期，并且不需要低时延的确认。
- **多链居间确认。**这是前面提到的单个居间确认演变成的多链居间确认。两个或多个应用程序在目标区块链系统上有相同的结算逻辑，获得同意后，它们就尝试在这个目标区块链系统上完成公共交易。每个应用程序都希望获得居间区块链系统的“临时”确认，随后它们都会从目标区块链系统获得最终确认，这类服务如图 11-3（c）所示。这类似于基于 TCP 的消息传递或聊天服务器（如 XMPP），即使每一方都可能有自己的本地服务器，两方（或多方）仍会集中在一个公共服务器上。

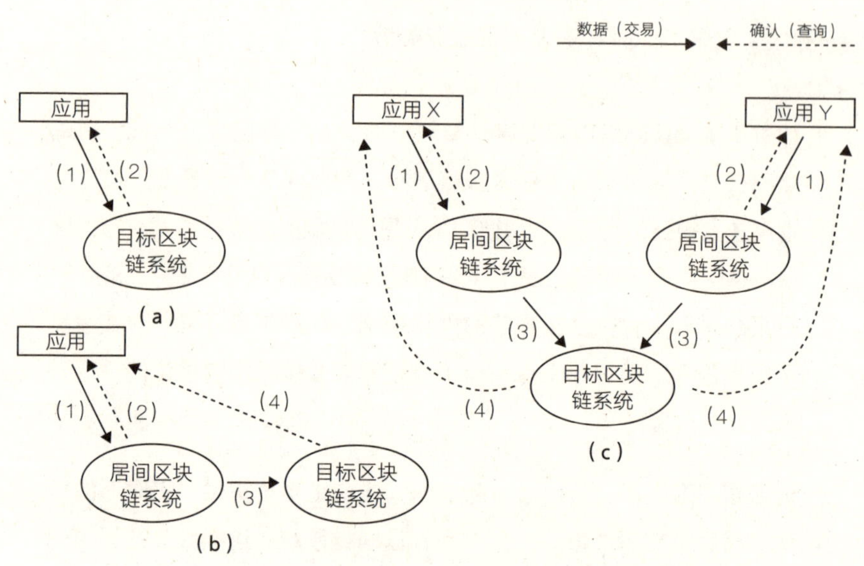

图 11-3　基于不同确认模型的服务类型

注：图（a）即时直接确认；图（b）延迟居间确认；图（c）多链居间确认。

区块链系统多样性

互联网架构的第三个基本目标是支持网络的多样性，包括在物理层采用不同传输技术的网络（如 X.25、SNA）、本地网络、长途网络、由不同的合法实体经营或拥有的网络。互联网架构的最小假设——这是互联网作为一个可互操作的网络系统的核心，即每个网络能够作为最小公分母传输数据报文。此外，每个网络都会尽力而为地完成传输任务，而传输的可靠性是合理但不完美的。

对于区块链系统，我们在两方面对最小假设进行了重新阐述：（1）一种通用的标准化交易格式和语法，无论它们各自的技术路线怎样，都将能被所有区块链系统识别；（2）一个通用的标准化最小操作集，无论它们选用何种技术，都将能在所有区块链系统上实现。

通用交易格式的概念类似于最小 IP 数据报的定义，这个概念由文特・瑟夫（Vint Cerf）和鲍勃・卡恩（Bob Kahn）[28] 于 1974 年在一篇里程碑式的论文中首次提出。数据报的操作非常简单且包含在数据报的构造中，即把一组字节从一个 IP 地址传输到另一个 IP 地址。在区块链系统中，情况则更为复杂。除了在当前系统交易中发现的公共字段（如发送方和接收方的公钥、时间戳、指针）之外，还有操作代码符号中的语义问题。一些数学运算是清晰的，如加法、乘法、哈希函数的运算代码，但其他运算可能会在跨系统操作中产生某种程度的歧义。

与 20 世纪 80 年代至 90 年代实现局域网和本地路由的各种技术类似，如今可以从以下几个技术方面区分各个区块链系统：

- **治理模式。**区块链系统里的术语“治理”是以下方面的结合：对参与者群体的人为驱动政策、在区块链软件和硬件结构内部编码的操作规则、作为“智能合约”（节点上可用的存储过程）的区块链特定应用。
- **确认速度。**区块链系统的速度或吞吐量是指基于参与节点的群体规模等因素来确认的速度。
- **共识的强度。**节点规模大小即促进共识的实体数量，无论这些信息能否获得，它们在任何时刻都是一个重要的考虑因素。在系统不被许可的情况下，获取节点规模信息是困难的，因为节点要么是匿名的，要么是外部实体无法获得的。
- **被许可的程度。**目前，无许可与被许可的区别是从用户可以参与系统的程度来划分的 [29]。被许可的跨区块链互操作产生了另一个问题，即外国域（如另一个区块链系统）中的交易如何引用或“指向”记录在分类账上的数据。
- **匿名度。**至少有两种匿名与区块链系统相关：第一种涉及终端用户的匿名，如身份匿名 [30]，第二种是参与处理交易的节点的匿名，如参与了有共识案例的节点。某些组合情形也是可能的，例如，许可制度要求所有共识节点都进行强有力的认证和身份识别，但它允许终端用户没有许可证，甚至未经身份验证或未经授权。

- **节点的网络安全和保证级别。**由节点的对等网络组成的区块链系统的稳健性，在很大程度上受到组成网络的节点的安全性的影响。如果节点很容易被直接入侵，如通过黑客攻击，或通过间接手段（如休眠病毒）破坏，区块链系统的效用就会显著降低[31]。

区块链网关的设计原则

如前所述，类似于由自治系统网络组成的互联网架构，未来区块链技术的部署可能会演变为一个互联的区块链系统的网络——每个系统都有不同的内部共识协议、激励机制、权限和安全相关的约束。这种互联性的关键是区块链网关。本节将讨论区块链网关的潜在用途，即网关使得不同区块链系统和服务类型之间拥有互操作性和互联性。

类似于由一个或多个路由域组成的路由自治系统，互操作性要求区分区块链系统内部的功能和区块链系统之间的外部交互功能。在路由术语中，这类似于子网的内部路由协议和互连自治系统的外部路由协议。

我们用区块链系统的内部节点和网关节点来区分节点在跨域或跨链互操作情景下实现的功能类型。正如路由域中的路由器通过运行一个或多个路由协议为数据分组实现经过该域的最佳转发路径一样，区块链域中的节点通过运行一个或多个账本管理协议（如共识算法、成员管理）来实现该域中账本的稳定性和快速收敛，即确认吞吐量，从而有助于维护共享账本。

- **内部节点。**这些节点和实体的主要任务是维护账本信息，并在一个区块链域内进行交易。对于某些区块链配置，如私有的或被许可的，内部节点会被禁止在未经授权的情况下与外部实体进行交易。

- **网关节点**。这些节点和实体的主要任务是处理涉及不同区块链自治系统的跨域交易。

图 11-4 为虚拟资产的网关到网关传输示意图，它提供了两个区块链域内的网关节点的高层架构示意图，即不显示内部节点。尽管图中的少量网关节点被指定为域间网关节点，但在理想情况下，在给定的区块链自治系统中的所有节点都应该具有成为网关节点的能力，即具备正确的软件、硬件和可信计算基础。这使得节点群的动态分组（子集）成为代表区块链系统整体行动的网关组[32]。

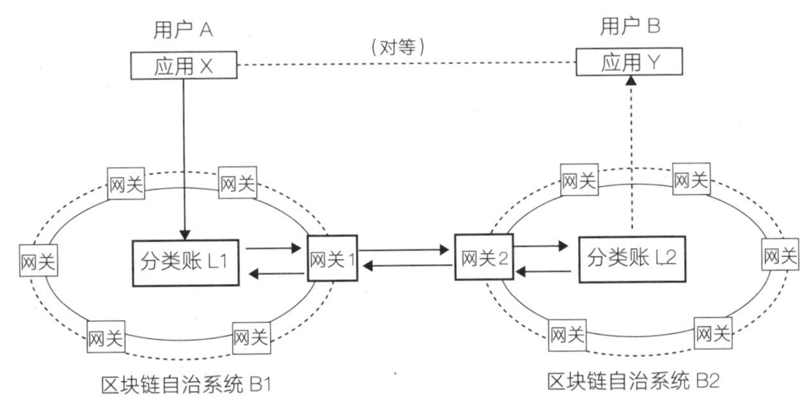

图 11-4　虚拟资产的网关到网关传输示意图

区块链网关切换通道互操作性有几个设计原则，其中两个关键原则如下[33]：

- **不透明的区块链资源**。必须假定每个区块链系统的内部资源对外部实体是不透明的，即隐藏的。在两个网关节点将资产从一个区块链系统转移到另一个区块链系统的情况下，一个网关可以访问的任何资源，都必须明确可以由另一个网关节点在适当授权的情况下访问，反之亦然。不透明的区块链资源原则是允许在一个或两个区块链系统都被许可（私有）的情况下应用互操作性架构。它类似于 IP 网络中的自治系统原理[34]，即本地子网中的内部路由对其他外部自治系统不可见。

- **价值外部化。**网关到网关协议不能知晓所转移的虚拟资产的经济或货币价值。价值外部化原则允许为效率、速度和可靠性而设计资产转移协议——不依赖于虚拟资产可感知的经济价值的变化。这类似于互联网架构中的端到端原则[35]，即相应信息（经济价值）在交易终端产生。在虚拟资产转移的情况下，假定发起人和受益人在各自的末端就资产的经济价值达成了共同协议。

互联网架构中的自治系统原则的一个关键方面是，属于互联网服务提供商的路由数据（如内部路由广告）对其他互联网服务提供商和外部实体而言是不透明的，即不可见的。这为互联网服务提供商提供了在自己的网络范围内进行创新的自由，如使用新的路由协议和路由器，而不会影响其他互联网服务提供商。互联网服务提供商之间的交互通过部署外部域间路由协议（如 BGPv4）来实现，该协议充当网络之间的标准化接口。因此，网关节点的作用也是隐藏它所代表的区块链系统的内部结构的复杂性。总体而言，这种方法确保了给定的区块链系统能作为一个真正的自治系统运行。

值得注意的是，不透明的分类账假设对智能合约跨链条件有影响，例如跨链哈希锁[36]和时间锁——它们假设跨链传输两侧的分类账是可读写的，详见 P. 伊泽切维安（P. Ezhilchelvan）、A. 艾尔维斯（A. Aldweesh）和 A. 范·莫塞尔（A. van Moorsel）[37]，V. 扎克哈里（V. Zakhary）、D. 阿格拉瓦尔（D. Agrawal）和 A. E. 阿巴迪（A. E. Abbadi）[38]，M. 赫利希（M. Herlihy）[39]，E. 海尔曼（E. Heilman）、S. 李普曼（S. Lipmann）和 S. 戈德伯格（S. Goldberg）[40] 等人的文章。

网关互操作性架构

网关互操作性架构的目标是允许属于不同区块链系统的两个网关节点以安

全且无争议的方式在它们之间进行虚拟资产转移，同时确保资产不会同时存在于两个区块链上，即不会出现“双花问题”。

在架构方面，当前，不同的区块链系统正在运行和发展中，而且这些区块链中的内部技术结构往往互不兼容。必须假定区块链系统内部的资源（如账本、公钥、共识协议）对外部实体是不透明的，以便允许弹性和可扩展的协议设计不依赖于特定区块链系统的内部结构。这确保了网关之间的虚拟资产转移协议不受这些内部技术结构的限制，也不依赖于这些内部技术结构。

跨链转移功能要求

对于两个区块链系统或域之间虚拟资产的跨链转移，有以下功能需求[41]：

- **转移前资产验证。**在参与转让之前，在目标区块链中的接收方实体需要采用一些方法来验证资产的类型和合法性。
- **承诺的原子性。**跨区块链系统的资产转移必须采用原子承诺方案，以防止同一资产同时存在于两个区块链上（如使用 2 阶段提交协议，即 2PC[42]）。如今，人们在分布式数据库和并发控制领域重用原子承诺协议方面已经做出了很多努力，详见 V. 扎克哈里、D. 阿格拉瓦尔和 A. E. 阿巴迪[43]的文章。这些方案的总体目标是在资产转移的背景下解释（重新构建）这些协议的 ACID（Atomicity、Consistency、Isolation、Durability，即原子性、一致性、隔离性、持久性）属性[44]，至少对于单向转移是这样的，而数据库交易通常是单向的。另外，这些方案还提出了其他属性，如跨链交易的安全性和活力[45]。
- **转让的不可否认性。**必须有足够的证据支撑两个区块链系统的最终结算结果，以避免产生争议。结算依据可以包括两个分类账区块上的已确认交易、处理跨链转移的节点签名的本地日志、来自承诺层的日志等组合内容。

- **作为对等协议一部分的联合策略。**区块链系统需要沿着脉络实施兼容的策略，包括：被转移的监管资产类型；对拥有节点的实体经营活动的法律管辖权；允许的操作类型，如仅单向无条件转移，有条件转移；商定的承诺协议和不可否认协议，或在通用标准列表中协商；以及基于节点—设备认证来执行区块链两端转移的节点配置。关于节点设备身份和节点认证的讨论，详见 N. 史密斯[46]和托马斯・哈德乔诺[47]的文章。

唯一的自治系统号

互联网上的每个自治系统都被分配了一个全球唯一的自治系统号。例如，在美国，负责分配自治系统号的机构是美国互联网号码注册中心[48]；在欧盟，负责该工作的是欧洲 IP 资源网络协调中心；在非洲，负责该工作的是非洲网络信息中心；在亚洲和太平洋地区，负责该工作的是亚太网络信息中心，等等[49]。

如今，全球的虚拟资产服务提供商和虚拟资产行业尚未就通用的虚拟资产服务提供商牌照编号方案和用户识别方案达成一致。D. 里格尼格（D. Riegelnig）[50]和 InterVASP 机构[51]提出了“唯一 VASP 编号”的概念，他们同时也提出了其他机制，例如，在虚拟资产服务提供商进行客户身份识别认证时[52]使用虚拟资产服务提供商的合法实体标识符[53]。

跨域转移期间的资产锁定

在两个区块链域之间进行跨域资产转移的要求是防止拥有资产的用户（发起人）无意间或因其他原因重复支出资产。在这种情形下，双重支出是在用户发起了跨域资产转移的同时，还在其他交易中使用相同的资产，如在同一区块链域中使用这些资产。

解决该困境的方法之一，是让网关节点在交易传输时暂时锁定资产。“锁定”这一概念来自数据库交易和并发控制的经典领域[54]。在交易数据库系统中，锁定技术用于将数据项（如数据库行）“标记”为正在通过进程进行更新的状态，直到解锁以后，其他进程才能访问（写入）数据项。

鉴于区块链交易处理模型的多样性，如比特币的交易余额，以太坊中的外部账户和智能合约账户，我们认为，分类账簿是区块链网络中所有节点唯一可靠的共享状态和状态同步的方法[55]，因此跨域传输的锁定状态信息必须记录在分类账上，以便同一区块链域中的所有节点都可以看到锁定状态。从审计和安全的角度来看，在分类账上记录锁定或解锁信息，有利于在发生争议的情况下对跨域事件进行历史追溯。

特定的锁定或解锁机制依赖于网关节点所使用的跨域原子承诺协议。一般来说，它们必须执行以下任务：

- **资产锁定交易。**此交易将与用户公钥相关的资产标记为锁定状态，因此它们将不会被其他节点处理。可以在交易头中设置一个时间，表示锁定的持续时间，锁定时间到期后，资产随即解锁。
- **资产解锁交易。**这是一个显式的解锁交易，它将资产在分类账上标记为“自由”，即解锁状态。资产解锁交易必须与同一分类账上的现有资产锁定交易相互匹配，并且通常由锁定交易的同一网关节点进行解锁。显式解锁的目的是在锁定计时器归零之前终止锁定，此功能对于需要中止跨域交易的场景（如来自用户的中止请求）非常有用。
- **资产锁定承诺交易。**因该资产退出（转出）源区块链，该交易将虚拟资产标记为此后永久不可用。通常，此交易必须引用在分类账上确认的资产已处于锁定状态的交易。它可能包括一个指向虚拟资产的新归属（目标区块链）的标识符[56]。

尽管对具体锁定机制的讨论超出了本章的范围，但锁定或解锁交易通常必须至少包括以下参数：被锁定资产的标识符、当前持有人（用户）的地址（公钥）、进行锁定的网关节点的标识、时间戳值或计时器，以及上次使用的资产分类账上已确认交易的哈希值。类似地，资产解锁交易必须包含之前确认的资产锁定交易的哈希值。

跨域传输中的流

图 11–5 显示了两个区块链域之间跨域传输中的流的示例。图中的网关节点分别为域 BD1 的网关 1 和域 BD2 的网关 2。爱丽丝是发起人（用户 C1），鲍勃是受益人（用户 C2）。网关 1 是由发起人的虚拟资产服务提供商合法拥有的。同样地，假定网关 2 是由受益人的虚拟资产服务提供商所合法拥有和操作的[57]。

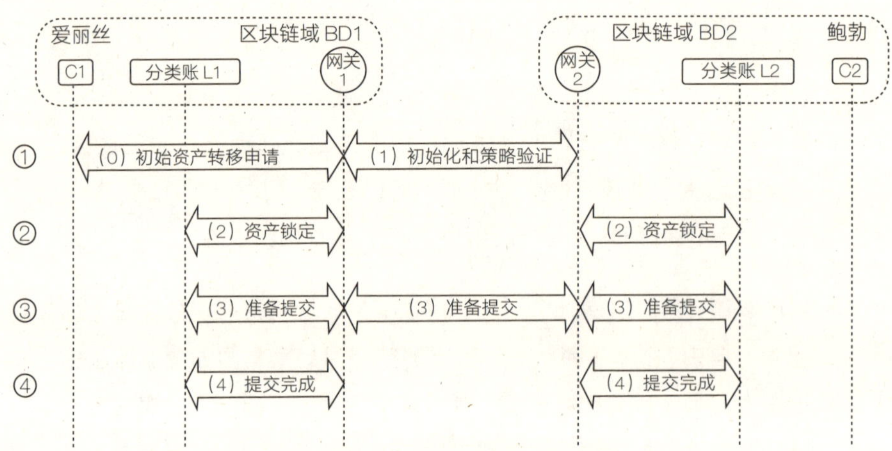

图 11–5　跨域传输中的流的示例

转移由 4 个阶段组成，包括嵌入在流中的承诺协议：

- **阶段 1：启动交易和策略验证。**在这个阶段需要完成以下转移前的任务：（1）处理节点（网关 1）必须找到正确的受益人（鲍勃）所在的目标域 BD2；（2）网关 1 必须验证网关 2 为注册的虚拟资产服务提供商所拥有，反之亦然，详见 D. 杰伊文斯（D. Jevans）等人[58]和托马斯·哈德乔诺[59]针对虚拟资产服务提供商状态验证的讨论；（3）网关 1 必须求网关 2 得到受益人（鲍勃）的同意，以接收要转移的资产，可以通过提供无罪证明来保护网关 2 的受益人和所有者，一些地方（如瑞士金融市场监督管理局[60]）还要求必须得到受益人同意的明确授权；（4）网关 2 必须验证要从网关 1 转移的虚拟资产是否与区块链域 BD2 的核心操作策略兼容；（5）网关 1 和网关 2 可以选择性地执行各自节点的硬件、固件和软件的认证；（6）如果一切正常，网关 2 向网关 1 发送一个“传输能够进行”的确认。

- **阶段 2：资产的本地锁定。**在这个阶段，网关 1 向相关资产发出本地资产锁定交易，并将其记录在分类账 L1 上。这就预防了发起者的双重支出。另外，网关 2 可以选择通过在其分类账 L2 上进行候选锁定来标记传入的资产，当然它也可以不这么做。候选锁不具有约束力，但在以后发生争议时可作为审察线索。
- **阶段 3：准备提交。**在这个阶段，网关 1 作为协调器（在嵌入式 2PC 协议[61]中），准备将信号提交到网关 2。
- **阶段 4：完成提交。**在此阶段，网关 1 作为协调器向网关 2 发出信号，以执行分类账 L2 上的全局承诺。网关 1 随后在分类账 L1 上发布资产锁定的承诺交易，以便关闭之前在阶段 2 中交易资产的锁定状态。网关 2 将新资产记录在其本地分类账 L2 上，并将这些资产分配给受益人鲍勃的公钥。如果网关 2 在阶段 2 之前在分类账 L2 上使用了候选锁定交易，那么网关 2 也可以用其在分类账 L2 上的资产锁定交易来关闭该交易。

节点认证，域间信任关系的建立

在区块链互操作性的背景下，网关的另一个潜在用途是支持建立跨区块链自治系统的信任，如技术信任。我们相信，可信的硬件在实现网关的许多功能方面具有良好的作用。如前所述，理想情况下，给定区块链自治系统中的所有节点都应该拥有可信的硬件和软件，以便支持它们根据需要承担网关的角色。

节点中的可信硬件在上面提到的阶段 1 中为节点对资产转移进行相互认证提供了保障。同样，可信硬件可以用于保护最终用户钱包中的密钥，并为钱包提供一种证明其当前配置的方法。从资产保险的角度来看，这是很有用的[62]。

可信硬件的例子包括可信平台模块（Trusted Platform Module，TPM）[63]，它针对测量、存储和报告有着不同的信任根源。第一个成功的例子是 TPM v1.2，它针对个人计算机市场采用了完全统一的方法。第二代 TPM v2.0 扩展了可信计算的特性，从而能够更好地支持垂直市场。TPM v2.0 引入了平台特有的配置文件，它定义了强制的、可选的和其他功能，为个人计算机客户端、移动端和汽车轻量级平台等各类平台提供了定制化的服务。平台特有的配置文件允许 TPM 供应商灵活地修改适应特定市场的 TPM 特征参数。此外，TPM v2.0 支持三个关键的层次：存储、平台和背书节点。每个层次都可以支持多个密钥和加密算法。我们相信，可信网关的 TPM v2.0 配置文件也可以用于区块链基础设施市场。

可信硬件的另外一个例子是英特尔公司的软件保护扩展（SGX）[64]。SGX 提供了另外一个可信计算基础的视角，其中的可信环境存在于被称为飞地的用户进程中。SGX 可信计算基础包括以下三部分：（1）硬件隔离的内存页面；（2）用于创建、扩展、初始化、输入、退出和证明飞地的 CPU 指令；（3）用于控制对飞地内存的访问的特权 CPU 模式。第二代 SGX 增加了对动态内存管理的支持，飞地运行时可以动态地增加或减少飞地页面的数量，详见 F. 麦肯（F. McKeen）等人[65]的文章。

通过以下几个步骤，可以建立可衡量的技术信任，并在对等环境中将这些输入法律框架：

- **网关设备身份的相互确认。**在交互之前，属于不同区块链自治系统的两个网关必须相互验证其设备身份，如 TPM 中的 AIK 证书[66]。
- **网关设备状态的相互验证。**作为建立信任的一部分，每个网关可能需要证明其硬件和软件堆栈[67]以及某些硬件寄存器的当前状态，如引用协议[68]。

- **相互会话密钥建立。**在涉及会话密钥的场景中，网关有一个附加任务，那就是协商密钥参数，并建立相互会话密钥。

- **交易结算的相互报告。**在涉及一个或两个私有区块链的场景中，另一个要求是使用网关的设备密钥，这时需要进行签名。

对等商务协议的对等点

区块链互操作性背景下的网关可以用作对等协议或合同中确定的对等点。从历史上看，就构成互联网的各种互联网服务提供商而言，对等协议是具有法律约束力的合同，它定义了各种互连要件，如流量带宽、协议，以及费用（“结算”）和可能的处罚。为了实现自治区块链系统的互操作性，必须定义一个类似于对等协议的概念，该概念具有区块链技术的特点，也有系统使用的治理模型的特性。

区块链系统的对等协议应包括以下特征：

- **选择作为对等点的网关的标识。**区块链对等协议应要求明确识别允许与其他网关对等的网关。该协议可以指定设备证书、硬件和软件清单（如清单的哈希）、根证书、设备状态证明和其他内容。

- **阐明最小信任的建立机制和相关参数。**对等协议应该进行信托谈判并签订协议，明确各自的已知参数（如密钥参数的大小）、密钥管理协议、所需的合规性标准、所需的最低保证级别，以及其他事项。

- **明确担保和责任。**与互联网服务提供商的对等协议和证书颁发机构的证书实践声明类似，区块链对等协议应明确界定各方在负面（如货币条款）或灾难性情况下（如网关泄露时）的责任。

BUILDING THE
NEW ECONOMY
章末总结

区块链的互操作性是实现自治系统的关键

互联网架构的基本目标在促进各种网络和服务类型的互操作性方面发挥了关键作用，这构成了我们今天所知的互联网。**互操作性是生存性的关键。**20 世纪 70 年代至 80 年代，在互联网路由的发展过程中出现了许多设计原则，这些原则确保了在过去几十年中互联网的规模化运行。

我们认为，可互操作的区块链系统也需要类似的设计理念。认识到区块链系统是一个自治系统是一个重要的起点，可以帮助我们更好地理解吞吐量（规模）的概念，还可以帮助我们更深入地理解可达性、账本中交易数据的引用、可扩展性和其他方面的概念，这些特性通常是衡量当前诸多区块链系统性能的标准。

此外，互操作性迫使人们重新更深入地思考被许可和不被许可的区块链系统在没有第三方（如交换机）的情况下如何进行交互操作。其中一个关键方面是价值层面和机制层面的语义互操作性。对于价值层面的互操作性而言，机制层面的互操作性是必要的，但还不够充分。机制层面的互操作性在提供技术解决方案的角度发挥着至关重要的作用，这些技术解决方案可以通过使用更易衡量的技术信任手段来帮助人类量化风险。价值层面的互操作性必须通过使用人类协议（如合法协议），才能为区块链系统中的流通货币（如硬币、代币）提供语义兼容的手段。

BUILDING
THE
NEW
ECONOMY

第 12 章

虚拟资产交易网络，解决数据隐私的挑战

在新兴的加密货币和虚拟资产交易领域，一种名为虚拟资产服务提供商的新型实体正悄然兴起。当今最常见的虚拟资产服务提供商就是加密货币交易所，它支持终端用户将加密货币（如比特币）从一个区块链地址（公钥）转移到另一个区块链地址。虚拟资产服务提供商在其发展过程中也面临诸多困扰，尤其是已施行多年的银行间电汇（如代理银行）规则，以及银行业活动相关的监管体系对其影响巨大。

目前，许多虚拟资产服务提供商业务都面临着来自技术、运营和法律上的诸多挑战，这些挑战必须在加密货币和虚拟资产行业快速成长与发展成熟之前克服。这些挑战主要有以下几种。

- **针对虚拟资产的旅行规则。**美国反洗钱金融行动特别工作组于 2014 年提出的《反洗钱法案》中的第 15 条建议[1]要求，虚拟资产服务提供商必须保留有关虚拟资产交易发起人和受益人的信息。这些信息包括：发起人的姓名；发起人的账户名，如在发起人的虚拟资产服务提供商处的账户名；发起人的地理位置、身份证号码、用户识别号、出生日期和出生地；受益人的姓名；受益人的账户名，如在受益人的虚拟资产服务提供商处的账户名。

- **金融犯罪执法网络合规要求。**根据美国金融犯罪执法网络 2014 年反洗钱规则[2]的要求，虚拟资产服务提供商必须对可兑换虚拟货币[3]的交易进行客户尽职调查。

- **消费者对机构的信任度持续降低。**在过去 10 年里，在个人数据的处理与合理使用方面，人们的信任度持续下降[4]。近来，各种网络攻击和盗窃数据的报告频出，如 Anthem[5]、Equifax[6] 等机构出具的报告，使这种情况进一步加剧。

- **数据隐私法规的出台。**欧盟《通用数据保护条例》[7]的颁布，对其他国家关于数据隐私的讨论产生了重大影响。例如，加利福尼亚州随后颁布了《加州消费者隐私法案》（*California Consumer Privacy Act*）[8]。随着数据在新数字经济中的作用日益突出，不排除美国政府将进一步出台隐私法案[9]。

如今，许多拥有虚拟资产（如加密货币）的用户希望通过虚拟资产服务提供商进行的资产转移能够在几秒钟内得到快速确认或结算。然而，虚拟资产服务提供商需要在资产转移前进行用户信息的交换和验证，这就可能导致结算的延迟。另外，在如何安全可靠地实现用户信息交换的问题上，虚拟资产服务提供商之间也尚未达成共识。

信息交换机制的缺失，揭示了全球虚拟资产服务提供商社区面临的根本性挑战，即缺乏一个可高度扩展和可互操作的信任基础架构。该基础架构有助于为作为全球交易网络一部分的、跨不同司法管辖区的、点对点的虚拟资产交易建立起商业和法律上的相互信任。

虚拟资产服务提供商的信任基础架构可以有多种形式，本章将主要就其中三种进行讨论。第一种是专门针对虚拟资产服务提供商的信息共享基础架构，该信息共享基础架构的主要目的是安全、保密地共享与虚拟资产转移相关的用户信息。因此，该网络需对应一个虚拟资产服务提供商的身份基础架构，以允许虚拟资产服务提供商和其他实体快速确定其他虚拟资产服务提供商的合法业务状况。第二种是认证基础架构，它支持虚拟资产服务提供商和资产保险公司基于可信硬件更精准地掌握用户钱包的实时状况。第三种是用于用户数据源的声明基础架构，该架构可以无缝集成到用户现有的数字身份基础架构中。

本章作者：托马斯·哈德乔诺
亚历山大·利普顿
阿莱克斯·彭特兰

反洗钱金融行动特别工作组是一个政府间机构，由其成员国或司法管辖区的部长于 1989 年创立。该机构的目标是通过制定标准，有效地促进反洗钱、反恐怖主义的金融活动和反威胁国际金融体系完整性的相关法律法规、监管办法和实施细则等的顺利实施。该机构也是一个决策机构，致力于形成必要的政治愿景，以推动这些领域的国家立法和监管改革。

随着区块链技术、虚拟资产和加密货币的日渐兴起，该机构认识到，缓解与虚拟资产活动相关的洗钱风险和恐怖主义金融活动风险已刻不容缓。该机构在其 2021 年的《建议 15》（*Recommendation 15*）[10]中明确了以下定义：

- **虚拟资产。**虚拟资产是价值的数字表示，可进行数字交易或转让，并可用于支付或投资等目的。虚拟资产不包括以数字形式表示的法定货币、证券，以及反洗钱金融行动特别工作组建议中已涵盖的其他金融资产。

- **虚拟资产服务提供商。**虚拟资产服务提供商是指反洗钱金融行动特别工作组建议中尚未涵盖的，以自然人或法人身份开展下列一项或多项活动或业务的任何自然人或法人，包括虚拟资产与法定货币之间的交易、一种或者多种形式的虚拟资产之间的交易、虚拟资产的转移、对虚拟资产以及能够控制虚拟资产的工具进行保管或管理，以及参与并提供与发行人要约和（或）出售虚拟资产有关的金融服务。

因此，虚拟资产转移代表着自然人或法人之间通过交易行为，将虚拟资产从一个地址或账户转移到另一个地址或账户。此外，为有效管理和减轻虚拟资产引发的风险，建议还指出，各国应出于反洗钱和反恐怖主义金融活动的目的，对虚拟资产服务提供商进行监管，虚拟资产服务提供商需获得许可或需进行注册，并接受有效的监管，以确保遵守反洗钱金融行动特别工作组建议中相关措施的要求。

虚拟资产旅行规则与客户尽职调查

反洗钱金融行动特别工作组的《建议 15》的一个关键内容是，虚拟资产服务提供商需要保留有关虚拟资产转移发起人和受益人的信息。2019 年，反洗钱金融行动特别工作组发布《虚拟资产与虚拟资产服务提供商风险为本反洗钱指引》（*Guidance for a Risk-Based Approach to Virtual Assets and Virtual Asset Service Providers*）[11]，该指引明确，加密货币交易所与相应的虚拟资产服务提供商必须能够共享虚拟资产交易发起人和受益人的信息。这一要求被称为旅行规则（Travel Rule）。旅行规则的概念源自美国《银行保密法》（*Bank Secrecy Act*）架构。1996 年 5 月，美国财政部金融犯罪执法网络在修订《银行保密法》资金转移和转移记录保存规则时正式引入该规则。根据该规则，当资金转移涉及多个金融机构时，上游金融机构必须向下游金融机构交付特定类型的信息。

鉴于目前区块链上的虚拟资产是通过与该资产绑定的公钥和私钥进行控制的，我们认为，为满足旅行规则，除用户和账户信息外，虚拟资产服务提供商还需要保留以下信息[12]。

- **关键所有权信息。**即与加密公钥和私钥的合法所有权相关的信息。

当用户（如发起人）首次向虚拟资产服务提供商提交其公钥时，必须有关于用户公钥和私钥的“来源链”证据，以确保该用户是密钥真正的拥有者。而拥有私钥的证据，如使用询问握手认证协议等质询—响应协议，并不能证明其拥有该公钥和私钥的合法所有权。

- **密钥操作者信息。**即与虚拟资产服务提供商合法保管用户公钥和私钥有关的信息或证据。此信息与虚拟资产服务提供商的密钥托管业务模式有关。在该模式下，虚拟资产服务提供商持有并操作用户的公钥和私钥，并代表客户执行交易。

基于《银行保密法》[13]框架，2014 年，金融犯罪执法网络发布的客户身份识别规则中明确了对客户尽职调查的要求，其中一项新的监管要求是，要明确法人用户的“受益所有人”。值得注意的是，客户尽职调查要求包括要通过持续的监控，以随时维护和更新用户信息，并及时识别和报告可疑交易。总而言之，这些要素构成了客户尽职调查的最低标准，而金融犯罪执法网络认为这是反洗钱计划有效实施的重要基础。

反洗钱金融行动特别工作组对虚拟资产的定义意味着，与传统金融机构一样，虚拟资产服务提供商也需要制订基于金融犯罪执法网络的有效的反洗钱和客户尽职调查计划[14]。此外，我们认为，虚拟资产服务提供商还必须获取并保存发起人和受益人的加密密钥所有权信息，并将此作为监控虚拟资产转移的核心内容。

需要特别强调的是，虚拟资产服务提供商作为企业法人，必须能够全面响应执法部门对于其一个或多个虚拟资产用户的合法问询，如配合特别行政区进行合法的调查。更确切地说，发起人虚拟资产服务提供商和受益人虚拟资产服务提供商都必须拥有关于其账户持有人（即用户）的完整、准确且真实的个人信息（即数据）。这种对实际数据的需求严重阻碍了高级密码技术的应用，虽然应用这些技术的本意是防止隐私数据泄露，如那些基于零知识证明框架的技术[15]。

用户信息在虚拟资产服务提供商之间传递的隐私泄漏问题，是旅行规则面临的一个关键性挑战。当一个虚拟资产服务提供商在隐私法规严格的管辖区，如执行欧盟《通用数据保护条例》[16] 的区域，而另一个虚拟资产服务提供商所在区域的隐私法规相对宽松时，这种问题会更加突出 [17]。更确切地说，如果发起人和受益人的虚拟资产服务提供商位于不同的司法管辖区，如不同的国家，且受益人的虚拟资产服务提供商所在管辖区的隐私法规比发起人的虚拟资产服务提供商所在管辖区的隐私法规管辖范围更窄，那么发起人无法确保其用户信息不会在该受益人的虚拟资产服务提供商处被泄露或窃取。

虚拟资产服务提供商的信息共享基础

信息共享基础架构的核心部分是虚拟资产服务提供商之间的共享网络，该共享网络用于交换虚拟资产服务提供商自身信息和用户信息。在反洗钱金融行动特别工作组私营部门咨询论坛上，托马斯·哈德乔诺 [18] 首次提出了带外（链外合约）数据网络的概念。他认为，带外数据网络是虚拟资产服务提供商之间共享其自身或其用户信息的网络。这个咨询论坛讨论的问题不止于此，并且相关的讨论孕育了 2019 年发布的《建议 15》。

信息共享网络的想法其实并不新鲜。银行界早在几十年前就已经建立了一个类似的网络，即 SWIFT 网络 [19]。如今，该网络已经成为全球代理银行业务的核心支柱。

因此，与银行数据网络类似，虚拟资产服务提供商也需要一个网络来安全地交换有关自身及其用户的信息，以遵循旅行规则和其他相关要求。为了提供最佳的连接弹性和速度，该信息共享网络应在经验证的 TCP/IP 架构的顶层进行分层。

图 12-1 所示的虚拟资产服务提供商信息共享网络有以下几个基本要求：

- **传输的安全性、可靠性和保密性。**虚拟资产服务提供商信息共享网络必须确保发起人的虚拟资产服务提供商和受益人的虚拟资产服务提供商之间的通信是安全、可靠和保密的。当前已有几种标准可以实现这一要求，如 IPSec 虚拟专用网络 [20]、TLS 安全通道 [21] 等。

- **强端点识别和身份验证。**虚拟资产服务提供商必须构建强大的端点识别和身份验证机制，以确保源和目标的真实性，并防止或减少类似中间人的攻击。目前，诸如 X.509 证书[22]之类的加密机制已经作为一种有效的防御手段，在各个行业、政府和国防部门使用了 30 多年[23]。

- **用户信息与链上交易的关联。**必须建立一种关联机制，确保虚拟资产服务提供商可以将其用户信息（在虚拟资产服务提供商信息共享网络内交换）与该用户的区块链交易信息准确关联（精准匹配）。并且，对于虚拟资产服务提供商执行的批量交易，如在混合账户业务模型中进行的交易，也必须如此。

- **发起人和受益人同意进行用户信息交换的授权。**虚拟资产服务提供商将用户的个人信息传输给另一个虚拟资产服务提供商时，必须获得用户的明确同意[24]。当用户需要从发起人处获得资产转让时，虚拟资产服务提供商也必须得到该受益人的明确同意。也就是说，受益人虚拟资产服务提供商必须获得其用户的明确同意，才能将资产转入该用户的账户中。

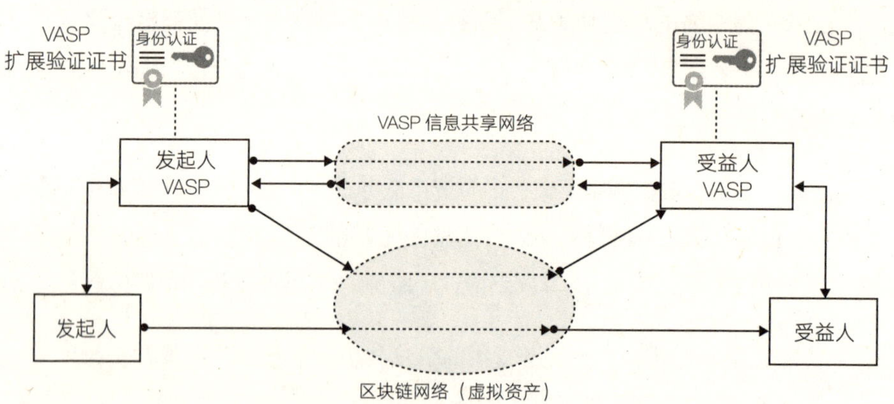

图 12-1 虚拟资产服务提供商（VASP）信息共享网络示意图

资料来源：T. Hardjono, "Compliant Solutions for VASPs," presentation to the FATF PrivateSector Consultative Forum (PSCF) 2019, Vienna, May 6, 2019; D. Jevans,T. Hardjono, J. Vink, F. Steegmans, J. Jefferies, and A. Malhotra, "TravelRule Information Sharing Architecture for Virtual Asset Service Providers,TRISA, Version 7," June 2020。

目前，业界正全力解决虚拟资产服务提供商在信息共享网络的需求方面的问题，以帮助虚拟资产服务提供商遵守旅行规则的各项要求，详见 D. 杰伊文斯等人[25]和 D. 里格尼格[26]的文章。近期，一款标准的用户信息模型[27]成功面市，该模型允许虚拟资产服务提供商基于语义一致性进行互操作。

我们通常使用“虚拟资产服务提供商信息共享”这一术语来广义地表示虚拟资产转移相关主体（发起人、受益人和虚拟资产服务提供商）的信息在虚拟资产服务提供商之间的互相传递。虚拟资产服务提供商信息共享网络必须解决虚拟资产服务提供商之间的诸多通信问题，包括：被传输数据的定义；在虚拟资产服务提供商应用层的可靠交付；传输层的互操作性，如 TCP/IP、链内点对点通信机制；标识符和密钥的外部表示；拥有或控制这些标识符和密钥的实体的法律身份。

图 12-2 展示了虚拟资产服务提供商信息共享网络的一种可能的逻辑分层架构，后续将就此内容进行详细论述。与互联网的分层设计理念[28]类似，该架构中任意层级的核心目标之一，是通过功能抽象机制（将底层实现细节对上层隐藏），为上层功能模块提供标准化支撑。

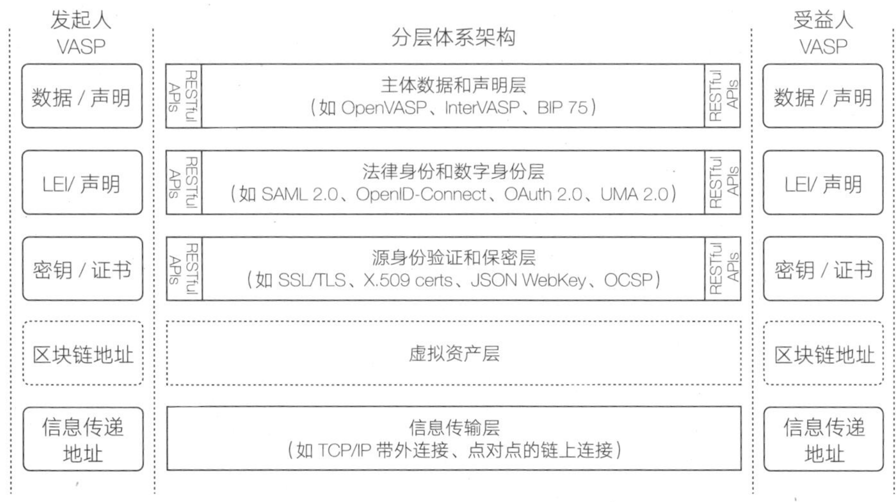

图 12-2 虚拟资产服务提供商（VASP）信息共享网络一种可能的逻辑分层架构

虚拟资产服务提供商的相关定义

下文关于“区块链技术”的定义将直接引用美国国家标准与技术研究院的定义[29]。对于“虚拟资产”，我们采纳反洗钱金融行动特别工作组的建议[30]，以及金融犯罪执法网络[31]中的定义。此外，为使讨论更加清晰，我们还将在使用这些术语时附加某些限制性条件。

- **虚拟资产服务提供商。**此处是指反洗钱金融行动特别工作组的《建议15》[32]中未涵盖的所有自然人或法人。
- **信息传输协议。**指在虚拟资产服务提供商信息共享网络中，信息（如任意长度的字节）从一个虚拟资产服务提供商到另一个虚拟资产服务提供商的传输机制。基于协议进行精确信息传输的标准，已由InterVASP机构进行了定义[33]。
- **参与主体。**即参与虚拟资产转移的个人或组织（法人实体）[34]。主体（其信息被传递）可以是发起人、受益人、发起人的虚拟资产服务提供商或受益人的虚拟资产服务提供商。
- **声明或陈述。**由权威机构出具，并带有数字签名的说明，以表明所包含的主体信息的准确性和真实性。在此，签名者是虚拟资产服务提供商，主体可以是虚拟资产服务提供商自身或其用户之一。目前，该声明或陈述已有几种标准化的格式版本，如OASIS[35]的，Farrell、Housley和Turner[36]的，以及Sporny、Longley和Chadwick[37]的。
- **声明发布者。**发布关于主体（个人或组织）的签名声明或陈述的权威机构。声明发布者通过对声明进行数字签名来证明声明的真实性。通过补充其他附加信息，如上下文指示符、可信度得分、发布日期、到期日期、数据源指示符、算法标识符，陈述内容将更加翔实和完整。
- **地址（区块链地址）。**由一个简短的字母加数字组成的字符串，由哈希函数从用户公钥派生而来，并包含用于检测错误的附加数据。地址用于发送和接收虚拟资产。[38]

- **虚拟资产区块链。**在两个实体之间进行虚拟资产转移的区块链系统，如从发起人到受益人，或从发起人的虚拟资产服务提供商到受益人的虚拟资产服务提供商。
- **虚拟资产服务提供商网络地址。**在虚拟资产转移中，虚拟资产服务提供商用于传递关于资产转移主体信息的网络地址，以及与虚拟资产服务提供商系统相关的其他参数。
- **传输地址。**在传输层使用的临时地址，如 IP 地址。
- **全球法人机构识别编码。**一个由 20 位数字和字母组成的唯一编码，用于标识与国际金融交易相关的法人机构[39]。

主体数据和声明层

图 12-2 的最上层显示的是关于特定虚拟资产转让相关主体（发起人、受益人、虚拟资产服务提供商）的信息或数据。该层的功能是通过标准化的语法，如 OpenVASP[40]，可靠并准确地将数据和信息从一个虚拟资产服务提供商传递到另一个虚拟资产服务提供商。因此，诸如资产转移请求和响应、转移确认[41]或发票请求，以及支付请求[42]等步骤，都必须通过该层的架构来进行处理。

在通信过程中的数据和信息，必须使用单独的信息词典和数据模型（如 InterVASP[43]）来对其进行语法定义。虚拟资产服务提供商从其他源主体获得的数据或信息必须有该源主体的签名，并以标准的陈述或声明格式交付，以便于接收方的虚拟资产服务提供商（如受益人的虚拟资产服务提供商）知道该签名陈述或声明的来源或出处，并评估其真实性。

数字身份和法律身份层

虚拟资产服务提供商是主体数据和声明传输的终点，并作为法人实体接受相关法律法规的约束。对于虚拟资产服务提供商，在这一层中需要解决除其他普遍性问题外的两个关键问题：一是确认与之交互的虚拟资产服务提供商实体的身份和真实性；二是界定该虚拟资产服务提供商的法律地位（假设它已被正确识别和验证）。

这一层中，身份管理协议将在识别和认证与虚拟资产服务提供商交互的实体方面发挥关键性作用。目前，已有一些标准化的身份管理协议，如SAML 2.0[44]、OpenID Connect[45]正在广泛部署。数字身份与该身份法律上的所有者在这一层进行了关联或绑定，全球法人识别编码等法人机构代码也在这一层被捕获并得以体现。

源身份验证和保密层

在数字身份层，实体通过加密密钥和协议来证明其数字身份。因此，在这一层，私钥和公钥的管理至关重要，详见D. R. 库恩（D. R. Kuhn）等人[47]、E. 巴克（E. Barker）[48]和国家标准技术研究所[49]的相关研究。此外，还需要在这一层协商建立共同的会话密钥和安全的端到端加密信道协议，如ECDH、TLS/SSL。

这一层还包含了证明公钥和私钥合法所有权的机制和协议，并可以通过颁发公钥证书（如X.509标准[50]）的第三方（如认证机构）进行认证。

信息传输层

在图12–2所示的逻辑分层架构中，最底层是虚拟资产服务提供商之间的信息交互机制和协议，这是虚拟资产服务提供商之间信息传输的重要基础。在发布声明时，需要遵守多个设计原则。

- **虚拟资产服务提供商信息共享网络与虚拟资产转移机制的独立性。**虚拟资产服务提供商之间的消息传输机制（协议）不得依赖于任何特定的虚拟资产区块链。虚拟资产服务提供商必须能够直接（在频带外）与其他虚拟资产服务提供商进行成对的直接通信，而无需依赖于它们用于传输虚拟资产的资产区块链系统。这样，即使未来发展出新的区块链技术，虚拟资产服务提供商信息共享基础架构仍可以支持新的区块链系统。

- **默认信息通道。**必须有一个默认机制，通过该机制，两个希望直接交互的虚拟资产服务提供商可以建立点对点的安全信道。因为虚拟资产服务提供商必须能自由地以一种非中介的方式，与另一个虚拟资产服务提供商发起并构建一个直接的安全通道。然而，在某些情况下，这种通用方法却无法开展，如双方都建议使用不兼容的协议。因此，必须定义一个双方都必须遵从的默认机制，如使用 TLS1.3 的普通 TCP/IP。

- **默认的通道保护协商机制。**必须建立一种默认机制，确保希望直接交互的两个虚拟资产服务提供商可以建立安全参数，以保护其共享信息传输通道。建议先不考虑后续使用的信息传输协议，如 OpenVASP 中的 Whisper[51]、SSL，而直接使用标准密钥来构建协议，如 ECDH 协议。

虚拟资产服务提供商可信身份基础架构

虚拟资产服务提供商信息共享基础架构的核心部分是虚拟资产服务提供商可信身份基础架构。该架构允许虚拟资产服务提供商证明其身份、公钥和合法业务信息。可信身份基础架构必须有效应对虚拟资产服务提供商身份的各种挑战，并提供如下几类机制。

- **发现虚拟资产服务提供商身份并验证其业务状态。**建立虚拟资产服务提供商身份及业务状态的发现与验证机制，以允许互联网上的任何实体都能鉴别某虚拟资产服务提供商是否在特定管辖区内受监管。发起人的虚拟资产服务提供商必须能够便捷地获取受益人的虚拟资产服务提供商的身份信息，并迅速确定该受益人的虚拟资产服务提供商的业务内容和法律地位，反之亦然。

- **发现并验证虚拟资产服务提供商公钥。**建立虚拟资产服务提供商公钥的发现与验证机制，以允许互联网上的任何实体都能验证某公钥在法律上是否属于给定的虚拟资产服务提供商并由其操作。

- **发现并验证虚拟资产服务提供商服务端点。**建立虚拟资产服务提供商服务端点的发现与验证机制，以帮助虚拟资产服务提供商确定其当前连接的是另一个虚拟资产服务提供商的合法服务端点（如URI），而不是属于攻击者的恶意端点。

- **通过用户标识符发现虚拟资产服务提供商。**建立通过用户标识符发现虚拟资产服务提供商的搜索机制，以允许虚拟资产服务提供商通过搜索用户友好标识符（如电子邮件地址），发现与该用户账户绑定或关联的一个或多个虚拟资产服务提供商。

虚拟资产服务提供商业务标识的扩展验证证书

大约从20年前起，服务提供商公钥与服务端点的发现和验证问题就一直困扰着众多线上商家。对终端用户（即家庭消费者）而言，要区分合法服务提供商（如在线商家）和模仿合法商家网站外观与体验的恶意网站越来越难。面对日益增长的中间人攻击，十几年前，多家浏览器供应商联合创立了一个联盟——CA/浏览器论坛（CA/Brouser Forum，又称CAB论坛），以此将浏览器供应商和X.509认证机构捆绑在一起。作为一个定义行业标准的权威组织，CAB论坛发布了一系列扩展验证身份证书的行业技术规范[52]，以通过补充与主体——在线商家相关的其他业务信息，来强化最基础的X.509证书[53]。颁发扩展验证证书的认证机构必须对主体的背景信息进行详细调查，以确保该主体业务的合法性。相应地，浏览器供应商通过在其浏览器软件中预先安装所有兼容认证机构颁发的根证书的副本，来支持扩展验证证书。

我们认为，类似的方法也适用于前面讨论的虚拟资产服务提供商的一些需求。要识别一个虚拟资产服务提供商的一些主体业务信息，扩展验证证书中需包含以下信息[54]：

- **组织名称。**组织字段必须包含控制虚拟资产服务提供商服务端点的虚拟资产服务提供商法律实体的全名，如在虚拟资产服务提供商管辖区的官方记录中所列的名称。
- **虚拟资产服务提供商备用名称的扩展名。**虚拟资产服务提供商所拥有或控制的域名，是虚拟资产服务提供商的服务器与其证书之间的连接点。
- **虚拟资产服务提供商的公司注册号或全球法人识别编码（如果可用）。**该字段必须包含由该公司所在注册管辖区的注册机构颁发的唯一公司注册号。如果全球法人识别编码可用，则应使用该编码。
- **虚拟资产服务提供商办公地址。**虚拟资产服务提供商办公场所的实际地址。
- **虚拟资产服务提供商公司成立或注册地所在管辖区。**该字段包含有关虚拟资产服务提供商成立或注册的机构信息。
- **虚拟资产服务提供商编号。**如果启用，这将是全球唯一一个虚拟资产服务提供商编码，参见 OpenVASP[55]。
- **虚拟资产服务提供商的业务范围。**目前，还没有关于虚拟资产服务提供商业务活动的正式定义。但值得注意的是，在实际业务开展过程中，虚拟资产服务提供商可能在虚拟资产生态系统中承担了多种功能性角色，如加密交易所、处理虚拟资产的基金经理、稳定币发行者等。
- **扩展验证证书策略对象标识符。**这是制定证书处理规则的标识符。此类策略可以由使用该证书的组织进行创建，如后面将要介绍的虚拟资产服务提供商联盟。

虚拟资产服务提供商交易签名和声明签名证书

对于虚拟资产服务提供商管理的混合账户中的资产，区块链上的资产转移由虚拟资产服务提供商使用自己的公私密钥对来代表用户执行交易。在混合账户交易中，用户是不持有密钥的。这些私钥和公钥被称为虚拟资产服务提供商的交易签名密钥，相应的证书被称为交易签名密钥证书。交易签名密钥证书的作用是证明虚拟资产服务提供商对其私钥和公钥的所有权。虚拟资产服务提供商可能拥有多个交易签名密钥，因此也可能拥有多个签名密钥证书。

由于虚拟资产服务提供商必须为其向其他虚拟资产服务提供商提供的用户信息背书，所以虚拟资产服务提供商必须对其发表的关于其用户的任何声明[56]或陈述[57]进行数字签名。这些私钥和公钥被称为声明签名密钥，相应的证书被称为声明签名密钥证书。

对虚拟资产服务提供商来说，三个密钥对的差异性至关重要。因为每个密钥的作用不同，其有效期也不同。根据交易签名密钥证书和声明签名密钥证书的配置文件，密钥中还可能包含虚拟资产服务提供商的身份扩展验证证书的序列号或哈希值。这就为接收者提供了一个验证机制，即可以验证这两个证书的持有人与虚拟资产服务提供商的身份扩展验证证书的所有者是否为同一法律实体。

基于联盟的虚拟资产服务提供商证书的层次结构

联盟共识为信息共享网络提供了极大的优势，使虚拟资产服务提供商在技术和法律层面都具有高度的互操作性。联盟成员可以在自由协商的基础上共同制定运营规则，并共同遵守。这些运营规则可以作为法律上可信框架定义的一部分，该框架表达了各成员的合同义务。

虚拟资产服务提供商信息共享网络有一套精心设计的运营规则，并为其成员提供了诸多好处。首先，它为成员提供了一种改进风险管理的方法，因为运营规则允许成员对参与网络的内在风险进行量化和管理。其次，运营规则通过规范参与网络的法律权利、责任和义务，为成员提供了法律上的确定性和可预测性。再次，运营规则通过让所有成员就会员条款（合同）达成共识，为终端成员提高了透明度。由于运营规则也是一种法律合同，因此它对所有成员都具有法律效力。

最后，运营规则中针对应用程序接口、加密函数、证书等通用技术规范的统一定义，为实现服务的技术互操作性提供了最大可能。反过来，各企业通过使用这些标准化的技术规范，也有效降低了系统总体开发成本。目前，已有多个通过使用联盟运营规则而降低成本的案例，如 NACHA[58]、OIX[59]。

以前文提到的身份扩展验证证书为例，通用操作规则将定义扩展验证证书的技术规范，即配置文件，如加密算法、密钥长度、有效期、发行协议、撤销协议等。此外，在证书的扩展验证字段中必须包含法人编号、LEI 编号、营业地址等法律信息。

只有当信息共享网络的所有成员都遵守并执行这些通用操作规则，且若不遵守就将面临法律制裁和金钱损失时，业务上的互操作性才有可能实现。这种做法其实并不新鲜，并早已在 IP 路由服务提供商之间的组对等协议中进行了应用。身份扩展验证证书的技术互操作性，要求信息共享网络的成员在通用证书层次结构下参与，这种结构是联盟组织的根基所在。联盟成为颁发给联盟组织中所有虚拟资产服务提供商的证书的根认证机构，如图 12-3 所示。

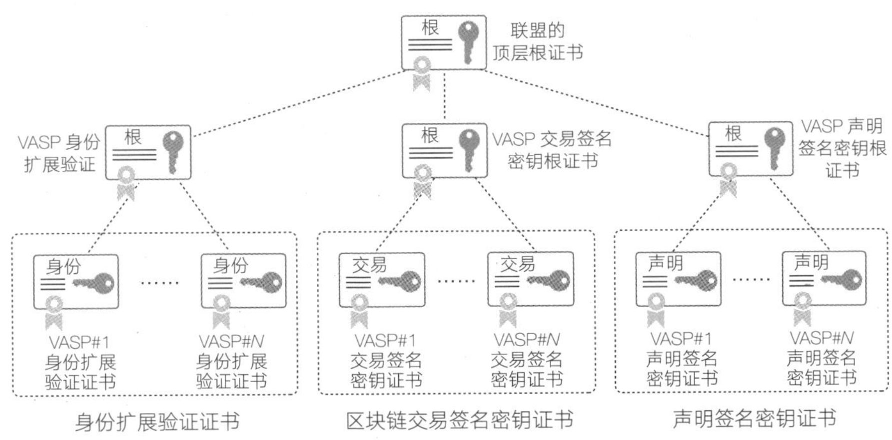

图 12-3　虚拟资产服务提供商（VASP）联盟的证书层次结构示意图

从政府组织[60]到金融网络[61]、移动设备和网络[62]，再到有线设备制造商联盟[63]，证书层次结构已经在各类型的组织中广泛应用。美国有线电视实验室

（CableLabs）就是一个将设备制造商（如电缆调制解调器和机顶盒供应商）和服务运营商（如区域电缆接入供应商）聚集在一起，组成联盟的典型案例。基于 CableLabs 的组合会员模式，有线电视运营商可以检测和隔离假冒设备，并为有价值的内容（如电影）提供端到端的保护，这种组合方法可能与处理用户钱包设备的虚拟资产服务提供商相关。

虚拟资产服务提供商与消费者身份基础架构的无缝集成

当前的加密资产管理系统需要与现有身份管理基础架构的功能实现无缝对接，包括身份验证服务、授权服务，以及同意管理服务。

用户身份与数字账户

目前，许多用户在互联网上获得服务时，常常会使用电子邮件地址作为其用户账户名。这类账户名大多并不代表用户的完整个人核心身份[64]，并且只具有短暂的使用价值，即当前账户名可以被新的账户名替换。通常，提供这些用户名的是电子邮件提供商和社交媒体平台，业内将它们称为身份提供者，但这一称呼相当不准确。除了向用户提供电子邮件账户名，身份提供者在身份生态系统中还扮演着代表用户提供中介身份验证服务和凭证管理的角色[65]。

一键登录之类的中介身份验证为用户提供了极大的便利，因为他们不需要在访问每个在线服务提供商（如在线商家）时都进行身份验证。在线商家临时将用户信息转到身份提供者处进行用户身份验证，待验证通过后，再将用户信息返回给商家。

用户普遍使用电子邮件地址作为账户名，这是虚拟资产服务提供商需要考虑的一个重要问题，因为很多用户希望将电子邮件地址作为创建虚拟资产服务账户的主要账户名。在进行资产转让时，他们可能希望受益人也使用电子邮件地址作为账户名。此外，一个用户还可能拥有多个账户，且每个账户在不同的虚拟资产服务提供商处，通过不同的身份提供者获得不同的电子邮件账户名。

交易账户方案[66]中使用了一种有趣的方法，即使用类似于地址规范标识符

（见 RFC 5322 标准）的字符串来标识用户，但使用 $ 符号来取代 @ 符号，且同时保留本地部分和域部分。例如，如果爱丽丝在 PayID 提供商（如 ACMEpay.com）处有一个账户，那么她的 PayID 账户名将是 Alice$ACMEpay.com。

账户名解析服务器

不论是从用户的使用便捷性来看，还是从信息共享网络中跨虚拟资产服务的互操作性需求来看，用户账户名的问题都非常重要。当发起人虚拟资产服务提供商通过用户账户名方案来识别发起人和受益人时，受益人虚拟资产服务提供商也必须对用户名方案具有相同的句法和语义理解。也就是说，双方的虚拟资产服务提供商都必须能识别同一对发起人和受益人。因此，前文提及的虚拟资产服务提供商信息共享基础架构的另一个重要作用，就是在虚拟资产服务提供商之间交换其各自用户的账户名称列表。这可以通过每个虚拟资产服务提供商使用可访问网络中其他虚拟资产服务提供商的账户名解析服务（服务器）来实现。

虚拟资产解析服务的一些通用要求如下：

- **支持多个账户名。**解析服务必须支持将各种类型的账户名关联到虚拟资产服务提供商的对应用户。
- **快速查找虚拟资产服务提供商状态。**解析服务必须支持网络中其他虚拟资产服务提供商基于账户名字符串进行快速查找或搜索。此类查找可能是用户资产交易请求的一部分，而受益人虚拟资产服务提供商在身份识别上的任何延迟，都可能会让用户感到交易结算时间被延长。
- **受保护的服务应用程序接口。**解析服务的服务端点应用程序接口（如 RESTful、PubSub）必须受到保护。调用方虚拟资产服务提供商必须经过身份验证和授权，才能使用应用程序接口。
- **通过用户名验证身份提供者。**对于用户随机提交（添加）到其在虚

> 拟资产服务提供商的账户名称中的字符串，虚拟资产服务提供商的解析服务器都应向其原始发行人（如发行人非虚拟资产服务提供商）进行验证。因此，如果用户爱丽丝希望使用她的电子邮件地址 alice@idp1.com 作为账户名，则解析服务应该向身份提供者 IdP1 寻求验证爱丽丝的真实性。

图 12-4 说明了识别爱丽丝和鲍勃可以使用的三种方式：（1）他们的身份提供者邮件地址，如 alice@idp1.com；（2）由虚拟资产服务提供商管理的交易账户，如 alice$ovasp.com；（3）他们的弱公钥，如 alice-pubkey。

爱丽丝希望将虚拟资产转移给鲍勃，但她只知道鲍勃的电子邮件地址 bob@idp2.com，而不知道他的公钥或虚拟资产服务提供商。这就意味着，爱丽丝的发起人虚拟资产服务提供商必须通过其解析服务，如图 12-4 中步骤ⓐ和ⓑ所示，以寻求网络中知道 bob@idp2.com 这个字符串的虚拟资产服务提供商。假如解析服务返回一个正响应，即找到虚拟资产服务提供商账户名或虚拟资产服务提供商编号，则发起人的虚拟资产服务提供商就可以根据旅行规则，向该虚拟资产服务提供商查询鲍勃的信息，如图 12-4 中步骤③和④所示。

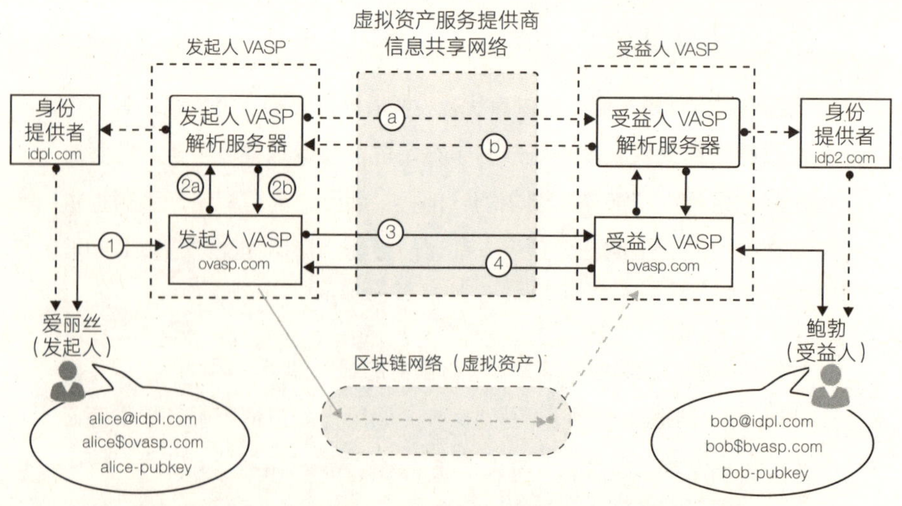

图 12-4 拥有多个账户名的爱丽丝和鲍勃的账户解析过程示意图

需要注意的是，发起人的虚拟资产服务提供商的解析服务也许会返回多个可能的受益人的虚拟资产服务提供商账户名或编号。这就意味着，鲍勃可能在每个虚拟资产服务提供商那里都有一个活跃账户，每个账户可能使用不同的公私密钥对。那么，在这种情况下，发起人的虚拟资产服务提供商就可能会向爱丽丝进一步求证关于鲍勃的信息。

值得注意的是，账户名解析并不是新创造的。目前已有多个标准化解析协议，并已经广泛部署了 20 多年，如域名系统 RFC 1035 和句柄解析系统 RFC 3650。因此，新兴的虚拟资产服务行业应优先考虑使用并推广这些已经成功部署的系统，而不是从头开始设计一些新的规则。

用户隐私和公钥解析

一般而言，从保护用户隐私的角度来说，我们认为虚拟资产服务提供商解析服务不应首先返回用户的公钥。虚拟资产服务提供商解析服务的目的是帮助其他虚拟资产服务提供商确认某个实体（可能是个人或组织）是不是网络中一个或多个虚拟资产服务提供商的用户。也就是说，解析服务旨在通过查找虚拟资产服务提供商标识符或编号来解决其可发现性问题，以便与该虚拟资产服务提供商建立链接。

此外，用户名与虚拟资产服务提供商之间的关联信息（元数据）并不如用户名与公钥之间的关联信息那么显而易见。正如前文所言，用户可以随时变更其在虚拟资产服务提供商处的账户名，如电子邮件地址，而不会影响到与用户公钥绑定的虚拟资产。但在区块链系统上，如果用户变更其公钥，则与之绑定的虚拟资产也将受到影响。

而且，不同的虚拟资产服务提供商可能采用不同的业务模式，如密钥托管人、混合基金（仅账户）、受监管的用户钱包等。因此，在某些情况下（如混合基金），虚拟资产服务提供商实际上并不持有与特定用户绑定的唯一公钥。

解析服务者联盟：虚拟资产服务提供商信息共享网络

为扩大虚拟资产服务提供商解析服务的规模，虚拟资产服务提供商必须在一个共同的法律框架（即前文讨论的联盟模式）下开展其解析服务。联合协议允许虚拟资产服务提供商通过信息共享网络来共享他们拥有的用户账户信息。事实上，这也是网络的主要作用之一。

例如，使用信息共享网络，虚拟资产服务提供商可以定期（如在夜间）交换用户的账户信息。该信息交换过程在虚拟资产服务提供商解析服务器间的运行模式，如图 12-4 步骤ⓐ和步骤ⓑ所示。

对精确协议的讨论超出了本章要讨论的范畴。当用户账户信息以最简单的形式在虚拟资产服务提供商解析服务器间交换时，可以被视作成对的虚拟资产服务提供商账户名和用户账户名。例如，虚拟资产服务提供商已知的用户账户名列表包括：虚拟资产服务提供商账户名，用户 id-1、用户 id-2……用户 id-*N*。

这种方法类似于在一些链路状态路由协议中使用的 IP 路由链路状态广告。在这种情况下，虚拟资产服务提供商是在“广告”其对具有所述用户名的用户的了解。在两个虚拟资产服务提供商解析服务器之间进行的用户账户信息交换必须通过基于 VASP X.509 EV 证书建立的 SSL/TLS 安全通道进行，以确保通信的机密性和数据源的真实性。

访问用户管理的声明

在某些情况下，有关用户的静态属性，如年龄、居住状态、驾驶执照等，可以以某种附带固定有效期的格式[67]的声明的形式，从授权实体（如政府部门）处直接获取。在身份识别行业中，发布签名陈述或声明的实体被称为声明提供者。虚拟资产服务提供商的给定用户可能已经拥有来自权威声明提供者（如交管部门）的在有效期内的签名声明（如驾照号码）。用户可以将其签名声明的副本保存在其个人声明存储库（如移动设备、家庭服务器、云存储等）中，以便于向虚拟资产服务提供商提供该声明的副本，或直接向虚拟资产服务提供商提供其声明存储库的访问权限。

虚拟资产服务提供商想要访问由用户管理的声明存储库，当前还面临着如下几个方面的需求和挑战：

- **访问声明存储库的用户管理授权。**对用户声明存储库的访问必须由用户驱动，访问策略（规则）由作为声明人的用户自行决定。
- **使用特定声明的通知和许可。**作为声明人的用户必须通过访问策略，确定虚拟资产服务提供商可访问（可读）的声明范围，明确声明的用途限制。同时，用户也有撤销同意访问的权利[68]。用户的声明库必须向虚拟资产服务提供商告知访问事项，而虚拟资产服务提供商必须在同意使用条款后方可进行访问。
- **向虚拟资产服务提供商签发同意回执。**用户的声明库必须向虚拟资产服务提供商发出同意回执[69]，以作为合法访问的证明。

用户管理访问协议是 OAuth 2.0 框架[70]的重要扩展，也是用户管理访问声明存储库的基础。在图 12-5 所示的示意图中，发起人虚拟资产服务提供商正在寻求获取发起人用户（爱丽丝）在其声明库中的签名声明。爱丽丝在步骤ⓐ中设置了访问策略。步骤①：爱丽丝向她的虚拟资产服务提供商提供该服务提供商的地址；步骤②：虚拟资产服务提供商访问用户管理访问服务提供商，在 OAuth 2.0 和用户管理访问环境下，用户管理访问服务提供商充当了授权服务器的作用；步骤③：虚拟资产服务提供商将取得一个授权口令，以表明虚拟资产服务提供商已被授权获取特定声明；步骤④：虚拟资产服务提供商将授权口令提供给声明存储库；步骤⑤：虚拟资产服务提供商获得对相关声明的访问权，同时声明库给虚拟资产服务提供商发放一份同意回执。

声明存储有多种实现方式。例如，它可以是声明提供者控制下的资源服务器，也可以驻留在爱丽丝自己的移动设备上，还可以放置在云可信执行环境[72]中，或者放置在基于去中心化身份标识（Decentralized Identifier，DID）方案[74]的分布式文件系统（如 IPFS/Filecoin[73]）中。

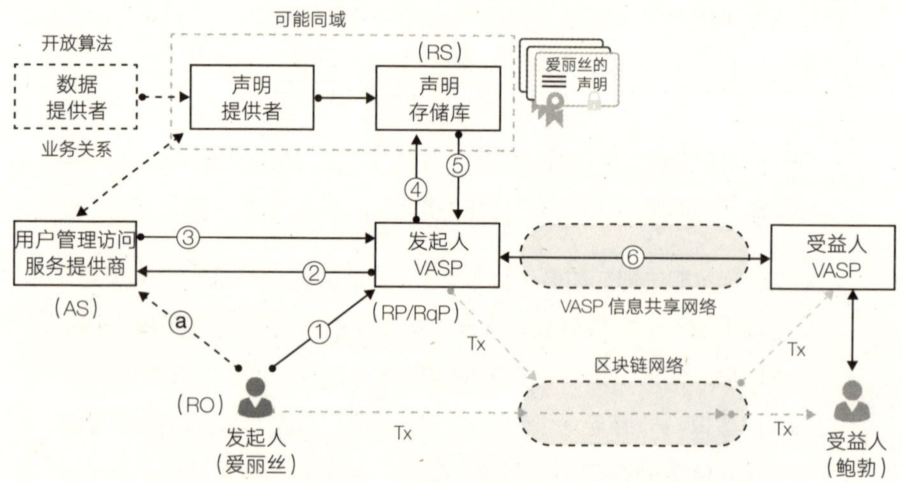

图 12-5 发起人授权虚拟资产服务提供商获取声明的流程示意图

将声明链接到区块链上的去中心化身份标识

尽管与以保护隐私的方式从数据中获取有用信息（声明）的问题没有直接关联，但近年来人们仍在努力通过使用区块链技术，使用户能更好地控制对互联网端点的访问，这就可能会用到签名声明。

去中心化身份标识[75]的基本思想是，用户将在互联网上向区块链注册一个包含特定端点配置信息（如 URL 和 API）的去中心化身份标识，而请求方可以据此获得关于该用户的信息，如签名声明的存储位置。区块链上记录了用户的数字签名，这表明用户亲自确认了有关服务端点的信息是真实有效的。由于用户持有对应的私钥，如果稍后用户想要更新 DID 记录，则只需简单地用带有较新的时间戳的记录替换它即可。

DID 作为永远性标识的想法，源自对于互联网上持久性和可解析数字标识符的长期研究。在这些标识符方案中，最突出的是数字对象唯一标识符（Object Unique Identifier，DOI）[76]，及其附带的句柄解析系统[77]。与域名系统基础架构的协议行为类似，使用 DOI 和句柄解析，能对存储在互联网存储库中的文件副本（如库目录条目）进行高效查找。十多年来，DOI 和句柄解析系统已在多个领域实现成功部署，如用于出版物和图书馆记录。

声明提供者与发起人虚拟资产服务提供商一起寻求用户（主体）声明的流程图如图 12-6 所示。在步骤①中，除了向虚拟资产服务提供商发起资产转移请求，主体（用户发起人）还向虚拟资产服务提供商提供了 DID 的结构（公共 DID 或成对 DID）。在步骤③A中，虚拟资产服务提供商通过区块链或 DID 解析器解析了 DID 值，并通过步骤③B，将虚拟资产服务提供商引导至持有该主体声明的声明提供者。作为响应，声明提供者在步骤④中传回签名声明。

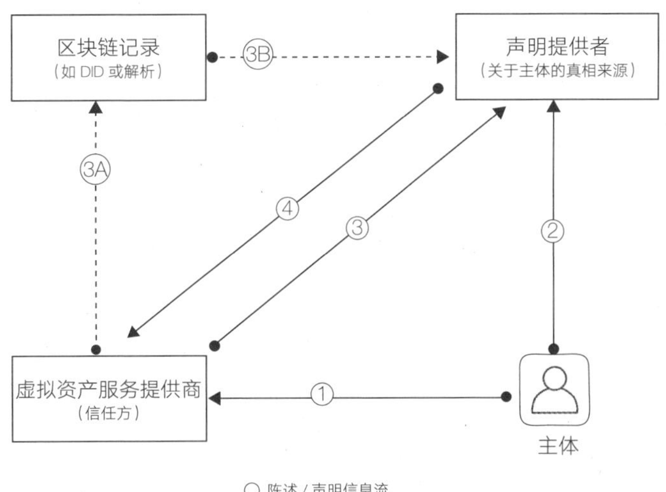

图 12-6　声明提供者与发起人虚拟资产服务提供商一起寻求用户（主体）声明的流程图

尽管在某些情况（如用户自行管理其公钥）下，这种方法有很强的实用性，但在以保护隐私的方式向信任方（即虚拟资产服务提供商）提供关于主体的真实、准确的信息时，DID 能起到多大作用尚不明晰。

自反洗钱金融特别工作组发布《建议 15》[79] 以来，人们一直在努力制定标准，以支持虚拟资产服务提供商在遵循该建议和旅行规则的前提下进行虚拟资产转移。

在充分借鉴已有的现代支付标准的基础上，OpenVASP[80] 重塑了跨虚拟资产服务提供商信息交换的工作环境。OpenVASP 的目标是为虚拟资产服务提供商建立一个共享通信协议，以便其按照《建议 15》的要求进行虚拟资产转移信息的交换。旅行规则信息共享架构[81]就是这样一种方式，该架构尝试在这些规则之下开发出一种点对点的共享机制。目前，新兴虚拟资产行业的几个组织正在合作创建一个 InterVASP 数据模型，用于发起人的虚拟资产服务提供商向受益人的虚拟资产服务提供商提交所需的发起人和受益人信息[82]。

客户身份识别制度下的虚拟资产服务提供商用户数据隐私

如前所述，根据旅行规则，发起人虚拟资产服务提供商需向受益人虚拟资产服务提供商发送发起人用户的信息，反之亦然。虚拟资产服务提供商共享的关于用户的已验证信息，通常都是用户的静态属性信息，如年龄、地址、公民身份等。

然而，为在金融犯罪执法网络的监管框架下全面落实客户身份识别要求[83]，虚拟资产服务提供商可能需要获取更多的用户信息，而不是仅限于旅行规则所要求的静态属性。因此，虚拟资产服务提供商可能需要进行持续的监控，以随时维护和更新用户信息，并及时识别和报告可疑交易。这就引申出虚拟资产服务提供商与用户关系的另一个维度：在履行客户身份识别和客户尽职调查流程时，虚拟资产服务提供商必须保护好用户的隐私。

如今，为满足对特定对象（个人或组织）进行持续监控的需求，我们可以通过数据分析来发现某些趋势或异常。但只有当数据易于访问和获取时，才能进行广泛的数据分析。然而，如今的现实情况是，关于某一主体的数据，如金融数据、健康数据和社交行为数据，通常存储在跨行业的不同机构中。此外，这些数据存储库可能受不同监管机构监管，这就使得想要对这些数据进行综合分析变得更加困难。[84]因此，我们目前面临着这样一个悖论——随着时间的推移，数据规模与日俱增，但想要将这些数据应用于个人和社区建设，其面临的限制和阻碍也越来越多。

客户身份识别流程的开放算法

基于前文所述的现状，我们认为麻省理工学院所倡导的开放算法范式[85]，可能为虚拟资产服务提供商及其数据提供商指出了一条既能满足客户尽职调查的要求，又能保护用户的数据隐私的合作路径。该范式将通过以下方式保护用户的数据隐私：

- **已知来源的用户数据源。**虚拟资产服务提供商通常是从第三方数据整合者那里获取用户数据，而不是自己收集，因此会存在数据来源不可信或未知的情况。其实，虚拟资产服务提供商可以通过与各类数据的可靠提供方建立稳定业务关系的方式，来获取可信的用户数据。例如，移动电信网络运营商就拥有已知来源的移动数据，因为该数据是由运营商自己的网络设施生成的。

- **数据提供商通过经审查的算法提供分析结果。**许多数据提供商可能因为行业监管等原因，不能直接向外部实体（即虚拟资产服务提供商）提供原始数据。但数据提供商可以通过其后台算法，利用数据直接得出虚拟资产服务提供商所要的结论。例如，私有链网络可能拥有关于某用户的数据，该用户（个人或组织）可能是虚拟资产服务提供商的用户，而该虚拟资产服务提供商并不是私有链的成员。私有链的管理机制禁止将该用户的数据传输给外部虚拟资产服务提供商，但它可以在私有账本上进行数据运算，并将运算结果共享给外部虚拟资产服务提供商。

- **用户同意执行算法。**开放算法范式的一个关键是，默认情况下，主体（用户）同意意味着允许执行算法，这与目前行业对“同意”的解释是不同的——目前行业认为“同意”通常代表着允许对数据导出或进行复制。

2017 年至 2018 年在哥伦比亚和塞内加尔进行的开放算法范式的试点，目的是保护这些国家使用移动数据进行研究的隐私[86]。目前，正在尝试通过开放算法的商业化应用，实现金融行业实体间数据分析结论的共享。关于开放算法的广泛讨论超出了本章要讨论的范畴，读者可参考其他相关研究[87]。

数据提供商网络

对于许多数据提供商（数据持有者）来说，开放算法为它们提供了最实用的解决方案，因为这样就不需要它们提供其核心业务数据了。在很多情况下，请求方（即虚拟资产服务提供商）需要的只是关于主体的特性和分析结论，而不是关于主体的原始数据。因此，对于很多数据持有者来说，开放算法范式也为它们提供了一条创收的新路径，即它们可以通过创建算法对其持有的数据进行分析，并将运算结果（如声明）提供给付费用户（即虚拟资产服务提供商），从而获得收入。

当来自不同行业（如金融、卫生、电信等）的数据提供商进行合作，并对主体进行更深入的数据分析时，就会产生更加重大的影响。于虚拟资产和虚拟资产服务提供商而言，这些更深入的数据分析，正是客户身份识别和客户尽职调查流程所必需的。我们将这种跨行业数据提供商组织的联盟或组织称为数据提供商信任网络。在新兴的虚拟资产服务行业，数据提供商基于信任网络的合作，对于虚拟资产服务提供商获得基于开放算法的数据分析结果至关重要。通过这种方式，虚拟资产服务提供商可以直接获得基于可靠数据得来的分析结论和特性，而不需要求助于第三方数据代理或聚合器。[88]

图 12-7 对数据提供商信任网络进行了说明。该网络使用开放算法，以隐私保护的方式提供分析结论和特性，连接作为请求方的虚拟资产服务提供商的是声明提供者。在图 12-7 中，在作为请求方的虚拟资产服务提供商成为声明提供者之前，作为依赖方的虚拟资产服务提供商必须首先通过授权服务商的认证，并取得授权，如图 12-7 中步骤（1）所示。虚拟资产服务提供商只允许从已发布且已审核的算法列表中进行选择。在步骤（2）中，虚拟资产服务提供商向声明提供者提交请求。来自数据提供商的响应由声明提供者进行整理，并使用适当的格式将其打包为声明或陈述，如 OASIS89、Sporny、Longley 和 Chadwick[90]。声明或陈述由声明提供者进行数字签名后，在步骤（3）中发送给虚拟资产服务

提供商。所有发布的声明或陈述的副本也被放置在主体的声明存储库中，如在主体的个人数据存储库[91]中。主体也可以将其存储在个人数据存储库中的签名声明副本独立地用于其他目的，这一点与世界经济论坛 2014 年个人数据报告[92]的建议也是吻合的。

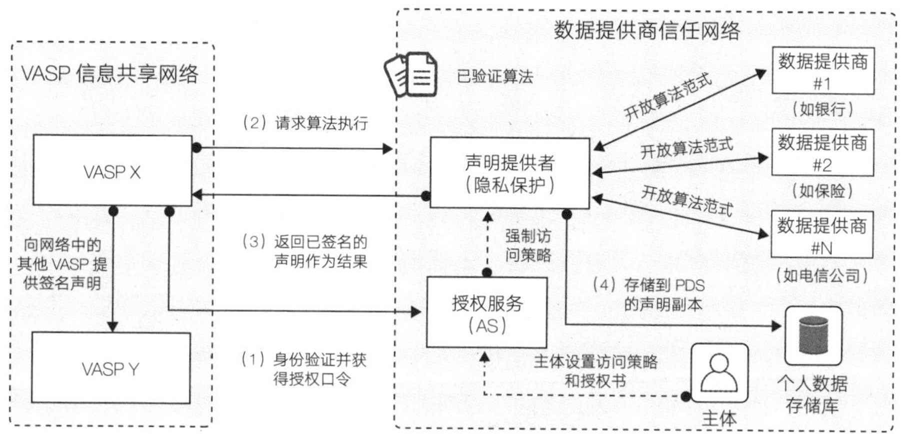

图 12-7　基于开放算法的数据提供商信任网络

资料来源：T. Hardjono and A. Pentland, "Open Algorithms for Identity Federation," in *Proceedings of the 2018 Future of Information and Communication Conference (FICC), Vol. 2*, ed. K. Arai, S. Kapoor, and R. Bhatia (New York: Springer-Verlag, 2018), 24–43。

基于可信硬件的钱包

区块链上，随着越来越多的个人和组织持有与虚拟资产绑定的私钥和公钥，私钥丢失和（或）被盗的风险也日益增大。同样，替用户保管私钥和公钥的虚拟资产服务提供商，以及使用自己的密钥代表用户进行交易的虚拟资产服务提供商，都面临着密钥管理的问题。因此，使用基于可信硬件的电子钱包，如提供密钥保护的可信平台模块芯片[93]，可能将日益成为虚拟资产服务提供商业务得以开展和赖以生存的必要条件。基金保险公司[94]可能会寻求虚拟资产服务提供商及其用户使用可信硬件的证据。这也进一步激发了虚拟资产服务提供商建立一个认证基础设施的需求，以帮助它们更好地了解基于可信硬件的钱包的实时状态。

下面使用术语“受监管钱包”来表示被监管虚拟资产服务提供商的用户所拥有的钱包系统（包括硬件和软件）[95]，使用术语“私人钱包”来表示属于未经验证实体的钱包系统[96]。有时候，虚拟资产服务提供商可能会拒绝向一个被认为是由钱包控制的公钥执行资产转移，这仅仅是因为尽管该虚拟资产服务提供商在信息共享网络中向其他虚拟资产服务提供商申请了查询，但仍无法获取钱包持有者的相关信息。

不同类型的认证证据

下面使用术语“认证”来表示一些可信硬件提供证据的能力，以证明使用可信硬件的设备（平台）可以正确、真实地报告设备的内部状态[97]。报告内容由可信硬件使用内部私钥进行签名，该私钥外部实体不可读，并且不能从可信硬件中迁移，即无法提取。因此，证据的接收者（如验证者）可以确信，其获得的签名报告来自配备了特定可信硬件的特定设备[98]。这些特性使得虚拟资产服务提供商既可以解决一些关键性的管理挑战，又能满足反洗钱 / 自由贸易账户（AML/FT）的合规要求。

对于虚拟资产服务提供商和资产保险公司，可以从钱包中获得几种类型的认证证据信息，这些信息涉及用于在区块链上签署资产相关交易的密钥。认证证据的类型取决于可信硬件的特定类型，通常包括以下内容[99]：

- **密钥创建证据。**钱包中使用的可信硬件，必须能够提供有关硬件持有的加密密钥来源的证据。更具体地说，该可信硬件必须能够证明它是在内部生成了一个私密—公开密钥对，还是从外部导入了密钥对。
- **密钥可移动性证据。**钱包中使用的可信硬件必须能够提供证据，以证明私钥是可迁移的还是不可迁移的[100]。该证据允许虚拟资产服务提供商对钱包持有人（即其用户）将私钥副本通过不正当的渠道导出到另一个钱包，然后以不受监管的方式使用密钥对的可能性进行风险评估。

- **钱包系统堆栈组成证据。**钱包中使用的可信硬件应能够提供钱包中存在的软件堆栈的证据[101]。

某些特定的虚拟资产服务提供商可能会要求用户只能使用基于适当可信硬件的经核准的钱包，并且还可能要求用户，从其成为该虚拟资产服务提供商的合法用户时起，在可信硬件中为其所有交易创建和使用新的密钥对。在旅行规则框架下，该策略为虚拟资产服务提供商明确了用户发起交易时的职责和责任划分。虚拟资产服务提供商可以为新用户开展交易和开始使用新密钥对提供无责证明。

图 12-8 展示了钱包设备认证和资产保险提供商的工作流程示意图，其中受益人（鲍勃）是基于可信硬件的受监管钱包的持有人。在步骤①中，发起人爱丽丝请求她的发起人虚拟资产服务提供商将虚拟资产转移到受益人鲍勃的公钥。在步骤②中，根据旅行规则的要求，发起人的虚拟资产服务提供商与受益人的虚拟资产服务提供商交换用户相关信息，包括请求受益人虚拟资产服务提供商从鲍勃的钱包获取认证证据（见步骤③）。在步骤④中，受益人的虚拟资产服务提供商将用户账户信息和钱包认证证据提供给发起人的虚拟资产服务提供商。

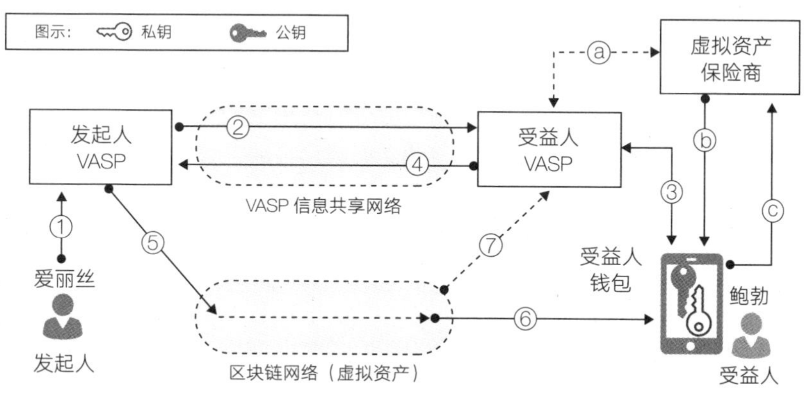

图 12-8　钱包设备认证和资产保险提供商的工作流程示意图

如果发起人的虚拟资产服务提供商认可用户账户信息和钱包认证证据，则它将在步骤⑤中将资产转移到区块链上鲍勃的公钥。鲍勃在步骤⑥中可以验证资产转移是否成功，受益人的虚拟资产服务提供商能够将区块链上的交易与鲍勃在该服务提供商处的账户关联起来。

密钥和钱包的监管

对于已经拥有钱包的用户，新增账户将面临诸多问题。如果用户钱包受到监管，并且之前已经为另一个受监管的虚拟资产服务提供商所知，则信息需求方虚拟资产服务提供商需要考虑更多的具体问题。除其他任务外，这些内容包括：验证钱包上线前是受监管的还是私有的；验证钱包的密钥与对应的用户历史交易记录，该验证在区块链上进行；验证钱包是否曾有过备份或迁移；确定是否应将用户的资产迁移到新的密钥，以及如果是的话应该如何处理旧密钥。

用户在虚拟资产服务提供商处注销（即删除用户）时也会触发一些与旅行规则相关的问题。注销方的虚拟资产服务提供商可能需要解决以下问题：准备证据，以证明钱包所有者在作为虚拟资产服务提供商的用户期间，其钱包是处于受监管状态的；确定是否应将用户的资产移动到一组临时密钥，以表明根据旅行规则，虚拟资产服务提供商对用户的责任已结束；从钱包中获得旧密钥（不可使用密钥）已从钱包设备中删除的证据，自此用户将无法再使用该密钥。

虚拟资产保险提供商（如加密基金保险提供商）需要有关私钥的物理位置，以及为这些密钥提供的技术保护程度的证据。[102] 这是因为在区块链上，私钥是控制虚拟资产的工具。此外，一个不诚实的用户可能会在将资产转移到区块链上一个新的匿名私钥后，声称自己的私钥丢失或被盗了。因此，对于保险提供商而言，通过可信硬件从钱包中获得的认证证据信息——密钥创建证据、密钥可移动性证据以及钱包信息——对其风险管理评估都至关重要。

有许多经典协议允许持有者签署风险提示后，向签署者提供私钥的持有证明。[103] 然而，尽管一般情况下持有证明很有用，但大多数经典持有证明协议并不支持密钥持有人出具其私钥仅有一个副本且存放在给定可信硬件中的证明。

再回到图 12-8 中。假定受益人的虚拟资产服务提供商与虚拟资产保险提供商有业务关系，即已购买了保险，如步骤ⓐ所示，那么任何时候，保险提供商都必须能够直接查询受益人的钱包，如步骤ⓑ所示，以获取有关钱包的认证证据，如步骤ⓒ所示。

BUILDING THE
NEW ECONOMY

章末总结

虚拟服务提供商是超越传统银行的新势力

虚拟资产服务提供商面临着一个数据问题，即按照反洗钱金融行动特别工作组发布的《建议 15》和旅行规则的要求，它们需要相关主体的准确信息，如发起人、受益人，以及参与虚拟资产转移的其他虚拟资产服务提供商等。

如果说区块链系统和虚拟资产是未来全球数字经济的基础，那么虚拟资产服务提供商信息共享网络就是信任基础架构的核心组成部分。对虚拟资产服务提供商来说，信息共享网络则是开发其他基础架构的基本组成部分。

虚拟资产服务提供商还需要一个可信的身份基础架构，以允许虚拟资产服务提供商之间互相进行身份核验，并快速确定其他虚拟资产服务提供商的合法业务状态。基于众所周知和广泛部署的公钥证书管理技术，扩展验证数字证书为这一问题的解决提供了一种可行的方案。

为解决与用户钱包和钱包设备认证相关的用例问题，还需要构建其他信任基础架构。尤其是虚拟资产服务提供商可能需要证据，来证明用户的私钥确实存在于钱包设备中，进而证明虚拟资产服务提供商并未操控用户的私钥和公钥。

BUILDING
THE
NEW
ECONOMY

结　语

法律的数字化转型，让人们真正获益

代码就是法律，法律也正在逐步代码化。这一变化是被现代商业中对公正裁判的需求和对实现高效率与可预测性的雄心所驱动的。大多数法律法规都只是人类创造并执行的算法，现在，合法的算法逐渐被计算机执行，用作行政管理机构的工作延伸。计算机工具已经被广泛运用在金融、航空和能源等领域，帮助人们进行法律制定，并且大部分的逻辑都是计算机化的，只需要人类进行监管。

如今，甚至连法庭诉讼程序也越来越依赖于用计算机化的手段发现事实和先例——这可能会使越来越多的案件在庭外和解。此外，随着数字化系统的应用越来越普遍，计算机对于合法的算法的介入可能会急剧扩大。

年轻律师和有远见的法律学者所表现出的兴趣和参与度证明，法律职业正在悄悄地抓住机遇，向“计算机辅助人类进行法律实践”转变。读者可能会惊讶地发现，有几所法学院已经建立了专注于法律技术的创业项目和孵化器，如萨福克大学法学院和布鲁克林法学院。这两所法学院的教师都是《麻省理工学院计算法律报告》（*MIT Computational Law Report*）的创始人[①]。

正在接受培训的年轻律师也同样参与其中。在 2018 由我们的报告创始人组织、遍布四大洲的 9 所法学院主办的“开放音乐区块链”的黑客马拉松（一种世界范围内的群体性分布式网络活动）中，我们很惊喜地看到，法律行业已经开始完全数字化了！然而，随着合法的算法的计算机化，我们必须注意不能完全放弃将人的评判作为边界，以确保合法的算法在安全可控的范围内提升社会的公平公正。我们必须继续维护，甚至大幅提高人类对合法的算法的监督和干预。

① 计算法律学一般指通过区块链、大数据、人工智能等技术，在数字社区应用法律逻辑，并可以针对案例进行智能分析和判断。国内计算法律（或称计算法学、计算法律学）起步略晚，但现在北京航空航天大学、四川大学、清华大学等都开设了相关专业或专门的课程。尽管计算法律学在国内仍处于发展阶段，但它对于构建互联网法治的基础无疑是至关重要的。——译者注

我们还必须认识到，目前的法律和监管制度常常是设计不当或设计过时的。向合法的算法的计算机化过渡正好是一个独特的机会，能够将法律修改得更加灵敏和精确。为什么这么说呢？因为我们应该意识到，许多合法的算法其实也未能实现预期目标或产生了意想不到的后果，那我们就需要思考，是否有更好的方法来确保每个合法的算法的性能和责任。

本章作者：阿莱克斯·彭特兰

我们如何在加强对合法的算法的监督与问责的同时发挥其潜力，使其更高效、更易于访问、更公平公正？一个明显的答案是学习人机系统框架（Human-Machine Systems Framework）[1]，该框架已于20世纪在世界各地发展成为设计和部署人机系统的实践标准。这个框架的例子包括亚马逊公司的履行和交付系统，以及互联网连接系统。

这些系统出色的效率和广泛的覆盖程度，可能令人惊讶地源于“谦虚”，也就是承认人们永远不可能建立可以“直接投入工作”的人机系统。相反，我们不得不随时调整、迭代和再设计它们。一旦接受了“人类的智力具有局限性”这个逻辑，你就会意识到：系统必须是模块化的，这样才能比较容易地修改算法；系统必须密集地布局，以便掌握每个算法的工作效果。一个不太明显但也应该意识到的问题是：**系统及其每个模块的设计必须清晰，并且与系统的最终目的直接相连，这样才能够知道出错时应该重新设计哪些模块，以及如何重新设计它们。**

需要说明的是，一些“模块”是软件，另一些则是人或群体，两者共同致力于执行算法，从而构成了人机系统。“重新设计人的模块”意味着重组或重新培训员工，这个过程在制造业中类似改善法[2]①，在商业中通常被称为质量改善小

① 英文为Kaizen，意思是微小但连续、渐进的改进，也就是我们常说的小步快跑法。——译者注

组（Quality Circles）[3]。需要注意的是，要以质量改善小组的进程去工作，系统中的人员必须清楚地知道他们与系统总体目标的联系。

算法设计范式中的一个关键元素就是测试。我们不能在没有大量测试、现场实验，以及评估工作的情况下设计一个复杂的人机系统。测试总是先从模拟部分的关键组件开始，然后才是整个系统，最后在参与者给出知情同意书的前提下，通过有代表性的试点实验给出测试的结论。需要特别注意的是，这种测试和评估不仅是系统创造阶段的一部分，还必须在系统大规模部署后持续进行。事物在变化，为了适应，就需要持续调整或重新设计系统。

工人或监管人员对自身工作（如质量改善小组的工作流程）的评判和修改能力是整个系统成功的关键。在传统的法律体系中，基于效果反馈进行模块的审核与修订是高级监管机构和法院的职责，而审计和修改整个系统架构的工作从传统上来说是立法者的职责。

当将法律系统运作与更成功的人机系统运作进行比较时，很明显，目前的法律程序还不够理解模块的组成（例如，为什么花了 10 年时间来评估破损的窗户引发的治安问题？），以及对模块化、易于更新的系统设计（如医疗保健系统或税法）考虑不足。一个更微妙的问题是，目前，合法的算法对要实现的目标，以及如何衡量与评估该算法的效果还不够清楚。

法律系统数字化转型的应用

这里有一些关于使用设计框架来建立成功的合法的算法的例子，这些例子可能有助于阐明上面提到的想法。第一个例子就是政府建立的自动的、规范的法律系统，特别是针对交通拥堵问题进行征税的系统。该系统在瑞典部署，靠读取汽车牌照，向在斯德哥尔摩境内道路上驾驶车辆的司机收费。我们在维基百科中的系统描述部分可以看到该合法的算法设计的每个组成部分：

- 征收交通拥堵税是为了减少交通拥堵，并改善斯德哥尔摩市中心的空气质量。因此，该系统的目标是明确的，系统性能的测量标准也就很容易理解了。
- 经过 7 个月的试用测试，该税收开始长期实行。
- 在最初部署后，我们持续改善该系统的设计，这种改善表现为可以在斯德哥尔摩最中心的地区收取更高价格的拥堵税。
- 当地政府对该系统运行前 5 年的情况进行了审查，结果显示拥堵情况有所好转，一些司机为了不交费转而乘坐公共交通工具。

虽然在这个例子中，算法设计的构成元素看起来相当明显，但是在创建和运行基于算法的法律系统时，这些元素往往是缺席的。瑞典的交通拥堵纳税制度后来被世界各地的政府和城市规划者视为典范。

第二个例子是关于商业的，来自我个人帮助日产为其汽车创建自动驾驶系统的经验。该系统是目前世界上部署得较多的L2自动驾驶系统[①]。该系统的开发从明确设计目标开始。

首先，汽车导航系统的目的应该是在不分散驾驶员注意力的同时，实现更安全的驾驶。它应该让驾驶员感觉像往常一样正常开车，而汽车只是自然地做了“正确的事情”，驾驶员仍然是一直完全投入并负责驾驶的。

其次，对该系统的实验室测试显示，汽车关于“该做什么”的反应必须与人类司机的判断相同，这样汽车就不会出现任何违背人类预期或理解的情况。

再次，该系统通过试点部署进行了调整和修改，以确定汽车何时可以有效地帮助司机，何时不需要提供帮助。随着新的传感技术的出现，该系统也得到

① 自动驾驶按照自动化的程度可以大致分为 5 级，其中第二级（L2）是比较初级的自动化。L2 要求，在系统所规定的运行条件下，车辆自身能够控制汽车的转向和加减速运动，具备自适应巡航控制和车道保持的辅助功能。——译者注

了迭代和改进。

最后，在进行商业部署后，出于安全性和用户满意度的考虑，该系统仍在不断被审查和更新。

部署该系统的结果是驾驶变得更加安全。人们喜欢这个系统，尽管有时人们感觉不到这个系统具体做了些什么。例如，司机往往无法意识到这个系统是如何巧妙地引导他们成为更好的司机的。这些类型的系统不仅是一种代替人类或人类思考的工具，还很像辅助轮[①]或护栏。事实上，这个系统最初的名字就是“魔法保险杠”。

法律算法的缺失

很可惜，刚才强调的几个要素在当前的法律和监管体系中仍不够发达，甚至是缺失的。这些规范包含系统的性能目标、测量和评价标准、测试、稳健又自适应的系统设计以及持续的审查。

- **系统性能目标。**创建一个新的合法的算法系统（如一部法律和相关法规）需要在公民和立法者之间就目标和价值观进行辩论，从而明确系统的总体目标。如果未能明确目标，法律体系无法为良好治理提供依据的可能性将会增加，并可能产生意想不到的负面后果。
- **测量和评价标准。**为了有机会确定某件事是否成功，我们需要有一个适当的比较点。例如，我们如何知道系统何时性能良好？我们如何知道系统中的每个模块（各个算法）何时性能良好？衡量性能的标准与系统目标之间的关系必须明确，并且获得居民们的广泛理解。如果没有这种理解，政府体系所希望的辩论以及居民们对于管理政

① 指初学自行车时装在车上以保持平衡的辅助轮，一般用于保护小孩子在完全掌握两轮自行车平衡前不会摔倒。——译者注

策的知情同意都是不可能实现的。

- **测试。**目前，美国国会提出的法律正在经过管理和预算办公室的模拟测试，而且通常会对成本效益和环境进行简单的评估。尽管这种测试可能是有用的，但如果我们要构建反应灵敏和适应性强的法律系统算法，这种测试还不够。更为严重的是，美国几乎没有在具有代表性且知情同意的社区样本上对新的合法的算法进行测试的传统，也就是说，既没有由政府机构的人进行的测试，也没有由计算机来执行的测试。这种对测试工作的不重视源于人们的傲慢，即相信可以从一开始就构建完美的系统。这也是制造出低质量法律系统的原因。

- **稳健又自适应的系统设计。**合法的算法系统，如一部法律和相关法规，必须是模块化且可持续审查的，在衡量性能的标准与系统目标之间有清晰关联，以便能够轻松修改或更新模块及其组织结构。如果现代系统设计工具设计失败，那么由此最终产生的法律系统更可能会出现不透明、对危害反应不足，而且难以更新修改的情况。

- **持续的审查。**合法的算法系统，如一部法律和相关法规，必须持续具有所有模块及整个系统性能都接受审查的操作机制。这样的审查需要所有利益相关者的参与和监督，并且在默认情况下，还需这些利益相关者对算法或系统架构进行修改，以使系统满足指定的性能目标。审查失败意味着随着社会和环境变化，法律体系将面临严重失败。我们建议，监管机构、立法者和法院要及时回应利益相关者的担忧，从而实现算法的改善。

这对律师和立法者来说意味着什么？在历史上，法律职业往往始于枯燥的文字工作和法律相关文件的查找工作。就像拼写检查和网页搜索一样，这项工作现在正在被人工智能驱动的文档软件简化——它可以从大型文档存储中找到相关条款并使用常用措辞进行建议。

这些趋势通常被解读为法律服务的需求在降低，但其中也存在着新的机会，如利用原本用于创建大型软件系统的工具来开发法律协议。这些工具开始使律师和立法者设计出的法律协议具备更强的灵活性、可解释性和稳健性。

因此，法律职业有机会从成本中心和摩擦源转变为新经济和新机会的中心。《麻省理工学院计算法律报告》的目标是抓住这个机会，支持新的法律学者在使用新数字技术方面的热情，进而改善现有的治理体系。

法律算法的价值与原则

什么是潜在的价值和原则？是一种可以指导基于计算的法律并治理这类新生事务的社会契约论吗？关于如何指导计算技术来支持社会契约论中所体现的价值和原则，可以被概念化地总结为“利益相关者资本主义”，即让社群中所有的利益相关者都受益的一种资本主义。这个想法最近很受欢迎，因为它既能保护资本主义的活力，又能更好地造福整个社会，而不仅是少数人。很可惜，目前还不清楚如何通过实施利益相关者资本主义，去构建一个充满活力、包容和公平的社会。

让每个人都受益的资本主义，不能仅以金钱来衡量，因为金钱不是衡量价值的唯一方式。各种团体已经开发出特定的“环境、社会和公司治理”（Environmental, Social and Governance，ESG）指标来衡量企业的影响力，但事实证明这些指标并不可靠，会使公司的社会责任声明基本上毫无意义。目前还有一种替代当前 ESG 指标的方法：在世界各地，科学家、国家统计局和多边组织都开始使用科学的度量标准来衡量人类生活的许多方面，而不是只关注钱。这些基于科学的度量标准已经被开发出来，用于量化联合国的可持续发展目标，它包括贫困、不平等和许多方面的司法和可持续性问题。事实上，联合国可持续发展目标最大的成就，可能就在于迫使人们用大数据和人工智能技术来开发统计工具，以便更广泛地定量测量社会状况。定量测量社会状况的能力能够使利益相关者资本主义的承诺变得真实、具体和可审查。我应该提一下，我是联合国基金会全球可持续发展数据合作伙伴关系的董事会成员。

使用一个定量的社会指标的工具包，类似于用以衡量可持续发展目标的工具包，可以可靠、定量地测量社会属性，例如社会的总生产力、创新率、可持续性、机会率、公正性、教育和健康等方面。这种定量的测量方式使得测量结果可以在不同社会和国家之间进行比较。这些指标的重要性在于，它们使我们能够确定哪些政策最能促进一个充满活力、可持续性、包容性、公平性和低风险的未来的发展。我们已经看到，在一些医疗领域，如儿科健康和艾滋病治疗中，明确的指标和数据共享产生了奇迹，那么为什么不将其更广泛地普及呢？为什么只将其用于医疗健康领域，而不用于经济和社会健康呢？

在这种以利益相关方资本主义为基础的新愿景中，资本家的表现可以通过使用最初设计来量化可持续发展目标的类似方法来量化测量，而人工智能、密码和物联网等技术正在降低测量和协作的成本，使完成大型项目和大量生产不再需要传统的集中和层次化的组织结构。因此，世界各地的人们开始创建更为分散、灵活和有弹性的组织，并使其可以与现有的资本市场、劳动力资源和法律框架并存。

请加入我们，使这种新愿景成为现实！

附 录

本书的贡献者众多，在此一一介绍。

阿莱克斯·彭特兰。他在麻省理工学院媒体实验室、工程学院和管理学院担任三重教授职务。他还指导麻省理工学院的连接科学计划、人类动力学实验室和麻省理工学院媒体实验室创业计划，并且是联合国、美国律师协会、谷歌、日产、西班牙电信等公司的顾问委员会成员。多年来，他与其他人共同推动了世界经济论坛大数据和个人数据计划的发展。他开创了计算社会科学和可穿戴计算领域，催生了多家成功的初创企业和技术衍生品。他曾帮助创建麻省理工学院媒体实验室、印度理工学院媒体实验室亚洲实验室以及斯特朗医院未来健康中心，并提供指导。2012 年，《福布斯》将他评为“世界七位最强大的数据科学家”之一，与谷歌创始人和美国首席技术官并列，他于 2013 年获得《哈佛商业评论》颁发的麦肯锡奖。阿莱克斯·彭特兰教授的著作包括《诚实信号》《社会物理学》《可信数据》《金融技术前沿》等。他于 2014 年被任命为美国国家工程院院士。他拥有密歇根大学的学士学位和麻省理工学院的博士学位。

亚历山大·利普顿。Sila 公司的联合创始人兼首席信息官、耶路撒冷希伯来大学的客座教授和院长研究员，以及麻省理工学院连接科学研究员。他是全球多家金融科技公司的顾问委员会成员。2016 年，他离开美国银行前往美林证券，在该公司担任了 10 年的各种高级管理职位，包括量化解决方案主管和全球量化集团联席主管。他目前的专业兴趣包括：金融科技，主要是分布式账本技术在支付和银行业的应用；数字货币，包括稳定币和资产支持的加密货币；稳健的大规模资产配置。2000 年，阿莱克斯·彭特兰荣获《风险杂志》颁发的首届年度量化奖，并于 2021 年荣获年度买方量化奖。他出版了 8 本书，发表了 100 多篇科学论文。

托马斯·哈德乔诺。麻省理工学院连接科学实验室的首席技术官，也是位于马萨诸塞州剑桥的麻省理工学院信托—数据联盟（MIT Trust-Data Consortium）的技术总监。在此之前的几年里，他担任麻省理工学院 Kerberos 联盟的执行董事，使 Kerberos 协议成为当今世界上部署最普遍的身份验证协议。在过去的 20 多年里，托马斯·哈德乔诺担任过各种行业技术领导职务，包括 Bay Networks 的杰出工程师、VeriSign PKI 的首席科学家以及多家初创企业的首席技术官。他一直站在身份认证、数据隐私、信任、应用密码学、区块链技术和网络安全等多个行业倡议的前沿。

亚尼夫·阿特舒勒。领先的网络安全人工智能公司 Endor.com 的首席执行官，也是麻省理工学院连接科学学院的前博士后研究员和现任研究员。

张纯信。复旦大学泛海国际金融学院教务副院长、金融学教授、金融科技研究中心主任。

戈伦·戈登。特拉维夫大学好奇心实验室的负责人。

安妮·金。安全 AI 实验室的首席执行官兼联合创始人，也是麻省理工学院连接科学学院的一名毕业生。

何塞·帕拉－莫亚诺。哥本哈根商学院区块链和数字化助理教授。

艾蒂安·萨登。瑞士电信金融科技团队的创新经理，专注于数字资产和机密计算。

费边·舍尔。巴塞尔大学金融科技和分布式账本技术教授，以及创新金融中心董事总经理。

卡尔·施梅德斯。瑞士洛桑国际管理学院金融学教授，曾任西北大学凯洛格管理学院和苏黎世大学教授。

克里斯蒂安·舍普巴赫。瑞士电信数字业务部门的数字资产主管。

埃雷兹·什穆埃尔。特拉维夫大学工业工程系高级讲师兼大数据实验室负责人，也是麻省理工学院媒体实验室的客座研究员。

沙哈里·索明。麻省理工学院连接科学学院的研究人员，也是 Endor.com 的机器学习和网络专家。

注 释

第 1 章　数据合作，建设更有活力、经济更繁荣的社区

1. M. Moore and D. Tambini, *Digital Dominance: The Power of Google, Amazon, Facebook, and Apple* (Oxford: Oxford University Press, 2018).
2. World Economic Forum, *Personal Data: The Emergence of a New Asset Class*, report, 2011.
3. S. K. Chong, M. Bahrami, H. Chen, S. Balcisoy, B. Bozkaya, and A. Pentland, "Economic Outcomes Predicted by Diversity in Cities," *EPJ Data Science* 9, no. 1 (2020).
4. Chong et al., "Economic Outcomes Predicted by Diversity in Cities."
5. S. K. Chong, M. Bahrami, H. Chen, S. Balcisoy, B. Bozkaya, and A. Pentland, "Economic Outcomes Predicted by Diversity in Cities," *EPJ Data Science* 9, no. 1 (2020).
6. C. Freitas, S. Netto, M. Bahrami, V. Brei, B. Bozkaya, S. Balcisoy, and A. Pentland, "Gravitational Forecast Reconciliation" (forthcoming).
7. E. Moro, M. R. Frank, A. Pentland, A. Rutherford, M. Cebrian, and I. Rahwan, "Universal Resilience Patterns in Labor Markets," *Nature Communications* (forthcoming).
8. M. R. Frank, J. E. Bessen, E. Brynjolfsson, M. Cebrian, D. J. Deming, M. Feldman, M. Groh, et al., "Toward Understanding the Impact of Artificial Intelligence on Labor," *Proceedings of the National Academy of Sciences* 116, no. 14 (2019): 6531–6539.

9. N. Aharony, W. Pan, C. Ip, I. Khayal, and A. Pentland, "Social FMRI: Investigating and Shaping Social Mechanisms in the Real World," *Pervasive and Mobile Computing* 7, no. 6 (2011): 643–659.

10. Aharony et al., "Social FMRI."

第 2 章　共享数据，新知识经济的支柱

1. S. Gandhi, B. Thota, R. Kuchembuck, and J. Swartz, "Demystifying Data Monetization," *MIT Sloan Management Review* (November 2018); M. Farboodi, R. Mihet, T. Philippon, and L. Veldkamp, "Big Data and Firm Dynamics," Centre for Economic Policy Research, January 2019.

2. C. I. Jones and C. Tonetti, "Nonrivalry and the Economics of Data," NBER Working Paper 26260, National Bureau of Economic Research, Cambridge, MA, September 2019.

3. J. Parra-Moyano and K. Schmedders, "The Liberalization of Data: A Welfare-Enhancing Information System," Social Science Research Network, December 2018.

4. A. Pentland, D. Shrier, T. Hardjono, and I. Wladawsky-Berger, "Towards an Internet of Trusted Data: A New Framework for Identity and Data Sharing—Input to the White House Commission on Enhancing National Cybersecurity," in *Trusted Data—a New Framework for Identity and Data Sharing*, ed. T. Hardjono, A. Pentland, and D. Shrier (Cambridge, MA: MIT Press, 2019), 15–40; T. Nishikata, T. Hardjono, and A. Pentland, "Social Capital Accounting," in *Trusted Data—a New Framework for Identity and Data Sharing*, ed. T. Hardjono, A. Pentland, and D. Shrier (Cambridge, MA: MIT Press, 2019), 227–238.

5. Board of Governors of the Federal Reserve System, *Survey of Consumer Finances*," 2020.

第 3 章　建立数据合作社，提升创新能力

1. W. Fisher, *Promises to Keep: Technology, Law, and the Future of Entertainment* (Stanford, CA: Stanford Law and Politics, 2004).

2. G. Howard, "Imogen Heap's Mycelia: An Artists' Approach for a Fair Trade Music Business, Inspired by Blockchain," *Forbes*, July 17, 2015; G. Howard, *Everything in Its Right Place: How*

Blockchain Technology Will Lead to a More Transparent Music Industry (Beverly Farms, MA: Giant Step Books, 2017).

3. N. Messitte, "Inside the Black Box: A Deep Dive into Music's Monetization Mystery," *Forbes*, April 15, 2015.
4. Fisher, *Promises to Keep*.
5. Howard, "Imogen Heap's Mycelia."
6. T. Hardjono, G. Howard, E. Scace, M. Chowdury, L. Novak, M. Gaudet, J. Anderson, N. d'Avis, C. Kulis, E. Sweeney, and C. Vaughan, *Towards an Open and Scalable Music Metadata Layer*, MIT Connection Science & Engineering Technical Report, November 2019.
7. World Economic Forum, *Personal Data: The Emergence of a New Asset Class*, report, 2011; World Economic Forum, *Rethinking Personal Data: A New Lens for Strengthening Trust*, report, May 2014.
8. M. Madden, "Public Perceptions of Privacy and Security in the Post-Snowden Era," Pew Research, November 2014.
9. World Economic Forum, *Rethinking Personal Data*.
10. J. M. Balkin, "Information Fiduciaries and the First Amendment," *UC Davis Law Review* 49, no. 4 (April 2016): 1183–1234.
11. T. Hardjono and A. Pentland, "Core Identities," in *Trusted Data—a New Framework for Identity and Data Sharing*, ed. T. Hardjono, A. Pentland, and D. Shrier (Cambridge, MA: MIT Press, 2019), 41–81.
12. T. Hardjono and A. Pentland, "MIT Open Algorithms," in *Trusted Data—a New Framework for Identity and Data Sharing*, ed. T. Hardjono, A. Pentland, and D. Shrier (Cambridge, MA: MIT Press, 2019), 83–107.
13. Hardjono et al., "Towards an Open and Scalable Music Metadata Layer."
14. D. Passman, *All You Need to Know about the Music Business*, 10th ed. (New York: Simon & Schuster, 2019).
15. P. Panay, A. Pentland, and T. Hardjono, "Open Music: Why Success of the Music Modernization Act Depends on Open Standards," *Billboard*, October 29, 2018.
16. D. Deahl, "Metadata Is the Biggest Little Problem Plaguing the Music Industry," *The Verge*,

May 2019.

17. Howard, "Imogen Heap's Mycelia" ; Howard, *Everything in Its Right Place*.
18. Messitte, "Inside the Black Box."
19. D. Yaga, P. Mell, N. Roby, and K. Scarfone, *Blockchain Technology Overview*, National Institute of Standards and Technology Internal Report 8202, October 2018.
20. Howard, *Everything in Its Right Place*.
21. I. Grigg, "Financial Cryptography in 7 Layers," in *Financial Cryptography: 4th International Conference (FC 2000)*, ed. Y. Frankel, Lecture Notes in Computer Science 1962 (Berlin: Springer-Verlag, 2000), 332–348.
22. T. Hardjono, E. Scace, and G. Howard, "Decentralized Music Metadata Registry Using Blockchain Technology" (presentation at Crypto Music 2019, Boston, May 10, 2019); Hardjono et al., "Towards an Open and Scalable Music Metadata Layer."
23. Deahl, "Metadata Is the Biggest Little Problem Plaguing the Music Industry."
24. Howard, "Imogen Heap's Mycelia" ; Howard, *Everything in Its Right Place*.
25. Messitte, "Inside the Black Box."
26. V. Buterin, "Ethereum: A Next-Generation Cryptocurrency and Decentralized Application Platform," *Bitcoin Magazine*, January 2014.
27. R3CEV, "R3," 2018.
28. E. Androulaki, A. Barger, V. Bortnikov, C. Cachin, K. Christidis, A. De Caro, D. Enyeart, et al., "Hyperledger Fabric: A Distributed Operating System for Permissioned Blockchains," in *Proceedings of the Thirteenth EuroSys Conference (Eurosys '18)*, ed. P. Felber, Y. C. Hu, and R. Oliveira (New York: ACM, 2018), 30:1–30:15.
29. D. Hardt, "The OAuth 2.0 Authorization Framework," RFC6749, IETF, October 2012.
30. N. Sakimura, J. Bradley, M. Jones, B. de Medeiros, and C. Mortimore, "OpenID Connect Core 1.0," OpenID Foundation, Technical Specification v1.0—Errata Set 1, November 2014.
31. T. Hardjono, E. Maler, M. Machulak, and D. Catalano, "User-Managed Access (UMA) Profile of OAuth 2.0—Specification Version 1.0," Kantara Initiative, Kantara published specification, April 2015; E. Maler, M. Machulak, and J. Richer, "User-Managed Access (UMA) 2.0," Kantara Initiative, Kantara published specification, January 2017.

32. Wikipedia, "Open Access—Wikipedia,the Free Encyclopedia," 2019; P. Suber, *Open Access* (Cambridge, MA: MIT Press, 2012).
33. DDEX, "Digital Data Exchange," 2006.
34. M. Myers, R. Ankney, A. Malpani, S. Galperin, and C. Adams, "X.509 Internet Public Key Infrastructure Online Certificate Status Protocol—OCSP," IETF Standard RFC2560, June 1999; ITU, "ITU-T Recommendation X.509 (1997 E): Information Technology—Open Systems Interconnection—the Directory: Authentication Framework," June 1997.
35. M. Bartel, J. Boyer, B. Fox, B., LaMacchia, and E. Simon, "XML Signature Syntax and Processing Version 2.0," W3C, W3C Candidate Recommendation, July 2015.
36. ISO, "Digital Object Identifier System—Information and Documentation," International Organization for Standardization, ISO 26324:2012, June 2012.
37. S. Sun, L. Lannom, and B. Boesch, "Handle System Overview," RFC3650, IETF, November 2003; S. Sun, S. Reilly, and L. Lannom, "Handle System Namespace and Service Definition," RFC3651, IETF, November 2003.
38. R. Housley and T. Polk, *Planning for PKI: Best Practices for PKI Deployment* (New York: Wiley and Sons, 2001).
39. D. Reed and M. Sporny, "Decentralized Identifiers (DIDs) v0.11," W3C Draft Community Group Report, July 9, 2018.
40. Messitte, "Inside the Black Box."
41. ISO, "Digital Object Identifier System—Information and Documentation" ; Sun, Lannom, and Boesch, "Handle System Overview" ; Sun, Reilly, and Lannom, "Handle System Namespace and Service Definition."
42. Housley and T. Polk, *Planning for PKI*.
43. Wikipedia. Open Index Protocol," . 2019.
44. Protocol Labs, "Inter Planetary File System (IPFS)," 2019.
45. A. Pentland, *Social Physics: How Social Networks Can Make Us Smarter* (New York: Penguin Books, 2015).
46. T. Hardjono, A. Lipton, and A. Pentland, "Towards an Interoperability Architecture: Blockchain Autonomous Systems," *IEEE Transactions on Engineering Management* 67, no.

4 (2020): 1298–1309.

47. US Securities and Exchange Commission, *Framework for "Investment Contract" Analysis of Digital Assets*., Report, April 2019; Financial Action Task Force (FATF), "International Standards on Combating Money Laundering and the Financing of Terrorism and Proliferation," FATF Revision of Recommendation 15, October 2018.
48. F. Vogelsteller and V. Buterin, "ERC-20 Token Standard (EIP 20)," Ethereum.org, Ethereum Improvement Proposals, November 2015.
49. W. Entriken, D. Shirley, J. Evans, and N. Sachs, "ERC-721 Non-fungible Token Standard (EIP 721)," Ethereum .org, Ethereum Improvement Proposals, January 2018.
50. J. Abbate, *Inventing the Internet* (Cambridge, MA: MIT Press, 1999).

第 4 章　从证券化到通证化，创建更广泛的基础设施

1. H. P. Minsky, "Securitization" (1987), Hyman P. Minsky Archive.
2. C. Chang and X. Wang, "On Global Security Token Policies and China Policy Reform," Fudan Fanhai Fintech Research Center Working Paper Series FRC-WP20210001, 2019.
3. T. Brown, "China Bursts Bubble on Digital-Currency Speculation," Marketwatch, September 23, 2019.
4. L. R. Cohen, L. Samuelson, and H. Katz, "How Securitization Can Benefit from Blockchain Technology," *Journal of Structured Finance* 23, no. 2 (2017): 51–54; A. Collomb and K. Sok, "Blockchain/Distributed Ledger Technology (DLT): What Impact on the Financial Sector?," *Digiworld Economic Journal* 103 (2016): 93–111; Deloitte, JSTA, and Securitize, *Security Tokens: Improving Real Estate Investment in Japan* (Tokyo: JSTA, Deloitte Japan, and Securitize, 2019).
5. Y. Guo and C. Liang, "Blockchain Application and Outlook in the Banking Industry," *Financial Innovation* 2, no. 1 (2016): 24; J. H. Jiang, "How Much Does Trust Cost? Analysis of the Consensus Mechanism of Distributed Ledger Technology and Use-Casesin Securitization" (master's thesis, Massachusetts Institute of Technology, 2017); S. Khaund, "Digital Securitization, Obfuscation, Policy and Commerce of Event Tickets," US Patent Application

US20190188653A1 (2017), US Patent Office.

6. N. Kshetri and J. Voas, "Blockchain in Developing Countries," *IT Professional* 20, no. 2 (2018): 11–14; M. Odenbach, "Mortgage Securitization: What Are the Drivers and Constraints from an Originator's Perspective (Basel I/Basel II)?," *Housing Finance International* 17, no. 1 (2002): 52–58.
7. D. Palmer, "New Head of China's Digital Currency Says It Beats Facebook Libra on Tech Features," *CoinDesk*, September 6, 2019; J. Roth, F. Schär, and A. Schöpfer, "The Tokenization of Assets: Using Blockchains for Equity Crowdfunding," SSRN, August 27, 2019.
8. Roth et al., "The Tokenization of Assets" ; J. Smith, M. Vora, H. Benedetti, K. Yoshida, and Z. Vogel, "Tokenized Securities and Commercial Real Estate," SSRN, May 14, 2019.
9. D. Uzsoki, *Tokenization of Infrastructure: A Blockchain-Based Solution to Financing Sustainable Infrastructure*, IISD report, January 17, 2019.
10. Uzsoki, *Tokenization of Infrastructure*.
11. B. Wu and T. Duan, "The Application of Blockchain Technology in Financial Markets" (paper presented at the Journal of Physics Conference Series); Q.-Y. Zhao, "Research on the Game of Securitization Based on Blockchain Technology" (paper presented at the 5th Annual International Conference on Management, Economics and Social Development (ICMESD 2019)).

第 5 章 交易币系统，构建安全的货币体系

1. D. L. Chaum, "Untraceable Electronic Mail, Return Addresses, and Digital Pseudonyms," *Communications of the ACM* 24, no. 2 (February 1981): 84–88.
2. D. L. Chaum, A. Fiat, and M. Naor, "Untraceable Electronic Cash," in *Advances in Cryptology (CRYPTO 88)*, ed. S. Goldwasser, Lecture Notes in Computer Science 403 (New York: Springer-Verlag, 1990), 319–327.
3. S. Nakamoto, "Bitcoin: A Peer-to-Peer Electronic Cash System," 2008.
4. A. Lipton, "Blockchains and Distributed Ledgers in Retrospective and Perspective," *Journal of Risk Finance* 19, no. 1 (2018): 4–25.

5. Nakamoto, "Bitcoin."

6. V. Buterin, "Ethereum: A Next-Generation Smart Contract and Decentralized Application Platform," white paper, 2014.

7. D. Schwartz, N. Youngs, and A. Britto, "The Ripple Protocol Consensus Algorithm," Ripple Labs Inc. White Paper 5, 2014.

8. A. Lipton, A. Pentland, and T. Hardjono, "Narrow Banks and Fiat Backed Digital Coins," *Capco Institute Journal* 47 (2018): 101–116

9. Chaum, "Untraceable Electronic Mail, Return Addresses, and Digital Pseudonyms"; Chaum, Fiat, and Naor, "Untraceable Electronic Cash."

10. A. Haas, L. J. Ussher, K. Töpfer, and C. C. Jaeger, "Currencies, Commodities, and Keynes" (unpublished manuscript, March 6, 2014).

11. J. Lowe, *The Present State of England in Regard to Agriculture, Trade and Finance: With a Comparison of the Prospects of England and France* (Edinburgh: E. Bliss and E. White, 1824).

12. G. P. Scrope, *An Examination of the Bank Charter Question* (London: John Murray, 1833).

13. W. S. Jevons, *Money and the Mechanism of Exchange*, vol. 17 (New York: Kegan Paul, Trench, 1885).

14. A. Marshall, *Remedies for Fluctuations of General Prices* (London: n.p., 1887).

15. F. D. Graham, "The Primary Functions of Money and Their Consummation in Monetary Policy," *American Economic Review* 30, no. 1 (1940): 1–16.

16. B. Graham, "Stabilized Reflation," *Economic Forum* 1, no. 2 (1933): 186–193.

17. F. A. Hayek, "A Commodity Reserve Currency," *Economic Journal* 53, no. 210–211 (1943): 176–184.

18. J. M. Keynes, "The Objective of International Price Stability," *Economic Journal* 53, no. 210–211 (1943): 185–187.

19. N. Kaldor, *Causes of Growth and Stagnation in the World Economy* (Cambridge: Cambridge University Press, 2007).

20. Z. Xiaochuan, "Reform the International Monetary System," *Bank for International Settlements Quarterly Review* 41 (2009): 1–3.

21. Nakamoto, "Bitcoin."
22. Schwartz, Youngs, and Britto, "The Ripple Protocol Consensus Algorithm."
23. R. Ali, J. Barrdear, R. Clews, and J. Southgate, "The Economics of Digital Currencies," *Bank of England Quarterly Bulletin*, Q3, September 2014, 276–286.
24. S. Scorer, "Central Bank Digital Currency: DLT or not DLT? That Is the Question," June 5, 2017.
25. K. Rogoff, *The Curse of Cash* (Princeton, NJ: Princeton University Press, 2016).
26. C. Ilgmann, "Silvio Gesell: A Strange, Unduly Neglected Monetary Theorist," *Journal of Post Keynesian Economics* 38, no. 4 (2015): 532–564.
27. I. Fisher, *Stamp Scrip* (New York: Adelphi Company, 1933).
28. A. Lipton, "The Decline of the Cash Empire," *Risk Magazine* 29, no. 11 (2016): 53.
29. Nakamoto, "Bitcoin."
30. G. Danezis and S. Meiklejohn, "Centrally Banked Cryptocurrencies" (preprint, 2015).
31. F. Reid and M. Harrigan, "An Analysis of Anonymity in the Bitcoin System," in *Security and Privacy in Social Networks* , ed. Y. Altshuler, Y. Elovici, A. Cremers, N.. Aharony, and A. Pentland (New York: Springer, 2013), 197–223.
32. Chaum, "Untraceable Electronic Mail, Return Addresses, and Digital Pseudonyms" ; Chaum, Fiat, and Naor, "Untraceable Electronic Cash."
33. 本章的第一作者是该公司的咨询委员会成员。
34. G. Pennacchi, "Narrow Banking," *Annual Review of Financial Economics* 4, no. 1 (2012): 141–159.
35. As always, Shakespeare put it best: "Neither a borrower nor a lender be, for loan oft loses both itself and friend, and borrowing dulls the edges of husbandry." *Hamlet*, act 1, scene 3.
36. Lipton, Pentland, and Hardjono, "Narrow Banks and Fiat Backed Digital Coins."
37. T. Hardjono, A. Lipton, and A. Pentland, "Towards an Interoperability Architecture: Blockchain Autonomous Systems," *IEEE Transactions on Engineering Management* 67, no. 4 (2020): 1298–1309.
38. L. Lamport, R. Shostak, and M. Pease, "The Byzantine Generals Problem," *ACM Transactions on Programming Languages and Systems (TOPLAS)* 4, no. 3 (1982): 382–401.

39. M. Castro and B. Liskov, "Practical Byzantine Fault Tolerance," in *Proceedings of the Third Symposium on Operating Systems Design and Implementation (OSDI)* (February 1999), 173–186.

40. Global Legal Entity Identifier Foundation (GLEIF), *LEI in KYC: A New Future for Legal Entity Identification*, GLEIF Research Report, May 2018.

41. T. Hardjono and N. Smith, "Decentralized Trusted Computing Base for Blockchain Infrastructure Security," *Frontiers Journal—Special Issue on Finance, Money and Blockchains* 2 (December 2019): 1–15.

42. Nakamoto, "Bitcoin."

43. Nakamoto, "Bitcoin."

44. Buterin, "Ethereum."

45. D. Siegel, "Understanding the DAO Attack," *CoinDesk*, June 2016.

46. Hardjono, Lipton, and Pentland, "Towards an Interoperability Architecture."

47. Chaum, "Untraceable Electronic Mail, Return Addresses, and Digital Pseudonyms."

48. Chaum, "Untraceable Electronic Mail, Return Addresses, and Digital Pseudonyms."

49. Chaum, "Untraceable Electronic Mail, Return Addresses, and Digital Pseudonyms"; Chaum, Fiat, and Naor, "Untraceable Electronic Cash"; J. Camenisch, S. Hohenberger, and A. Lysyanskaya, "Compact E-Cash," in *Advances in Cryptology—EUROCRYPT 2005*, ed. R. Cramer (Berlin: Springer, 2005), 302–321.

50. C. Grothoff, "GNU Taler—a Privacy-Preserving Online Payment System for Libre Society," July 27, 2016.

51. Grothoff, "GNU Taler."

第 6 章 算法、隐私和数据，打造医疗健康领域新框架

1. World Economic Forum, *Rethinking Personal Data: A New Lens for Strengthening Trust*, report, May 2014.

2. T. Cook, "You Deserve Privacy Online. Here's How You Could Actually Get It," *Time*, January 2019; R. Abelson and M. Goldstein, "Millions of Anthem Customers Targeted in

Cyberattack," *New York Times*, February 5, 2015; T. S. Bernard, T. Hsu, N. Perlroth, and R. Lieber, "Equifax Says Cyberattack May Have Affected 143 Million in the U.S.," *New York Times*, September 7, 2017.

3. S. Bond, "Apple and Google Build Smartphone Tool to Track COVID-19," *National Public Radio*, April 10, 2020.
4. World Economic Forum, *Personal Data: The Emergence of a New Asset Class*, report, 2011.
5. A. Ackerman, A. Chang, N. Diakun-Thibault, L. Forni, F. Landa, J. Mayo, R. van Riezen, and T. Hardjono, "Blockchain and Health IT: Algorithms, Privacy, and Data," 这是麻省理工学院金融科技课程“未来商业”（Future Commerce）和麻省理工学院连接科学实验室为美国卫生与公众服务部（HHS）隶属的美国国家卫生信息技术协调员办公室（ONC）准备的白皮书，August 2016; US Department of Health and Human Services, "ONC Announces Blockchain Challenge Winners—Use of Blockchain in Health IT and Health-Related Research Challenge," August 29, 2016.
6. A. Pentland, "Saving Big Data from Itself," *Scientific American* 311, no. 2 (2014): 64–67; T. Hardjono and A. Pentland, "MIT Open Algorithms," in *Trusted Data—a New Framework for Identity and Data Sharing*, ed. T. Hardjono, A. Pentland, and D. Shrier (Cambridge, MA: MIT Press, 2019), 83–107.
7. European Commission, "Regulation (EU) 2016/679 of the European Parliament and of the Council of 27 April 2016 on the Protection of Natural Persons with Regard to the Processing of Personal Data and on the Free Movement of Such Data (General Data Protection Regulation)," *Official Journal of the European Union* L119 (2016): 1–88.
8. World Economic Forum, "Federated Data Systems: Balancing Innovation and Trust in the Use of Sensitive Data," white paper, May 2019; World Economic Forum, *Global Data Access for Solving Rare Disease: A Health Economics Value Framework*, report, February 2020.
9. The White House, *Precision Medicine Initiative: Proposed Privacy and Trust Principles*, report, July 2015.
10. US Department of Health and Human Services and Office of the National Coordinator for Health Information Technology, *Precision Medicine Initiative (PMI) Data Security Principles Implementation Guide*, report, December 2016.

11. National Research Council, *Toward Precision Medicine: Building a Knowledge Network for Biomedical Research and a New Taxonomy of Disease* (Washington, DC: National Academies Press, 2011).

12. P. L. Sankar and L. S. Parker, "The Precision Medicine Initiative's All of Us Research Program: An Agenda for Research on Its Ethical, Legal, and Social Issues," *Genetics in Medicine* 19, no. 7 (July 2017): 743–750.

13. PMI Working Group, *The Precision Medicine Initiative Cohort Program: Building a Research Foundation for 21st Century Medicine*, Precision Medicine Initiative (PMI) Working Group report to the advisory committee to the director，NIH, September 2015.

14. Intel Corporation, Datacenter Solutions Group—Health and Life Sciences, "The US Precision Medicine Initiative Cohort Program—Investigating the Ethical and Legal Aspects Surrounding Consent," white paper.

15. The White House, *Precision Medicine Initiative*.

16. US Department of Health and Human Services and Office of the National Coordinator for Health Information Technology, *Precision Medicine Initiative (PMI) Data Security Principles Implementation Guide*.

17. National Institute of Standards and Technology, *Framework for Improving Critical Infrastructure Cybersecurity Version 1.0*, February 2014; National Institute of Standards and Technology, *Framework for Improving Critical Infrastructure Cybersecurity Version 1.1*, April 2018.

18. The White House, *Precision Medicine Initiative*.

19. Sankar and Parker, "The Precision Medicine Initiative's All of Us Research Program."

20. Abelson and Goldstein, "Millions of Anthem Customers Targeted in Cyberattack"; Bernard et al., "Equifax Says Cyberattack May Have Affected 143 Million in the U.S."

21. D. Yaga, P. Mell, N. Roby, and K. Scarfone, *Blockchain Technology Overview*, National Institute of Standards and Technology Internal Report 8202, October 2018.

22. G. Zyskind, O. Nathan, and A. Pentland, "Decentralizing Privacy: Using Blockchain to Protect Personal Data," in *Proceedings of the 2015 IEEE Security and Privacy Workshops* (New York: IEEE, 2015), 180–184.

23. Protocol Labs, "Inter Planetary File System (IPFS)," 2019.
24. Pentland, "Saving Big Data from Itself."
25. Hardjono and Pentland, "MIT Open Algorithms."
26. T. Hardjono and A. Pentland, "Open Algorithms for Identity Federation," in *Proceedings of the 2018 Future of Information and Communication Conference (FICC), Vol. 2*, ed. K. Arai, S. Kapoor, and R. Bhatia (Berlin: Springer-Verlag, 2018), 24–43.
27. Hardjono and Pentland, "MIT Open Algorithms."
28. European Commission, "Regulation (EU) 2016/679."
29. C. Gentry, "Fully Homomorphic Encryption Using Ideal Lattices," in *Proceedings of the 41st Annual ACM Symposium on Theory of Computing (STOC '09)*, ed. M. Mitzenmacher (New York: ACM, 2009), 169–178.
30. A. C. Yao, "Protocols for Secure Computations," in *Proceedings of the 23rd Annual Symposium on Foundations of Computer Science (SFCS '82)* (Washington, DC: IEEE Computer Society, 1982), 160–164; A. C.-C. Yao, "How to Generate and Exchange Secrets," in *Proceedings of the 27th Annual Symposium on Foundations of Computer Science (SFCS '86)* (Washington, DC: IEEE Computer Society, 1986), 162–167; O. Goldreich, S. Micali, and A. Wigderson, "How to Play Any Mental Game," in *Proceedings of the Nineteenth Annual ACM Symposium on Theory of Computing (STOC '87)*, ed. A. V. Aho (New York: ACM, 1987), 218–229.
31. A. Shamir, "How to Share a Secret," *Communications of the ACM* 22, no. 11 (November 1979): 612–613.
32. Pentland, "Saving Big Data from Itself."
33. T. Hardjono and J. Seberry, "Strongboxes for Electronic Commerce," in *Proceedings of the Second USENIX Workshop on Electronic Commerce*, ed. D. Tygar (Berkeley, CA: USENIX Association, 1996), 1–9; T. Hardjono and J. Seberry, "Secure Access to Electronic Strongboxes in Electronic Commerce," in *Proceedings of 2nd International Small Systems Security Conference (IFIP WG 11.2)*, ed. J. Eloff and R. von Solms (Copenhagen: IFIP, 1997), 1–13; Y. A. de Montjoye, E. Shmueli, S. Wang, and A. Pentland, "OpenPDS: Protecting the Privacy of Metadata through SafeAnswers," *PLoS One* 9, no. 7 (July 2014): 13–18.

34. D. Searls, *The Intention Economy* (Cambridge, MA: Harvard Business Review Press, 2012).
35. HL7 FHIR, HL7 Fast Healthcare Interoperability Resources (FHIR) Specifications (v4.0.1), n.d..
36. D. E. Bell and L. J. LaPadula, *Secure Computer Systems: Mathematical Foundations*, MITRE Corporation Technical Report MTR-2547.I ESD-TR-73-278 (Vols. 1–2), November 1973.
37. D. F. Ferraiolo and D. R. Kuhn, "Role-Based Access Controls," in *Proceedings of the 15th National Computer Security Conference*, Baltimore, October 1992, ed. P. Gallagher and J. Burrows (NIST, 1992), 554–563.
38. J. Kohl and C. Neuman, "The Kerberos Network Authentication Service (v5)," RFC1510, IETF, September 1993.
39. Ferraiolo and Kuhn, "Role-Based Access Controls."
40. Office of the National Coordinator for Health Information Technology, *Key Privacy and Security Considerations for Healthcare APIs*, report, December 2017.
41. D. Hardt, "The OAuth 2.0 Authorization Framework," RFC6749, IETF, October 2012.
42. T. Hardjono, E. Maler, M. Machulak, and D. Catalano, "User-Managed Access (UMA) Profile of OAuth 2.0—Specification Version 1.0," Kantara Initiative, Kantara published specification, April 2015; E. Maler, M. Machulak, and J. Richer, "User-Managed Access (UMA) 2.0," Kantara Initiative, Kantara published specification, January 2017.
43. J. Richer and J. Mandel, "Health Relationship Trust Profile for Fast Healthcare Interoperability Resources (FHIR) OAuth 2.0 Scopes," OpenID Foundation, OpenID specifications, July 2018.
44. J. Richer, "Health Relationship Trust Profile for Fast Healthcare Interoperability Resources (FHIR) UMA 2 Resources," OpenID Foundation, OpenID specifications, July 2018.
45. Office of the National Coordinator for Health Information Technology, "Key Privacy and Security Considerations for Healthcare APIs."
46. Hardt, "The OAuth 2.0 Authorization Framework."
47. HL7 FHIR, "HL7 Fast Healthcare Interoperability Resources (FHIR) Draft Standard for Trial Use 2 (DSTU2).
48. SMART App Authorization Guide.
49. Office of the National Coordinator for Health Information Technology, "Key Privacy and

Security Considerations for Healthcare APIs."

50. Shamir, "How to Share a Secret."

51. Yao, "Protocols for Secure Computations" ; Goldreich, Micali, and Wigderson, "How to Play Any Mental Game."

52. Yao, "Protocols for Secure Computations."

53. D. Malkhi, N. Nisan, B. Pinkas, and Y. Sella, "Fairplay—Secure Two-Party Computation System," in *Proceedings of the 13th USENIX Security Symposium, August 9–13, 2004, San Diego, CA, USA*, ed. M. Blaze (Berkeley, CA: USENIX, 2004), 287-302; A. Ben-David, N. Nisan, and B. Pinkas, "FairplayMP: A System for Secure Multi-party Computation," in *Proceedings of the 2008 ACM Conference on Computer and Communications Security, CCS 2008, Alexandria, Virginia, USA, October 27-31, 2008*, ed. P. Ning, P. F. Syverson, and S. Jha (New York: ACM, 2008), 257-266.

54. I. Damgard, M. Keller, E. Larraia, V. Pastro, P. Scholl, and N. P. Smart, "Practical Covertly Secure MPC for Dishonest Majority—or: Breaking the SPDZ Limits," in *Proceedings of Computer Security—ESORICS 2013—18th European Symposium on Research in Computer Security, Egham, UK, September 9–13, 2013*, ed. J. Crampton, S. Jajodia, and K. Mayes, Lecture Notes in Computer Science 8134 (Berlin: Springer, 2013), 1–18; T. Araki, A. Barak, J. Furukawa, T. Lichter, Y. Lindell, A. Nof, K. Ohara, A. Watzman, and O. Weinstein, "Optimized Honest-Majority MPC for Malicious Adversaries—Breaking the 1 Billion-Gate Per Second Barrier," in *Proceedings of the 38th IEEE Symposium on Security and Privacy*, ed. K. Butler (Los Alamitos: IEEE, 2017), 843-862.

55. D. Bogdanov, S. Laur, and J. Willemson, "ShareMind: A Framework for Fast Privacy-Preserving Computations," in *Proceedings of Computer Security—ESORICS 2008, 13th European Symposium on Research in Computer Security, Málaga, Spain, October 6–8, 2008*, ed. S. Jajodia and J. López, Lecture Notes in Computer Science 5283 (Berlin: Springer, 2008), 192-206.

56. E. A. Abbe, A. E. Khandani, and A. W. Lo, "Privacy-Preserving Methods for Sharing Financial Risk Exposures," *American Economic Review* 102, no. 3 (2012): 65-70.

57. Zyskind, Nathan, and Pentland, "Decentralizing Privacy" ; G. Zyskind and A. Pentland,

"Enigma: Decentralized Computation Platform with Guaranteed Privacy," in *New Solutions for Cybersecurity*, ed. H. Shrobe, D. Shrier, and A. Pentland (Cambridge, MA: MIT Press, 2017), 426–454; G. Zyskind, "Efficient Secure Computation Enabled by Blockchain Technology" (master's thesis，Massachusetts Institute of Technology, June 2016).

58. Shamir, "How to Share a Secret."
59. Yaga et al., *Blockchain Technology Overview*.
60. F. Mckeen, I. Alexandrovich, A. Berenzon, C. Rozas, H. Shafi, V. Shanbhogue, and U. Savagaonkar, "Innovative Instructions and Software Model for Isolated Execution," in *Proceedings of the Second Workshop on Hardware and Architectural Support for Security and Privacy (HASP2013)*, Tel Aviv, June 2013, ed. R. Lee and W. Shi (ACM: New York), 1–10; F. McKeen, I. Alexandrovich, I. Anati, D. Caspi, S. Johnson, R. Leslie-Hurd, and C. Rozas, "Intel Software Guard Extensions (Intel SGX) Support for Dynamic Memory Management Inside an Enclave," in *Proceedings of the Workshop on Hardware and Architectural Support for Security and Privacy (HASP) 2016*, Seoul, June 2016, ed. Y. Szefer, R. Lee and W. Shi, 1–9.
61. R. Coombs, "Securing the Future of Authentication with ARM TrustZone-Based Trusted Execution Environment and Fast Identity Online (FIDO)," ARM Inc. white paper, May 2015。
62. V. Costan, I. Lebedev, and S. Devadas, "Sanctum: Minimal Hardware Extensions for Strong Software Isolation" .
63. J. Lloyd-Price, C. Arze, N. Ananthakrishnan, and C. Huttenhower, "Multi-omics of the Gut Microbial Ecosystem in Inflammatory Bowel Diseases," *Nature* 569 (2019): 655–662.
64. P. Holub, "Enhancing Reuse of Data and Biological Material in Medical Research: From FAIR to FAIR-Health," *Biopreservation and Biobanking* 16, no. 2 (2018): 97–105; D. Kondor, B. Hashemian, Y. de Montjoye, and C. Ratti, "Towards Matching User Mobility Traces in Large-Scale Datasets," *IEEE Transactions on Big Data* 16, no. 2 (September 2018),714–726.
65. M. Kim and K. Lauter, "Private Genome Analysis through Homomorphic Encryption," *BMC Medication Information Decision Making,* 15, no. S5 (2015).

第 7 章 狭义银行和法定代币，重塑银行业

1. Aristotle, *Nicomachean Ethics*.
2. S. Nakamoto, "Bitcoin: A Peer-to-Peer Electronic Cash System," 2008.
3. Tether 就是进行过此类尝试的典型代表。
4. 本章的第一作者就是该公司的咨询委员会成员。
5. B. Norman, R. Shaw, and G. Speight, "The History of Interbank Settlement Arrangements: Exploring Central Banks' Role in the Payment System," Bank of England Working Paper 412, June 2011.
6. M. Castro and B. Liskov, "Practical Byzantine Fault Tolerance," , in *Proceedings of the Third Symposium on Operating Systems Design and Implementation (OSDI), New Orleans, USA, February 1999*, 173–183.
7. L. Lamport, R. Shostak, and M. Pease, "The Byzantine Generals Problem," *ACM Transactions on Programming and Language Systems* 4, no. 3 (July 1982): 382–401.
8. Nakamoto, "Bitcoin."
9. V. Buterin, "What Proof of Stake Is and Why It Matters," *Bitcoin Magazine*, August 2013.
10. J. Chen and S. Micali, "Algorand: The Efficient and Democratic Ledger," July 2016.
11. D. Schwartz, N. Youngs, and A. Britto, *The Ripple Protocol Consensus Algorithm*, Ripple Inc. technical report, 2014.
12. 考虑到比特币交易记录是永久保存的，这类活动可能不像人们想象中那样好。
13. 在现实生活中，即使是原生比特币地址的移动也是在 Coinbase 等数字货币交易所的帮助下进行的，这也与去中心化理念无关。
14. FBDC 是完全受法定货币支持的代币，依托于分类账。因为 FBDC 可以与法定货币进行 1∶1 兑换，因此相应的交付和支付问题自然就得以解决。
15. Schwartz, Youngs, and Britto, *The Ripple Protocol Consensus Algorithm*.
16. D. L. Chaum, A. Fiat, and M. Naor, "Untraceable Electronic Cash," in *Proceedings on Advances in Cryptology (CRYPTO '88)*, ed. S. Goldwasser, Lecture Notes in Computer Science 403 (New York: Springer-Verlag, 1990), 319–327.
17. A. Lipton and A. Pentland, "Breaking the Bank," *Scientific American* 318, no. 1 (2018): 26–31.

18. A. Lipton, T. Hardjono, and A. Pentland, "Digital Trade Coin (DTC): Towards a More Stable Digital Currency," *Journal of the Royal Society Open Science (RSOS)* 5, no. 7 (August 2018): 180155.

19. G. Pennacchi, "Narrow Banking," *Annual Review of Financial Economics* 4, no. 1 (October 2012): 141–159.

20. K. Dittmer, "100 Percent Reserve Banking: A Critical Review of Green Perspectives," *Ecological Economics* 109, no. C (2015): 9–16.

21. W. Roberds and F. R. Velde, "Early Public Banks," Federal Reserve Bank of Atlanta Working Paper, August 2014.

22. NarrowBanking, www .narrowbanking.org.

23. H. Bodenhorn, *A History of Banking in Antebellum America*(Cambridge: Cambridge University Press, 2000).

24. Pennacchi, "Narrow Banking."

25. F. Soddy, *Wealth, Virtual Wealth, and Debt*, American ed. (New York: E. P. Dutton, 1933).

26. F. Knight, G. Cox, A. Director, P. Douglas, A. Hart, L. Mints, H. Schultz, and H. Simons, "Memorandum on Banking Reform," Franklin D. Roosevelt Presidential Library, President's Personal File 431, 1933.

27. A. G. Hart, "The 'Chicago Plan' of Banking Reform, I: A Proposal for Making Monetary Management Effective in the United States," *Review of Economic Studies* 2, no. 2 (1935): 104–116.

28. P. Douglas, I. Fisher, F. D. Graham, E. J. Hamilton, W. I. King, and C. R. Whittlesey, "A Program for Monetary Reform," 1939, Chicago Booth.

29. I. Fisher, *100% Money; Designed to Keep Checking Banks 100% Liquid; to Prevent Inflation and Deflation; Largely to Cure or Prevent Depressions: and to Wipe Out Much of the National Debt* (New York: Adelphi Press, 1945).

30. R. J. Phillips, "The 'Chicago Plan' and New Deal Banking Reform," in *Stability in the Financial System*, ed. D. Papadimitriou (London: Palgrave Macmillan UK, 1996), 94–114.

31. M. Friedman, *A Program for Monetary Stability* (New York: Fordham University Press, 1959).

32. J. Tobin, *Financial Innovation and Deregulation in Perspective—Issue 635 of Cowles*

Foundation Paper (New Haven, CT: Cowles Foundation for Research in Economics at Yale University, 1986).

33. R. E. Litan, *What Should Banks Do?* (Washington, DC: Brookings Institution Press, 1987).
34. L. Bryan, "Core Banking," *McKinsey Quarterly* 1 (1991): 61–74.
35. J. B. Burnham, "Deposit Insurance: The Case for the Narrow Bank in Regulation," *Cato Review of Business and Government* 14, no. 2 (1991): 35–43.
36. G. Pennacchi and G. Gorton, "Money Market Funds and Finance Companies: Are They the Banks of the Future?," in *Structural Change in Banking*, ed. M. Klausner and L. White (Irwin Publishing, 1993).
37. J. Huber and J. Robertson, *Creating New Money: A Monetary Reform for the Information Age* (London: New Economics Foundation, 2000).
38. S. Kobayakawa and H. Nakamura, "A Theoretical Analysis of Narrow Banking Proposals," *Monetary and Economic Studies* 18, no. 1 (May 2000): 105–118.
39. M. A. Al-Jarhi, "Remedy for Banking Crises: What Chicago and Islam Have in Common: A Comment," *Islamic Economic Studies* 11, no. 2 (2004): 24–42.
40. V. F. Garca, V. F. Cibils, and R. Maino, "Remedy for Banking Crises: What Chicago and Islam Have in Common," *Islamic Economic Studies* 11, no. 2 (2004): 2–22.
41. J. Kay, "Should We Have 'Narrow Banking'?," in *The Future of Finance: The LSE Report*, ed. A. Turner (London: London School of Economics, 2010), 217–234.
42. L. J. Kotlikoff, *Jimmy Stewart Is Dead: Ending the World's Ongoing Financial Plague with Limited Purpose Banking* (Hoboken, NJ: John Wiley and Sons, 2011).
43. R. J. Phillips and A. Roselli, "How to Avoid the Next Taxpayer Bailout of the Financial System: The Narrow Banking Proposal," in *Financial Market Regulation: Legislation and Implications*, ed. J. A. Tatom (New York: Springer, 2011), 149–161.
44. M. Kumhof and J. Benes, "The Chicago Plan Revisited," International Monetary Fund Working Paper 12/202, August 2012.
45. C. Chamley, L. J. Kotlikoff, and H. M. Polemarchakis, "Limited-Purpose Banking–Moving from 'Trust Me' to 'Show Me' Banking," *American Economic Review* 102, no. 3 (2012): 113–119.

46. Pennacchi, "Narrow Banking."
47. C. van Dixhoorn, "Full Reserve Banking: An Analysis of Four Monetary Reform Plans," Sustainable Finance Lab, 2013.
48. A. Admati and M. Hellwig, *The Bankers' New Clothes: What's Wrong with Banking and What to Do about It* (Princeton, NJ: Princeton University Press, 2013).
49. J. H. Cochrane, "Toward a Run-Free Financial System," in *Across the Great Divide: New Perspectives on the Financial Crisis*, ed. M. N. Baily and J. B. Taylor (Stanford, CA: Hoover Institution, Stanford University, 2014), 1–53.
50. Dittmer, "100 Percent Reserve Banking."
51. E. Nosal, R. Garratt, J. J. McAndrews, and A. Martin, *Segregated Balance Accounts*, Federal Reserve Bank of New York Staff Report 730, May 2015.
52. J. McMillan, *The End of Banking: Money, Credit, and the Digital Revolution* (Zurich: Zero/One Economics, 2015).
53. Pennacchi, "Narrow Banking."
54. A. Pentland, D. Shrier, T. Hardjono, and I. Wladawsky-Berger, "Towards an Internet of Trusted Data," in *Trusted Data—a New Framework for Identity and Data Sharing*, ed. T. Hardjono, A. Pentland, and D. Shrier (Cambridge, MA: MIT Press, 2019), 15–40.
55. Friedman, *A Program for Monetary Stability*.
56. W. Miles, "Can Narrow Banking Provide a Substitute for Depository Intermediaries?," Federal Reserve Bank of St. Louis, First Annual Missouri Economics Conference, May 4–5, 2001, 1–25.
57. B. Bossone, "Should Banks Be Narrowed? An Evaluation of a Plan to Reduce Financial Instability," Levy Economics Institute, Economics Public Policy Brief Archive 69, 2002.
58. Bossone, "Should Banks Be Narrowed?"
59. A. Lipton, "Banks Must Embrace Their Digital Destiny," *Risk Magazine*, July 2016.
60. A. Lipton, D. Shrier, and A. Pentland, "Digital Banking Manifesto: The End of Banks," MIT Connection Science, 2016.
61. D. He, R. B. Leckow, V. Haksar, T. M. Griffoli, N. Jenkinson, M. Kashima, T. Khiaonarong, C. Rochon, and H. Tourpe, "Fintech and Financial Services; Initial Considerations,"

International Monetary Fund Staff Discussion Notes 17/05, June 2017.

62. J. H. Powell, "Innovation, Technology, and the Payments System" (speech at Blockchain: The Future of Finance and Capital Markets?, New Haven, CT, March 2017).
63. Al-Jarhi, "Remedy For Banking Crises: A Comment."
64. D. Andolfatto, "Fedcoin: On the Desirability of a Government Cryptocurrency," February 2015.
65. J. Barrdear and M. Kumhof, "The Macroeconomics of Central Bank Issued Digital Currencies," Bank of England Working Paper 605, July 2016.
66. B. Broadbent, "Central Banks and Digital Currencies" (speech by Mr. Ben Broadbent, Deputy Governor for Monetary Policy of the Bank of England, at the London School of Economics, London, March 2, 2016).
67. G. Danezis and S. Meiklejohn, "Centrally Banked Cryptocurrencies," December 2015.
68. B. Fung and H. Halaburda, "Central Bank Digital Currencies: A Framework for Assessing Why and How," Bank of Canada Discussion Paper 16-22, 2016.
69. J. P. Koning, *Fedcoin: A Central Bank-Issued Cryptocurrency*, R3 Consortium Technical Report, November 2016.
70. A. Lipton, "The Decline of the Cash Empire," *Risk Magazine*, October 2016.
71. M. D. Bordo and A. T. Levin, "Central Bank Digital Currency and the Future of Monetary Policy," NBER Working Paper 23711, National Bureau of Economic Research, Cambridge, MA, August 2017.
72. B. Dyson and G. Hodgson, "Digital Cash: Why Central Banks Should Start Issuing Electronic Money," Positive Money, 2016.
73. Y. Mersch, "Digital Base Money: An Assessment from the ECB's Perspective" (speech at the farewell ceremony for Pentti Hakkarainen, Finlands Bank, Helsinki, January 16, 2017).
74. S. Scorer, "Central Bank Digital Currency: DLT, or not DLT? That Is the Question," Bank Underground, June 2017.
75. K. S. Rogoff, *The Curse of Cash* (Princeton, NJ: Princeton University Press, 2016).
76. T. Hardjono and E. Maler, *Blockchain and Smart Contracts Report,* Kantara Initiative Report, June 2017.

第 8 章 基于代币，打造自我稳定的生态系统

1. A. Staltz, "The Web Began Dying in 2014. Here's How," staltz .com, 2017.
2. M. Moore and D. Tambini, *Digital Dominance: The Power of Google, Amazon, Facebook, and Apple* (Oxford: Oxford University Press, 2018).
3. G. Faulconbridge and P. Sandle , "Father of Web Says Tech Giants May Have to Be Split Up," *Reuters*, November 1, 2018.
4. M. Bell, S. Perera, M. Piraveenan, M. Bliemer, T. Latty, and C. Reid, "Network Growth Models: A Behavioural Basis for Attachment Proportional to Fitness," *Scientific Reports* 7, 42431 (2017).
5. G. Bianconi and A. L. Barabasi, "Bose-Einstein Condensation in Complex Networks," *Physical Review Letters* 86, no. 24 (2001):5632–5635.
6. V. Buterin, "A Next-Generation Smart Contract and Decentralized Application Platform," Ethereum Foundation white paper, 2014.
7. S. Lera, A. Pentland, and D. Sornette, "Prediction and Prevention of Disproportionally Dominant Agents," *PNAS* 117, no. 44 (2020): 27090–27095.
8. Buterin, "A Next-Generation Smart Contract and Decentralized Application Platform."
9. C. Castellano, S. Fortunato, and V. Loreto, "Statistical Physics of Social Dynamics," *Reviews of Modern Physics* 81, no. 2 (2009): 591-646.
10. R. Frisch, "Propagation Problems and Impulse Problems in Dynamic Economics," in *Economic Essays in Honour of Gustav Cassel* (London: Allen & Unwin, 1933), 171–173, 181–190, 197–203); D. Hendry and M. Morgan, *The Foundations of Econometric Analysis* (Cambridge: Cambridge University Press, 1995), 333–346.
11. M. E. Newman, "The Structure and Function of Complex Networks," *SIAM Review* 45, no. 2 (2003): 167–256.
12. R. Pastor-Satorras and A. Vespignani, *Evolution and Structure of the Internet: A Statistical Physics Approach* (Cambridge: Cambridge University Press, 2007).
13. A.-L. Barabasi and Z. N. Oltvai, "Network Biology: Understanding the Cell's Functional Organization," *Nature Reviews Genetics* 5, no. 2 (2004): 101–113.

14. Y. Altshuler, R. Puzis, Y. Elovici, S. Bekhor, and A. Pentland, "On the Rationality and Optimality of Transportation Networks Defense: A Network Centrality Approach," in *Securing Transportation Systems*, ed. S. Hakim, G. Albert, and Y. Shiftan (New York: John Wiley & Sons, 2015), 35–63.

15. Y. Altshuler, M. Fire, E. Shmueli, Y. Elovici, A. Bruckstein, A. S. Pentland, and D. Lazer, "The Social Amplifier—Reaction of Human Communities to Emergencies," *Journal of Statistical Physics* 152, no. 3 (2013): 399–418.

16. Y. Altshuler, W. Pan, and A. Pentland, "Trends Prediction Using Social Diffusion Models," in *Social Computing, Behavioral-Cultural Modeling and Prediction*, ed. S. J. Yang, A. M. Greenberg, and M. Endsley, SBP 2012, Lecture Notes in Computer Science vol. 7227 (Berlin: Springer, 2012), 97–104.

17. Newman, "The Structure and Function of Complex Networks."

18. Altshuler, Pan, and Pentland, "Trends Prediction Using Social Diffusion Models."

19. Newman, "The Structure and Function of Complex Networks" ; Pastor-Satorras and Vespignani, *Evolution and Structure of the Internet*; Barabasi and Oltvai, "Network Biology" ; Altshuler et al., "On the Rationality and Optimality of Transportation Networks Defense."

20. A.-L. Barabási, *Network Science* (Cambridge: Cambridge University Press, 2016).

21. Lera, Pentland, and Sornette, "Prediction and Prevention of Disproportionally Dominant Agents."

22. Bianconi and Barabasi, "Bose-Einstein Condensation in Complex Networks."

23. D. Sornette and G. Ouillon, "Dragon-Kings: Mechanisms, Statistical Methods and Empirical Evidence," *European Physical Journal Special Topics* 205, no. 1 (2012): 1–26.

24. R. D'Souza and J. Nagler, "Anomalous Critical and Supercritical Phenomena in Explosive Percolation," *Nature Physics* 11, no. 7 (2015): 531–538.

第 9 章　打造可信数据和可信人工智能的生态系统

1. World Economic Forum, *Personal Data: The Emergence of a New Asset Class*, report, 2011.

2. T. Hardjono, D. Shrier, and A. Pentland, eds., *Trusted Data—a New Framework for Identity and Data Sharing* (Cambridge, MA: MIT Press, 2019).

3. Hardjono, Shrier, and Pentland, *Trusted Data*.

4. Y. A. de Montjoye, E. Shmueli, S. Wang, and A. Pentland, "OpenPDS: Protecting the Privacy of Metadata through SafeAnswers," *PLoS One* 9, no. 7 (July 2014): 13–18.

5. J. M. Balkin, "Information Fiduciaries and the First Amendment," *UC Davis Law Review* 49, no. 4 (2016): 1183–1234.

6. J. Rawls, *Justice as Fairness: A Restatement* (Cambridge, MA: Harvard University Press, 2001).

7. M. Loi, P.-O. Dehaye, and E. Hafen, "Towards Rawlsian 'Property-Owning Democracy' through Personal Data Platform Cooperatives," *Critical Review of International Social and Political Philosophy* (2020): 1–19.

8. Hardjono, Shrier, and Pentland, *Trusted Data*.

9. Loi, Dehaye, and Hafen, "Towards Rawlsian 'Property-Owning Democracy' through Personal Data Platform Cooperatives."

10. C. Dwork and A. Roth, "The Algorithmic Foundations of Differential Privacy," *Foundations and Trends in Theoretical Computer Science* 9, nos. 3–4 (2014): 211–407.

11. A. Dubey and A. Pentland, "Private and Byzantine-Proof Federated Decision Making," in *Proceedings of the International Conference on Autonomous Agents and MultiAgent Systems (AAMAS 2020)*, ed. A. Seghrouchni and G. Sukthankar (New York: ACM, 2020), 357–365.

12. N. Dowlin, R. Gilad-Bachrach, K. Laine, K. Lauter, M. Naehrig, and J. Wernsing, "Cryptonets: Applying Neural Networks to Encrypted Data with High Throughput and Accuracy," in *ICML16: Proceedings of 33rd International Conference on Machine Learning*, vol. 48 (New York: JMLR Press, 2016), 201–210.

13. M. Brundage, "Toward Trustworthy AI Development: Mechanisms for Supporting Verifiable Claims," 2020.

14. European Commission, "Regulation (EU) 2016/679 of the European Parliament and of the Council of 27 April 2016 on the Protection of Natural Persons with Regard to the

Processing of Personal Data and on the Free Movement of Such Data (General Data Protection Regulation)," *Official Journal of the European Union* L119 (2016): 1–88.

15. D. Hardt, "The OAuth 2.0 Authorization Framework," RFC6749, IETF, October 2012.
16. OASIS, "Assertions and Protocols for the OASIS Security Assertion Markup Language (SAML) V2.0," March 2005.
17. M. Sporny, D. Longley, and D. Chadwick, "Verifiable Credentials Data Model 1.0," W3C, W3C Candidate Recommendation, March 2019; D. Reed and M. Sporny, "Decentralized Identifiers (DIDs) v0.11," W3C, Draft Community Group Report, July 9, 2018.
18. American Bar Association, "An Overview of Identity Management: Submission for UNCITRAL Commission 45th Session," ABA Identity Management Legal Task Force, May 2012.
19. M. Lizar and D. Turner, "Consent Receipt Specification Version 1.0," Kantara Initiative, March 2017.

第 10 章 创建稳定价值的数字货币

1. Council of the European Union, "Joint Statement by the Council and the Commission on 'Stablecoins,'" December 5, 2019; S. R. Garcia, Managed Stablecoins Are Securities Act of 2019, November 20, 2019; FINMA, "FINMA Publishes Stable Coin Guidelines," September 11, 2019.
2. D. Orrell and R. Chlupat, *The Evolution of Money* (New York: Columbia University Press, 2016).
3. N. Vardi, L. Scipione, V. Santoro, C. Mertzanis, C. Gortsos, C. D. Anca, V. Cattelan, M. B. Beros, A. Borron, and A. Jaczuk-Gorywoda, *Money, Payment Systems and the European Union*, ed. G. Gimigliano (Newcastle: Cambridge Scholars Publishing, 2016).
4. P. Vuillaume, *WIR: Eine konomische analyse der komplementrwhrung zum schweizer franken*, 2015.
5. Orrell and Chlupat, *The Evolution of Money*.
6. Vuillaume, *WIR*.

7. WIR, *Wir-kmu-paket*, 2020.

8. WIR, *Fragen und antworten (FAQ)*, 2020.

9. ConsenSys, *The State of Stablecoins*, 2019.

10. Tether, "Terms of Service," February 2019; F. Coppola, "Tether's U.S. Dollar Peg Is No Longer Credible," *Forbes*, March 14, 2019.

11. CoinMarketCap, "Top 100 Cryptocurrencies by Market Capitalization," March 2020.

12. D. Zynis, "A Brief History of Mastercoin," Omni Foundation, November 29, 2013; C. Sellars, "Craig Mastercoin Foundation CTO. AMA!," Omni Foundation, August 7, 2014; J. Roth, F. Schär, and A. Schöpfer, "The Tokenization of Assets: Using Blockchains for Equity Crowdfunding," *SSRN*, September 19, 2019.

13. 例如，泄露的天堂文件（Paradise Papers）表明，Bitfinex 的公职人员负责于 2014 年在英属维尔京群岛设立 Tether 控股有限公司。此外，Tether 有限公司和 Bitfinex 拥有相同的 CEO、CFO 和总法律顾问。S. Haig, "Paradise Papers Reveal Bitfinex's Devasini and Potter Established Tether Already Back in 2014," *Bitcoin News*, November 23, 2017.

14. M. Leising, L. Katz, and Y. Rivera, "One of the Biggest Crypto Exchanges Is Heading to the Caribbean," Bitfinex, May 2018.

15. 后来的事实证明，Bitfinex 的银行账户已被美国富国银行冻结。S. Higgins, "Bitfinex Sues Wells Fargo over Bank Transfer Freeze," Coindesk, April 11, 2017.

16. Kraken, "Kraken Announces Support for 'Crypto Dollar' Tether (USDT)," March 2017; Binance, "Binance Will Add USDT Market Soon," 2017, "Huobi Pro Will Launch Tether (USDT) on October 24th, 2017," October 2017.

17. J. M. Griffin and A. Shams, "Is Bitcoin Really Un-tethered?," October 2019, 未发表。

18. S. Upson, "Why Tether's Collapse Would Be Bad for Cryptocurrencies," *Wired*, January 2018.

19. Gemini, "Gemini Dollar," 2020; Coinbase, "Coinbase and Circle Announce the Launch of USDC—a Digital Dollar," October 2018; S. Miah, "Huobi Introduces HUSD—the Universal Stablecoin Providing Maximum Stability," Medium. com, October 23, 2018.

20. N. Al-Naji, "Basis," Basis, December 2018.

21. UBS, *Building the Trust Engine*, 2016.

22. A. Lipton, A. Pentland, and T. Hardjono, "Narrow Banks and Fiat Backed Digital Coins," *Capco Institute Journal* 47 (2018): 101–116; A. Lipton, T. Hardjono, and A. Pentland, "Digital Trade Coin (DTC): Towards a More Stable Digital Currency," *Journal of the Royal Society Open Science (RSOS)* 5, no. 7 (August 2018): 180155; A. Lipton and A. Pentland, "Breaking the Bank," *Scientific American* 318, no. 1 (2018): 26–31.
23. J. Horwitz and P. Olson, "Facebook Unveils Cryptocurrency Libra in Bid to Reshape Finance," *Wall Street Journal*, June 18, 2019.
24. Reuters, "France and Germany Agree to Block Facebook's Libra," *Reuters*, September 13, 2019.
25. 或许"币"这个词更加符合加密货币社区内的衰落主义和无政府主义的意义形态倾向。注意，"比特现金"和"比特钱"的说法如今都存在，它们是在比特币推出之后很久，分别于 2019 年初和 2018 年末推出的。
26. D. Bullmann, J. Klemm, and A. Pinna, "In Search for Stability in Crypto-assets, Are Stablecoins the Solution?," ECB Occasional Paper No. 230, Social Science Research Network (SSRN), August 2019.
27. 关于现存的各种货币形式与各类真正的加密货币的详细对比，可参考下面这篇文章中提出的货币调控结构数据集。A. Berentsen and F. Schär, "The Case for Central Bank Electronic Money and the Non-case for Central Bank Cryptocurrencies," *Federal Reserve Bank of St. Louis* 100, no. 2 (2018): 79–106.
28. C. M. Christensen, M. E. Raynor, and R. McDonald, "What Is Disruptive Innovation?," *Harvard Business Review*, December 2015.
29. 实际上，一些稳定币需要一个有效的二级市场，才能令它们的稳定机制发挥作用。这种稳定币系统是这样构建的：在设计方面，只要市场价格偏离目标票面价值，套利机会就会出现。
30. D. Hays, *Gold Stablecoins*, Crypto Research, August 27, 2019.
31. A. Berentsen and F. Schär, "Stablecoins: The Quest for a Low-Volatility Cryptocurrency," in *The Economics of Fintech and Digital Currencies*, ed. A. Fatás (London: CEPR Press, 2019), 65–71.
32. A. Lipton, "Towards a Stable Tokenized Medium of Exchange," in *Cryptoassets: Legal, Regulatory, and Monetary Perspectives* (Oxford: Oxford University Press, 2019), 89–116.

33. Circle, "Circle USDC User Agreement," December 2019.

34. TrustToken, "Truecoin Terms of Use," August 2019. 类似地，促进回购以稳定市场价格的稳定币也属于这一类。因为这种回购通常是由发行人自行决定的，不依赖于法律体系。

35. T. Adrian and T. Mancini-Griffoli, "The Rise of Digital Money," International Monetary Fund (IMF), FinTech Notes, July 15, 2019.

36. O. Kharif, "Just 318 Crypto Addresses Control 80% of Tether," *Bloomberg*, August 7, 2019.

37. F. Schär, "Decentralized Finance: On Blockchain-and Smart Contract-Based Financial Markets," *SSRN*, March 8, 2020.

38. 例如，DAI 目前使用 150% 的超额抵压率。这意味着，要想获得价值 100 美元的 DAI，需要将 150 美元的加密货币锁定在所谓的抵押债务头寸中。交易员如果想利用他的以太币头寸，可以锁定价值 100 美员的以太币，获得 100/150=66.66 美元的 DAI。随后，他可以购买价值 66.66 美元的以太币，并在抵押债务头寸中锁定这些资产，并不断重复这个过程，从而形成总价值 300 美元的杠杆交易头寸。

39. TrustToken, "Explore All of Our Currencies," March 2020.

40. Tether, "Terms of Service."

41. Swiss Fund Data, "Credit Suisse Money Market Fund—USD B," 2020.

42. Etherscan, "Tether USD (USDT)," March 2020.

43. Etherscan, "Tether USD (USDT)—Analytics," March 2020.

44. Etherscan, "Tether USD (USDT)—Contract Source Code," March 2020.

45. Tether, "Fees," March 2020.

46. FINMA, *Supplement to the Guidelines for Enquiries Regarding the Regulatory Framework for Initial Coin Offerings (ICOs)*, November 2019.

47. Garcia, Managed Stablecoins Are Securities Act of 2019.

48. Bullmann, Klemm, and Pinna, "In Search for Stability in Crypto-assets, Are Stablecoins the Solution?"

49. Y. Mauchle and S. Guidoum, "Flat Risk Weight of 800%—? FINMA Clarifies Prudential Consequences of Cryptoassets Trading by Swiss Banks and Securities Dealers," Baker & McKenzie, December 6, 2018.

第 11 章 分布式系统的互操作性

1. J. Martin, "Vitalik Proposes Solution to Embarrassing Lack of Bitcoin-Ethereum Bridge," *Cointelegraph*, March 2020.
2. S. Haber and W. Stornetta, "How to Time-Stamp a Digital Document," in *Advances in Cryptology—CRYPTO '90*, ed. A. J. Menezes and S. Vanstone, Lecture Notes in Computer Science 537 (Berlin: Springer, 1991), 437–455; D. Bayer, S. Haber, and W. Stornetta, "Improving the Efficiency and Reliability of Digital Time-Stamping," in *Sequences II: Methods in Communication, Security and Computer Science*, ed. R. Capocelli, A. DeSantis, and U. Vaccaro (New York: Springer, 1993), 329–334.
3. T. Hardjono, A. Lipton, and A. Pentland, "Towards an Interoperability Architecture: Blockchain Autonomous Systems," *IEEE Transactions on Engineering Management* 67, no. 4 (November 2020): 1298–1309.
4. D. Clark, "The Design Philosophy of the DARPA Internet Protocols," *ACM Computer Communication Review—Proceedings of SIGCOMM 88* 18, no. 4 (August 1988): 106–114; V. G. Cerf and R. E. Khan, "A Protocol for Packet Network Intercommunication," *IEEE Transactions on Communications* 22 (1974): 637–648.
5. J. Abbate, *Inventing the Internet* (Cambridge, MA: MIT Press, 1999).
6. Clark, "The Design Philosophy of the DARPA Internet Protocols" ; Cerf and Khan, "A Protocol for Packet Network Intercommunication."
7. J. Saltzer, D. Reed, and D. Clark, "End-to-End Arguments in System Design," *ACM Transactions on Computer Systems* 2, no. 4 (November 1984): 277–288.
8. S. Kent and R. Atkinson, "Security Architecture for the Internet Protocol," IETF Standard RFC2401, November 1998.
9. D. Harkins and D. Carrel, "The Internet Key Exchange (IKE)," IETF Standard RFC2409, November 1998.
10. T. Dierks and C. Allen, "The TLS Protocol Version 1.0," IETF Standard RFC2246, January 1999.
11. J. Hawkinson and T. Bates, "Guidelines for Creation, Selection, and Registration of an

Autonomous System (AS)," IETF Standard RFC1930, March 1996.

12. G. Malkin, "RIP Version 2," IETF Standard RFC2453, November 1998.
13. J. Moy, "OSPF Version 2," IETF Standard RFC2328, April 1998.
14. K. Lougheed and Y. Rekhter, "Border Gateway Protocol (BGP)," IETF Standard RFC1105, June 1989.
15. ARIN, "American Registry for Internet Numbers—Autonomous System Numbers (asn.txt)," 2018.
16. J. H. McFadyen, "Systems Network Architecture: An Overview," *IBM Systems Journal* 15, no. 1 (1976): 4–23.
17. S. Wecker, "DNA: The Digital Network Architecture," *IEEE Transactions on Communications* 28, no. 4 (1980): 510–526.
18. Abbate, *Inventing the Internet*.
19. S. Nakamoto, "Bitcoin: A Peer-to-Peer Electronic Cash System," Bitcoin, 2008.
20. V. Buterin, "Ethereum: A Next-Generation Cryptocurrency and Decentralized Application Platform," Ethereum Foundation white paper, January 2014.
21. E. Androulaki, A. Barger, V. Bortnikov, C. Cachin, K. Christidis, A. De Caro, D. Enyeart, et al., "Hyperledger Fabric: A Distributed Operating System for Permissioned Blockchains," in *Proceedings of the Thirteenth EuroSys Conference (Eurosys '18)*, ed. R. Oliveira, P. Felber, and C. Hu (New York: ACM, 2018), 30:1–30:15.
22. R3CEV, "R3," R3, 2018.
23. A. Lipton and A. Pentland, "Breaking the Bank," *Scientific American* 318, no. 1 (2018): 26–31; A. Lipton, T. Hardjono, and A. Pentland, "Digital Trade Coin (DTC): Towards a More Stable Digital Currency," *Journal of the Royal Society Open Science (RSOS)* 5, no. 7 (July 2018): 1–15.
24. D. Yaga, P. Mell, N. Roby, and K. Scarfone, "Blockchain Technology Overview," NIST Draft Internal Report 8202, January 2018. 引用内容在第 5 页。
25. Clark, "The Design Philosophy of the DARPA Internet Protocols" ; Cerf and Khan, "A Protocol for Packet Network Intercommunication."
26. I. Eyal and E. G. Sirer, "Majority Is Not Enough: Bitcoin Mining Is Vulnerable," in *Financial Cryptography and Data Security—18th International Conference*, *FC2014*, March 2014, ed.

N. Christin and R. Safavi-Naini (Berlin: Springer, 2014), 436–454; A. Gervais, G. O. Karame, V. Capkun, and S. Capkun, "Is Bitcoin a Decentralized Currency?," *IEEE Security and Privacy* 12, no. 3 (2014): 54–60; B. Schneier, "There's No Good Reason to Trust Blockchain Technology," *Wired*, February 2019.

27. J. Postel, "User Datagram Protocol," IETF Standard RFC0768, August 1980.
28. Cerf and Khan, "A Protocol for Packet Network Intercommunication."
29. Yaga et al., "Blockchain Technology Overview."
30. D. L. Chaum, "Untraceable Electronic Mail, Return Addresses, and Digital Pseudonyms," *Communications of the ACM* 24, no. 2 (February 1981): 84–88; J. Camenisch and E. Van Herreweghen, "Design and Implementation of the Idemix Anonymous Credential System," in *Proceedings of the 9th ACM Conference on Computer and Communications Security*, ed. V. Atluri (New York: ACM, 2002), 21–30; T. Hardjono and N. Smith, "Cloud-Based Commissioning of Constrained Devices Using Permissioned Blockchains," in *Proceedings of the Second ACM International Workshop on IoT Privacy, Trust, and Security (IoTPTS 2016)*, ed. R. Chow and G. Saldamli (New York: ACM, 2016), 29–36.
31. Schneier, "There's No Good Reason to Trust Blockchain Technology."
32. T. Hardjono and N. Smith, "Decentralized Trusted Computing Base for Blockchain Infrastructure Security," *Frontiers Journal—Special Issue on Finance, Money and Blockchains* 2 (December 2019): 1–15.
33. T. Hardjono, A. Lipton, and A. Pentland, "Towards a Contract Service Provider Model for Virtual Assets and VASPs," September 2020.
34. Clark, "The Design Philosophy of the DARPA Internet Protocols."
35. Saltzer, Reed, and Clark, "End-to-End Arguments in System Design."
36. T. Nolan, "Alt Chains and Atomic Transfers," Bitcoin Talk, May 2013.
37. P. Ezhilchelvan, A. Aldweesh, and A. van Moorsel, "Non-blocking Two Phase Commit Using Blockchain," in *Proceedings of the 1st Workshop on Cryptocurrencies and Blockchains for Distributed Systems (CryBlock18)* (New York: ACM, 2018), 36–41.
38. V. Zakhary, D. Agrawal, and A. E. Abbadi, "Atomic Commitment across Blockchains," June 2019.

39. M. Herlihy, "Atomic Cross-Chain Swaps," in *Proceedings of the ACM Symposium on Principles of Distributed Computing PODC '18*, ed. C. Newport and I. Keidar (New York: ACM, 2018), 245–254.

40. E. Heilman, S. Lipmann, and S. Goldberg, "The Arwen Trading Protocols (Full Version)," 2020.

41. T. Hardjono, "Blockchain Gateways, Bridges and Delegated HashLocks," February 2021.

42. I. L. Traiger, J. Gray, C. A. Galtieri, and B. G. Lindsay, *Transactions and Consistency in Distributed Database Systems*, IBM Research Report RJ2555, 1979; J. Gray, "The Transaction Concept: Virtues and Limitations," in *Very Large Data Bases—Proceedings of the 7th International Conference*, Cannes, France, September 1981 (New York: IEEE, 1981), 144–154.

43. Zakhary, Agrawal, and Abbadi, "Atomic Commitment across Blockchains."

44. T. Haerder and A. Reuter, "Principles of Transaction-Oriented Database Recovery," *ACM Computing Surveys* 15, no. 4 (December 1983): 287–317.

45. M. Herlihy, B. Liskov, and L. Shrira, "Cross-Chain Deals and Adversarial Commerce," *Proceedings of Very Large Data Bases 2019* 13, no. 2 (October 2019).

46. T. Hardjono and N. Smith, "Towards an Attestation Architecture for Blockchain Networks," *World Wide Web* (2021).

47. Hardjono, "Trust Infrastructures for Virtual Asset Service Providers," in *Proceedings of ESORICS International Workshops, DETIPS, DeSECSys, MPS, and SPOSE, September 2020*, ed. I. Boureanu, C. Drăgan, M. Manulis, T. Giannetsos, C. Dadoyan, P. Gouvas, R. Hallman, et al. (Berlin: Springer, 2020), 74–91.

48. ARIN, "American Registry for Internet Numbers."

49. Wikipedia, "Regional Internet Registry," 2020.

50. D. Riegelnig, "OpenVASP: An Open Protocol to Implement FATF's Travel Rule for Virtual Assets," OpenVASP white paper, November 2019.

51. InterVASP, "InterVASP Messaging Standards IVMS101," Joint Working Group on InterVASP Messaging Standards, Working Draft—Issue 1—Draft G, March 2020.

52. Global Legal Entity Identifier Foundation (GLEIF), *LEI in KYC: A New Future for Legal Entity*

Identification, GLEIF Research Report, May 2018.

53. D. Jevans, T. Hardjono, J. Vink, F. Steegmans, J. Jefferies, and A. Malhotra, "Travel Rule Information Sharing Architecture for Virtual Asset Service Providers, TRISA, Version 7," white paper, June 2020.
54. P. Bernstein, V. Hadzilacos, and N. Goodman, *Concurrency Control and Recovery in Database Systems* (New York: Addison-Wesley, 1987); Traiger et al., *Transactions and Consistency in Distributed Database Systems*; Gray, "The Transaction Concept."
55. T. Dickerson, P. Gazzillo, M. Herlihy, and E. Koskinen, "Adding Concurrency to Smart Contracts," in *Proceedings of the ACM Symposium on Principles of Distributed Computing (PODC '17)*, ed. E. Schiller (New York: Association for Computing Machinery, 2017), 303–312; M. Herlihy, "Blockchains from a Distributed Computing Perspective," *Communications of the ACM* 62, no. 2 (February 2019): 78–85.
56. Hardjono, Lipton, and Pentland, "Towards an Interoperability Architecture" ; Hardjono and Smith, "Decentralized Trusted Computing Base for Blockchain Infrastructure Security."
57. Financial Action Task Force (FATF), "International Standards on Combating Money Laundering and the Financing of Terrorism and Proliferation," FATF Revision of Recommendation 15, October 2018.
58. Jevans et al., "Travel Rule Information Sharing Architecture for Virtual Asset Service Providers, TRISA, Version 7."
59. Hardjono, "Trust Infrastructures for Virtual Asset Service Providers."
60. Swiss Financial Market Supervisory Authority (FINMA), *FINMA Guidance: Payments on the Blockchain*, FINMA Guidance Report, August 2019.
61. Traiger et al., *Transactions and Consistency in Distributed Database Systems*; Gray, "The Transaction Concept."
62. T. Hardjono, A. Lipton, and A. Pentland, "Wallet Attestations for Virtual Asset Service Providers and Crypto-Assets Insurance," June 2020.
63. Trusted Computing Group, "TPM Main—Specification Version 1.2," Trusted Computing Group Published Specification, October 2003.
64. F. Mckeen, I. Alexandrovich, A. Berenzon, C. Rozas, H. Shafi, V. Shanbhogue, and U.

Savagaonkar, "Innovative Instructions and Software Model for Isolated Execution," in *Proceedings of the Second Workshop on Hardware and Architectural Support for Security and Privacy (HASP)2013*, Tel-Aviv, June 2013.

65. F. McKeen, I. Alexandrovich, I. Anati, D. Caspi, S. Johnson, R. LeslieHurd, and C. Rozas, "Intel Software Guard Extensions (Intel SGX) Support for Dynamic Memory Management Inside an Enclave," in *Proceedings of the Workshop on Hardware and Architectural Support for Security and Privacy (HASP) 2016*, Seoul, June 2016.
66. T. Hardjono and G. Kazmierczak, "Overview of the TPM Key Management Standard," Trusted Computing Group (TCG), May 2008.
67. Hardjono and Smith, "Towards an Attestation Architecture for Blockchain Networks."
68. Trusted Computing Group, "TPM Main—Specification Version 1.2" ; Mckeen et al., "Innovative Instructions and Software Model for Isolated Execution."

第 12 章 虚拟资产交易网络，解决数据隐私的挑战

1. Financial Action Task Force (FATF), "International Standards on Combating Money Laundering and the Financing of Terrorism and Proliferation," FATF Revision of Recommendation 15, October 2018.
2. Financial Crimes Enforcement Network (FinCEN), US Department of the Treasury, Customer Due Diligence Requirements for Financial Institutions (31 C.F.R. 1010, 1020, 1023, 1024, and 1026; RIN 1506AB25), *Federal Register* 79, no. 149 (August 2014).
3. Financial Crimes Enforcement Network (FinCEN), "Application of Fin-CEN's Regulations to Certain Business Models Involving Convertible Virtual Currencies," FinCEN Guidance, May 2019.
4. World Economic Forum, *Personal Data: The Emergence of a New Asset Class*, report, 2011; World Economic Forum, *Rethinking Personal Data: A New Lens for Strengthening Trust*, report, May 2014.
5. R. Abelson and M. Goldstein, "Millions of Anthem Customers Targeted in Cyberattack," *New York Times*, February 5, 2015.

6. T. S. Bernard, T. Hsu, N. Perlroth, and R. Lieber, "Equifax Says Cyberattack May Have Affected 143 Million in the U.S." *New York Times*, September 7, 2017.

7. European Commission, "Regulation (EU) 2016/679 of the European Parliament and of the Council of 27 April 2016 on the Protection of Natural Persons with Regard to the Processing of Personal Data and on the Free Movement of Such Data (General Data Protection Regulation)," *Official Journal of the European Union* L119 (2016): 1–88.

8. California State Legislature, "California Consumer Privacy Act (CCPA)—AB 375," California Civil Code—Section 1798.100, September 2018.

9. C. F. Kerry, *A Federal Privacy Law Could Do Better Than California's*, report, Brookings Institution, Center for Technology Innovation, April 2019.

10. Financial Action Task Force (FATF), "International Standards on Combating Money Laundering and the Financing of Terrorism and Proliferation."

11. Financial Action Task Force (FATF), "Guidance for a Risk-Based Approach to Virtual Assets and Virtual Asset Service Providers," FATF Guidance, June 2019.

12. T. Hardjono, "Compliant Solutions for VASPs" (presentation to the FATF Private Sector Consultative Forum (PSCF) 2019, Vienna, May 6, 2019); T. Hardjono, A. Lipton, and A. Pentland, "Towards a Public Key Management Framework for Virtual Assets and Virtual Asset Service Providers," *Journal of FinTech* 1, no. 1 (2020).

13. Financial Crimes Enforcement Network (FinCEN), US Department of the Treasury, Customer Due Diligence Requirements for Financial Institutions.

14. Financial Crimes Enforcement Network (FinCEN), US Department of the Treasury, Customer Due Diligence Requirements for Financial Institutions; Financial Crimes Enforcement Network (FinCEN), "Application of FinCEN's Regulations to Certain Business Models Involving Convertible Virtual Currencies."

15. S. Goldwasser, S. Micali, and C. Rackoff, "The Knowledge Complexity of Interactive Proof Systems," *SIAM Journal on Computing* 18, no. 1 (April 1988): 186–208.

16. European Commission, "Regulation (EU) 2016/679 of the European Parliament and of the Council of 27 April 2016 on the Protection of Natural Persons with Regard to the Processing of Personal Data and on the Free Movement of Such Data (General Data

Protection Regulation)."

17. Financial Action Task Force (FATF), *12-Month Review of Revised FATF Standards on Virtual Assets and Virtual Asset Service Providers*,, FATF Report, July 2020.
18. Hardjono, "Compliant Solutions for VASPs."
19. Finextra, "Swift to Introduce PKI Security for FIN," *Finextra News*, October 2004.
20. S. Kent and R. Atkinson, "Security Architecture for the Internet Protocol," IETF Standard RFC2401, November 1998.
21. D. Rescorla, "The Transport Layer Security (TLS) Protocol Version 1.3," IETF Standard RFC8446, August 2018.
22. D. Cooper, S. Santesson, S. Farrell, S. Boeyen, R. Housley, and W. Polk, "Internet X.509 Public Key Infrastructure Certificate and Certificate Revocation List (CRL) Profile," RFC5280, May 2008; International Organization for Standardization, "Information Technology—Open Systems Interconnection—the Directory—Part 8: Public-Key and Attribute Certificate Frameworks," ISO/IEC 9594-8: 2017, February 2017.
23. Hardjono, "Compliant Solutions for VASPs."
24. European Commission, "Regulation (EU) 2016/679 of the European Parliament and of the Council of 27 April 2016 on the Protection of Natural Persons with Regard to the Processing of Personal Data and on the Free Movement of Such Data (General Data Protection Regulation)."
25. D. Jevans, T. Hardjono, J. Vink, F. Steegmans, J. Jefferies, and A. Malhotra, "Travel Rule Information Sharing Architecture for Virtual Asset Service Providers, TRISA, Version 7," white paper, TRISA, June 2020.
26. D. Riegelnig, "OpenVASP: An Open Protocol to Implement FATF's Travel Rule for Virtual Assets," white paper, OpenVASP, November 2019.
27. InterVASP, "InterVASP Messaging Standards IVMS101," Joint Working Group on InterVASP Messaging Standards, InterVASP Data Model Standard—Issue 1—Final, May 2020.
28. D. Clark, "The Design Philosophy of the DARPA Internet Protocols," *ACM Computer Communication Review—Proceedings of SIGCOMM 88* 18, no. 4 (August 1988): 106–114; J. Saltzer, D. Reed, and D. Clark, "End-to-End Arguments in System Design," *ACM*

Transactions on Computer Systems 2, no. 4 (November 1984): 277–288.

29. D. Yaga, P. Mell, N. Roby, and K. Scarfone, *Blockchain Technology Overview*, National Institute of Standards and Technology Internal Report 8202, October 2018.
30. Financial Action Task Force (FATF), "International Standards on Combating Money Laundering and the Financing of Terrorism and Proliferation" ; Financial Action Task Force (FATF), "Guidance for a Risk-Based Approach to Virtual Assets and Virtual Asset Service Providers."
31. Financial Crimes Enforcement Network (FinCEN), "Application of FinCEN's Regulations to Certain Business Models Involving Convertible Virtual Currencies."
32. Financial Action Task Force (FATF), "International Standards on Combating Money Laundering and the Financing of Terrorism and Proliferation."
33. InterVASP, "InterVASP Messaging Standards IVMS101."
34. Financial Crimes Enforcement Network (FinCEN), "Application of FinCEN's Regulations to Certain Business Models Involving Convertible Virtual Currencies."
35. OASIS, "Assertions and Protocols for the OASIS Security Assertion Markup Language (SAML) V2.0," March 2005.
36. S. Farrell, R. Housley, and S. Turner, "An Internet Attribute Certificate Profile for Authorization," RFC5755, January 2010.
37. M. Sporny, D. Longley, and D. Chadwick, "Verifiable Credentials Data Model 1.0," W3C, W3C Recommendation, November 2019.
38. Yaga et al., *Blockchain Technology Overview*.
39. Global Legal Entity Identifier Foundation (GLEIF), *LEI in KYC: A New Future for Legal Entity Identification*, GLEIF research report, May 2018.
40. Riegelnig, "OpenVASP."
41. Riegelnig, "OpenVASP."
42. J. Newton, M. David, A. Voisine, and J. MacWhyte, "BIP75: Out of Band Address Exchange Using Payment Protocol Encryption," Bitcoin Improvement Proposal (BIP) 75, July 2019.
43. InterVASP, "InterVASP Messaging Standards IVMS101."
44. OASIS, "Assertions and Protocols for the OASIS Security Assertion Markup Language

(SAML) V2.0."

45. N. Sakimura, J. Bradley, M. Jones, B. de Medeiros, and C. Mortimore, "OpenID Connect Core 1.0," OpenID Foundation, Technical Specification v1.0—Errata Set 1, November 2014.
46. Global Legal Entity Identifier Foundation (GLEIF), *LEI in KYC*.
47. D. R. Kuhn, V. C. Hu, W. T. Polk, and S.-J. Chang, "Introduction to Public Key Technology and the Federal PKI Infrastructure," National Institute of Standards and Technology Special Publication 800-32, February 2001.
48. E. Barker, "Recommendation for Key Management (Part 1)," National Institute of Standards and Technology Special Publication 800-57, Part 1, Rev. 4, January 2016.
49. National Institute of Standards and Technology, "Electronic Authentication Guideline," NIST Draft Special Publication 800-63-1, December 2008.
50. R. Housley, W. Ford, W. Polk, and D. Solo, "Internet X.509 Public Key Infrastructure Certificate and CRL Profile," RFC2459, IETF, January 1999; Cooper et al., "Internet X.509 Public Key Infrastructure Certificate and Certificate Revocation List (CRL) Profile" ; International Organization for Standardization, "Information Technology—Open Systems Interconnection—the Directory—Part 8."
51. Riegelnig, "OpenVASP."
52. CA Browser Forum, "Guidelines for the Issuance and Management of Extended Validation Certificates," Specification Version 1.7.2, March 2020.
53. Cooper et al., "Internet X.509 Public Key Infrastructure Certificate and Certificate Revocation List (CRL) Profile" ; International Organization for Standardization, "Information Technology—Open Systems Interconnection—the Directory—Part 8."
54. Jevans et al., "Travel Rule Information Sharing Architecture for Virtual Asset Service ProvidersTRISA, Version 7."
55. Riegelnig, "OpenVASP."
56. Sporny, Longley, and Chadwick, "Verifiable Credentials Data Model 1.0."
57. OASIS, "Assertions and Protocols for the OASIS Security Assertion Markup Language (SAML) V2.0."
58. National Automated Clearing House Association (NACHA), "Operating Rules and

Guidelines," Specification, 2019.

59. E. Makaay, T. Smedinghoff, and D. Thibeau, "OpenID Exchange: Trust Frameworks for Identity Systems," June 2017.

60. Kuhn et al., "Introduction to Public Key Technology and the Federal PKI Infrastructure."

61. Finextra, "Swift to Introduce PKI Security for FIN."

62. Apple Inc., "Apple Public CA Certification Practice Statement," June 2019.

63. Cable Laboratories, "Cablelabs New PKI Certificate Policy Version 2.1," Technical Specifications, January 2019.

64. T. Hardjono and A. Pentland, "Core Identities for Future Transaction Systems," in *Trusted Data—a New Framework for Identity and Data Sharing*, ed. T. Hardjono, A. Pentland, and D. Shrier (Cambridge, MA: MIT Press, 2019), 41–81.

65. T. Hardjono, "Federated Authorization over Access to Personal Data for Decentralized Identity Management," *IEEE Communications Standards Magazine—the Dawn of the Internet Identity Layer and the Role of Decentralized Identity* 3, no. 4 (December 2019): 32–38.

66. A. Malhotra, A. King, D. Schwartz, and M. Zochowski, "PayID Protocol," PayID. org Technical Whitepaper v1.0, June 2020.

67. OASIS, "Assertions and Protocols for the OASIS Security Assertion Markup Language (SAML) V2.0" ; Sporny, Longley, and Chadwick, "Verifiable Credentials Data Model 1.0."

68. European Commission, "Regulation (EU) 2016/679 of the European Parliament and of the Council of 27 April 2016 on the Protection of Natural Persons with Regard to the Processing of Personal Data and on the Free Movement of Such Data (General Data Protection Regulation)."

69. M. Lizar and D. Turner, "Consent Receipt Specification Version 1.0," Kantara Initiative, March 2017.

70. D. Hardt, "The OAuth 2.0 Authorization Framework," RFC6749, IETF, October 2012.

71. T. Hardjono, E. Maler, M. Machulak, and D. Catalano, "User-Managed Access (UMA) Profile of OAuth 2.0—Specification Version 1.0," Kantara Initiative, Kantara Published Specification, April 2015; E. Maler, M. Machulak, and J. Richer, "User-Managed Access (UMA) 2.0,"

Kantara Initiative, Kantara Published Specification, January 2017.

72. Enterprise Ethereum Alliance, "Off-Chain Trusted Compute Specification," Technical Specification v1.1, March 2020.

73. Protocol Labs, "Inter Planetary File System (IPFS)," 2019, https://docs. ipfs. io.

74. D. Reed and M. Sporny, "Decentralized Identifiers (DIDs) v0.11," W3C, Draft Community Group Report, July 9, 2018.

75. Reed and Sporny, "Decentralized Identifiers (DIDs) v0.11."

76. International Organization for Standardization, "Digital Object Identifier System—Information and Documentation," ISO 26324:2012, June 2012.

77. S. Sun, L. Lannom, and B. Boesch, "Handle System Overview," RFC3650, IETF, November 2003.

78. T. Hardjono and E. Maler, *Blockchain and Smart Contracts Report*, Kantara Initiative Report, June 2017.

79. Financial Action Task Force (FATF), "International Standards on Combating Money Laundering and the Financing of Terrorism and Proliferation."

80. Riegelnig, "OpenVASP."

81. TRISA, "Travel Rule Information Sharing Architecture for Virtual Asset Service Providers (TRISA)—Version 5," white paper, December 2019.

82. InterVASP, "InterVASP Messaging Standards IVMS101."

83. Financial Crimes Enforcement Network (FinCEN)—US Department of the Treasury, Customer Due Diligence Requirements for Financial Institutions.

84. A. Pentland, *Social Physics: How Social Networks Can Make Us Smarter* (New York: Penguin Books, 2015).

85. A. Pentland, "Saving Big Data from Itself," *Scientific American* 311, no. 2 (August 2014): 65–68.

86. OPAL Project, *OPAL: Status and Plans 2018–19*, OPAL Project Status Report, May 2018.

87. T. Hardjono and A. Pentland, "Open Algorithms for Identity Federation," in *Proceedings of the 2018 Future of Information and Communication Conference (FICC), Vol. 2*, ed. K. Arai, S. Kapoor, and R. Bhatia (New York: Springer, 2018), 24–43; T. Hardjono and A. Pentland, "MIT

Open Algorithms," in *Trusted Data—a New Framework for Identity and Data Sharing*, ed. T. Hardjono, A. Pentland, and D. Shrier (Cambridge, MA: MIT Press, 2019), 83–107.

88. T. Cook, "You Deserve Privacy Online. Here's How You Could Actually Get It," *Time*, January 2019.
89. OASIS, "Assertions and Protocols for the OASIS Security Assertion Markup Language (SAML) V2.0."
90. Sporny, Longley, and Chadwick, "Verifiable Credentials Data Model 1.0."
91. T. Hardjono and J. Seberry, "Strongboxes for Electronic Commerce," in *Proceedings of the Second USENIX Workshop on Electronic Commerce* (Berkeley, CA: USENIX Association, 1996); Y. A. de Montjoye, E. Shmueli, S. Wang, and A. Pentland, "OpenPDS: Protecting the Privacy of Metadata through SafeAnswers," *PLoS One* 9, no. 7 (July 2014): 13–18.
92. World Economic Forum, *Rethinking Personal Data*.
93. Trusted Computing Group, "TPM Main—Specification Version 1.2," Trusted Computing Group Published Specification, October 2003.
94. O. Kharif, B. Louis, J. Edde, and K. Chiglinsky, "Interest in Crypto Insurance Grows, Despite High Premiums, Broad Exclusions," *Insurance Journal*, July 23, 2018.
95. Swiss Financial Market Supervisory Authority (FINMA), *FINMA Guidance: Payments on the Blockchain*, FINMA Guidance Report, August 2019; Swiss Financial Market Supervisory Authority (FINMA), "FINMA Anti-Money Laundering Ordinance (AMLO)," Verordnung der Eidgenssischen Finanzmarktaufsicht ber die Bekmpfung von Geldwscherei und Terrorismusfinanzierung im Finanzsektor, June 2015.
96. Financial Action Task Force (FATF), *12-Month Review of Revised FATF Standards on Virtual Assets and Virtual Asset Service Providers*.
97. Trusted Computing Group, "TCG Glossary," Trusted Computing Group Published Specification—Version 1.1, Revision 1.0, May 2017.
98. T. Hardjono and N. Smith, "TCG Core Integrity Schema," Trusted Computing Group Specification—Version 1.0.1, Revision 1.0, November 2006; N. Smith, ed., "TCG Attestation Framework," Trusted Computing Group Draft Specification—Version 1.0, February 2020.
99. T. Hardjono, A. Lipton, and A. Pentland, "Wallet Attestations for Virtual Asset Service

Providers and Crypto-Assets Insurance," June 2020.

100. T. Hardjono and G. Kazmierczak, "Overview of the TPM Key Management Standard," Trusted Computing Group, 2008.
101. T. Hardjono and N. Smith, "TCG Core Integrity Schema" ; Smith, "TCG Attestation Framework."
102. A. John, "Cryptocurrency Industry Faces Insurance Hurdle to Mainstream Ambitions," Reuters, December 2018; Kharif et al., "Interest in Crypto Insurance Grows, Despite High Premiums, Broad Exclusions."
103. T. Hardjono, "Future Directions for Regulated Private Wallets," in *Proceedings of the IEEE International Conference on Blockchain and Cryptocurrency*,May 2021 (forthcoming).

结　语　法律的数字化转型，让人们真正获益

1. K. Stowers, J. Oglesby, S. Sonesh, K. Leyva, C. Iwig, and E. Salas, "A Framework to Guide the Assessment of Human-Machine Systems," *Human Factors* 59, no. 2 (March 2017): 172-188.
2. M. Imai, *Kaizen (Ky'zen), The Key to Japan's Competitive Success* (New York: McGraw Hill, 1986).
3. D. C. Hutchins, *Quality Circles Handbook* (New York: Pitman, 1985).

未来，属于终身学习者

我们正在亲历前所未有的变革——互联网改变了信息传递的方式，指数级技术快速发展并颠覆商业世界，人工智能正在侵占越来越多的人类领地。

面对这些变化，我们需要问自己：未来需要什么样的人才？

答案是，成为终身学习者。终身学习意味着永不停歇地追求全面的知识结构、强大的逻辑思考能力和敏锐的感知力。这是一种能够在不断变化中随时重建、更新认知体系的能力。阅读，无疑是帮助我们提高这种能力的最佳途径。

在充满不确定性的时代，答案并不总是简单地出现在书本之中。“读万卷书”不仅要亲自阅读、广泛阅读，也需要我们深入探索好书的内部世界，让知识不再局限于书本之中。

湛庐阅读 App：与最聪明的人共同进化

我们现在推出全新的湛庐阅读 App，它将成为您在书本之外，践行终身学习的场所。

- 不用考虑“读什么”。这里汇集了湛庐所有纸质书、电子书、有声书和各种阅读服务。
- 可以学习“怎么读”。我们提供包括课程、精读班和讲书在内的全方位阅读解决方案。
- 谁来领读？您能最先了解到作者、译者、专家等大咖的前沿洞见，他们是高质量思想的源泉。
- 与谁共读？您将加入优秀的读者和终身学习者的行列，他们对阅读和学习具有持久的热情和源源不断的动力。

在湛庐阅读App首页，编辑为您精选了经典书目和优质音视频内容，每天早、中、晚更新，满足您不间断的阅读需求。

【特别专题】【主题书单】【人物特写】等原创专栏，提供专业、深度的解读和选书参考，回应社会议题，是您了解湛庐近千位重要作者思想的独家渠道。

在每本图书的详情页，您将通过深度导读栏目【专家视点】【深度访谈】和【书评】读懂、读透一本好书。

通过这个不设限的学习平台，您在任何时间、任何地点都能获得有价值的思想，并通过阅读实现终身学习。我们邀您共建一个与最聪明的人共同进化的社区，使其成为先进思想交汇的聚集地，这正是我们的使命和价值所在。

图书在版编目（CIP）数据
数据资本论 / （美）阿莱克斯·彭特兰（Alex Pentland），（美）亚历山大·利普顿（Alexander Lipton），（美）托马斯·哈德乔诺（Thomas Hardjono）著 ; 周涛等译. -- 杭州 : 浙江教育出版社, 2025. 7. -- ISBN 978-7-5722-9880-6
Ⅰ. TP274
中国国家版本馆 CIP 数据核字第 2025QM5979 号

浙江省版权局
著作权合同登记号
图字:11-2025-038号

上架指导：商业 / 趋势

数据资本论
SHUJU ZIBENLUN

［美］阿莱克斯·彭特兰（Alex Pentland）　亚历山大·利普顿（Alexander Lipton）
托马斯·哈德乔诺（Thomas Hardjono）　著
周涛　等　译

责任编辑： 苏心怡　刘姗姗
美术编辑： 韩　波
责任校对： 傅美贤
责任印务： 陈　沁
封面设计： ablackcover.com

出版发行： 浙江教育出版社（杭州市环城北路 177 号）
印　　刷： 唐山富达印务有限公司
开　　本： 710mm ×965mm　1/16
印　　张： 22.75　　**字　　数：** 382 千字
版　　次： 2025 年 7 月第 1 版　　**印　　次：** 2025 年 7 月第 1 次印刷
书　　号： ISBN 978-7-5722-9880-6　　**定　　价：** 129.90 元
